直方体の体積＝縦×横×高さ

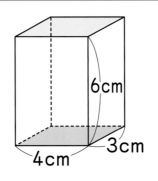

見取図

6cm
4cm
3cm

展開図

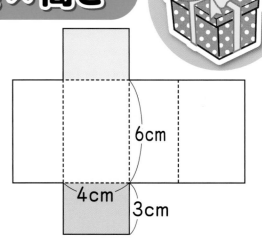

6cm
4cm
3cm

体積　$3 \times 4 \times 6 = 72 (cm^3)$
　　　縦　横　高さ

角柱の体積＝底面積×高さ

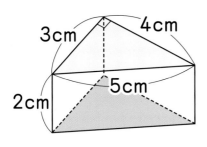

見取図

3cm　4cm
5cm
2cm

展開図

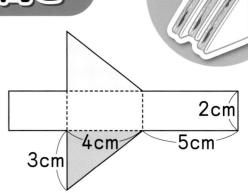

2cm
5cm
4cm
3cm

体積　$(4 \times 3 \div 2) \times 2 = 12 (cm^3)$
　　　　底面積　　　高さ

体積の求め方のくふう① （分けて考える）

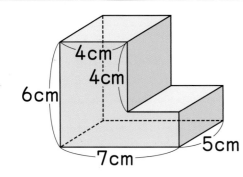

4cm
4cm
6cm
7cm
5cm

➡

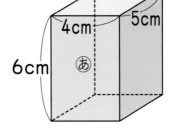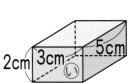

4cm　5cm
6cm　あ
2cm　3cm　5cm
い

体積　$5 \times 4 \times 6 + 5 \times 3 \times 2 = 150 (cm^3)$
　　　　あ　　　　い

単位の復習

体　積

	kL(m³)	L	dL	mL(cm³)
1kL(m³)は	1	1000	10000	1000000
1L は	0.001	1	10	1000
1dL は	0.0001	0.1	1	100
1mL(cm³)は	―	0.001	0.01	1

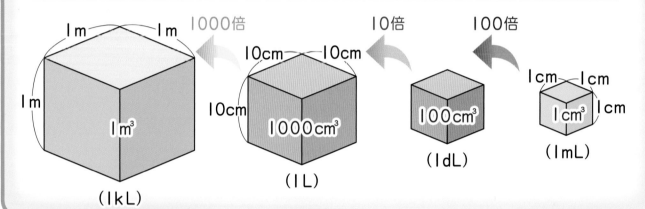

1000倍　　10倍　　100倍

1m　1m　1m（1kL）　1m³

10cm　10cm　10cm（1L）　1000cm³

100cm³（1dL）

1cm　1cm　1cm（1mL）　1cm³

重　さ

	t	kg	g	mg
1t は	1	1000	1000000	1000000000
1kg は	0.001	1	1000	1000000
1g は	0.000001	0.001	1	1000
1mg は	―	0.000001	0.001	1

1000倍　　1000倍　　1000倍

1000kg（1t）

1kg

1g

1mg

メートル法　単位の前につける大きさを表すことば

	キロ k	ヘクト h	デカ da		デシ d	センチ c	ミリ m
ことばの意味	1000倍	100倍	10倍	1	$\frac{1}{10}$倍	$\frac{1}{100}$倍	$\frac{1}{1000}$倍
長　さ	km			m		cm	mm
面　積		ha		a			
体　積	kL			L	dL		mL
重　さ	kg			g			mg

面　積

	km²	ha	a	m²	cm²
1km² は	1	100	10000	1000000	—
1ha は	0.01	1	100	10000	100000000
1a は	0.0001	0.01	1	100	1000000
1m² は	0.000001	0.0001	0.01	1	1000
1cm² は	—	—	0.000001	0.0001	1

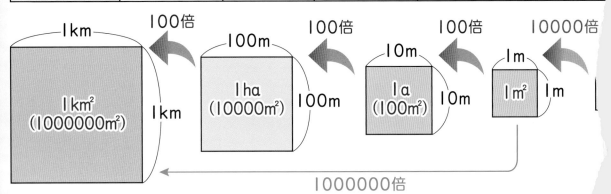

100倍　100倍　100倍　10000倍

1km　1km² (1000000m²)　1km

100m　1ha (10000m²)　100m

10m　1a (100m²)　10m

1m　1m²　1m

1000000倍

体積と展開図

立方体の体積＝１辺×１辺×１辺

見取図

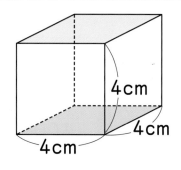

4cm
4cm
4cm

展開図

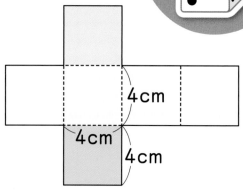

4cm
4cm
4cm

体積　$4 \times 4 \times 4 = 64 (cm^3)$

１辺　１辺　１辺

円柱の体積＝底面積×高さ

見取図

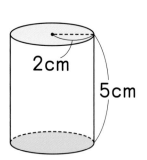

2cm
5cm

展開図

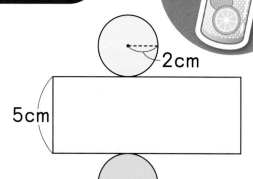

2cm
5cm

体積　$2 \times 2 \times 3.14 \times 5 = 62.8 (cm^3)$

底面積　　　高さ

体積の求め方のくふう② (ひいて考える)

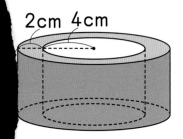

2cm　4cm

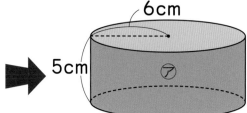

6cm
5cm
㋐

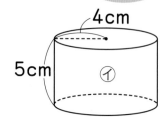

4cm
5cm
㋑

積　$6 \times 6 \times 3.14 \times 5 - 4 \times 4 \times 3.14 \times 5 = 314 (cm^3)$

㋐　　　　　　　　　㋑

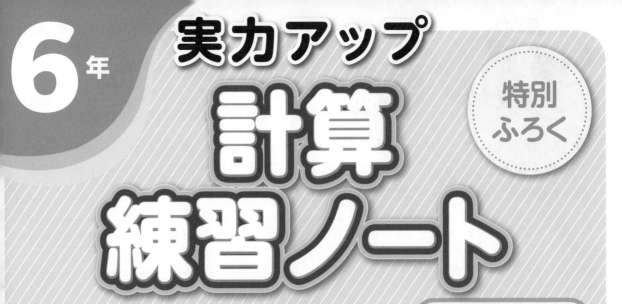

6年

実力アップ

計算 練習ノート

特別 ふろく

計算力がぐんぐんのびる！

このふろくは
すべての教科書に対応した
全教科書版です。

年	組	名前

「計算練習ノート」はとりはずして使用できます。

1 文字と式

時間 **20** 分

得点 /100点

◆ 次の場面で、x（エックス）と y（ワイ）の関係を式に表しましょう。また、表の空らんに、あてはまる数を書きましょう。

1つ5〔100点〕

❶ 1辺の長さが x cmの正方形があります。まわりの長さは y cmです。

式

x（cm）	1	1.8	4.5	⑰ウ
y（cm）	4	⑦ア	⑦イ	44

❷ x 人の子どもに1人3個ずつあめを配りましたが、5個残りました。あめは全部で y 個です。

式

x（人）	4	⑦ア	⑦イ	9
y（個）	17	23	26	⑰ウ

❸ 面積が400 cm² の長方形の、縦の長さが x cm、横の長さが y cmです。

式

x（cm）	⑦ア	40	50	60
y（cm）	25	10	⑦イ	⑰ウ

❹ 180枚のカードから x 枚友だちにあげました。カードの残りは y 枚です。

式

x（枚）	⑦ア	⑦イ	120	150
y（枚）	170	150	⑰ウ	30

❺ 1冊500円の本と1冊 x 円のノートを買いました。代金の合計は y 円です。

式

x（円）	50	120	⑦イ	⑰ウ
y（円）	⑦ア	620	650	750

2　分数と整数のかけ算

得点

/100点

◆ 計算をしましょう。

1つ5〔30点〕

① $\dfrac{1}{4} \times 3$

② $\dfrac{2}{7} \times 2$

③ $\dfrac{2}{5} \times 8$

④ $\dfrac{3}{10} \times 3$

⑤ $\dfrac{2}{3} \times 5$

⑥ $\dfrac{1}{9} \times 7$

♥ 計算をしましょう。

1つ5〔60点〕

⑦ $\dfrac{3}{8} \times 2$

⑧ $\dfrac{3}{16} \times 4$

⑨ $\dfrac{9}{10} \times 5$

⑩ $\dfrac{5}{42} \times 3$

⑪ $\dfrac{1}{9} \times 6$

⑫ $\dfrac{4}{45} \times 10$

⑬ $\dfrac{7}{8} \times 6$

⑭ $\dfrac{13}{12} \times 9$

⑮ $\dfrac{9}{8} \times 8$

⑯ $\dfrac{5}{4} \times 12$

⑰ $\dfrac{4}{15} \times 60$

⑱ $\dfrac{7}{25} \times 100$

♠ 縦が $\dfrac{8}{3}$ m、横が6mの長方形の形をした花だんがあります。この花だんの面積は何m²ですか。

1つ5〔10点〕

式

答え（　　　　　　　）

3 分数と整数のわり算

◆ 計算をしましょう。　　　　　　　　　　　　　　　　　　　　　1つ5〔30点〕

① $\dfrac{3}{5} \div 4$

② $\dfrac{2}{3} \div 7$

③ $\dfrac{7}{4} \div 5$

④ $\dfrac{5}{7} \div 7$

⑤ $\dfrac{17}{4} \div 4$

⑥ $\dfrac{1}{6} \div 6$

♥ 計算をしましょう。　　　　　　　　　　　　　　　　　　　　1つ5〔60点〕

⑦ $\dfrac{8}{9} \div 4$

⑧ $\dfrac{10}{3} \div 2$

⑨ $\dfrac{4}{5} \div 4$

⑩ $\dfrac{7}{12} \div 7$

⑪ $\dfrac{5}{9} \div 10$

⑫ $\dfrac{16}{7} \div 12$

⑬ $\dfrac{20}{9} \div 4$

⑭ $\dfrac{15}{4} \div 12$

⑮ $\dfrac{8}{13} \div 12$

⑯ $\dfrac{39}{5} \div 26$

⑰ $\dfrac{25}{4} \div 100$

⑱ $\dfrac{75}{4} \div 125$

♠ $\dfrac{21}{8}$ mの長さのリボンがあります。このリボンを6人で等しく分けると、1人分の長さは何mになりますか。　　　　　　　　　　　　　　　　1つ5〔10点〕

式

答え（　　　　　　　　）

4 分数のかけ算 (1)

時間 **20**分　得点 /100点

◆ 計算をしましょう。

1つ5〔90点〕

① $\dfrac{1}{3} \times \dfrac{4}{5}$ 　　② $\dfrac{2}{5} \times \dfrac{2}{9}$ 　　③ $\dfrac{2}{7} \times \dfrac{3}{5}$

④ $\dfrac{1}{6} \times \dfrac{1}{3}$ 　　⑤ $\dfrac{4}{3} \times \dfrac{5}{9}$ 　　⑥ $\dfrac{3}{7} \times \dfrac{4}{7}$

⑦ $\dfrac{8}{9} \times \dfrac{8}{9}$ 　　⑧ $\dfrac{3}{2} \times \dfrac{5}{4}$ 　　⑨ $\dfrac{7}{4} \times \dfrac{3}{4}$

⑩ $\dfrac{5}{8} \times \dfrac{5}{3}$ 　　⑪ $\dfrac{7}{6} \times \dfrac{5}{2}$ 　　⑫ $\dfrac{3}{4} \times \dfrac{7}{8}$

⑬ $\dfrac{9}{5} \times \dfrac{3}{2}$ 　　⑭ $3 \times \dfrac{3}{4}$ 　　⑮ $6 \times \dfrac{2}{5}$

⑯ $8 \times \dfrac{4}{5}$ 　　⑰ $\dfrac{4}{9} \times 4$ 　　⑱ $\dfrac{1}{8} \times 7$

♥ 縦が $\dfrac{3}{7}$ m、横が $\dfrac{2}{5}$ m の長方形があります。この長方形の面積は何 m² ですか。

式

1つ5〔10点〕

答え（　　　　　）

5 分数のかけ算 (2)

◆ 計算をしましょう。

1つ5〔90点〕

① $\dfrac{5}{8} \times \dfrac{7}{5}$

② $\dfrac{4}{3} \times \dfrac{1}{6}$

③ $\dfrac{6}{7} \times \dfrac{2}{3}$

④ $\dfrac{3}{10} \times \dfrac{5}{4}$

⑤ $\dfrac{7}{8} \times \dfrac{10}{9}$

⑥ $\dfrac{8}{5} \times \dfrac{7}{12}$

⑦ $\dfrac{3}{4} \times \dfrac{4}{9}$

⑧ $\dfrac{7}{10} \times \dfrac{5}{14}$

⑨ $\dfrac{5}{12} \times \dfrac{8}{15}$

⑩ $\dfrac{5}{9} \times \dfrac{3}{20}$

⑪ $\dfrac{9}{10} \times \dfrac{25}{24}$

⑫ $\dfrac{5}{4} \times \dfrac{22}{15}$

⑬ $\dfrac{7}{6} \times \dfrac{18}{7}$

⑭ $\dfrac{5}{8} \times \dfrac{8}{5}$

⑮ $16 \times \dfrac{5}{12}$

⑯ $25 \times \dfrac{8}{35}$

⑰ $\dfrac{3}{8} \times 6$

⑱ $\dfrac{2}{3} \times 9$

♥ 1dL で、かべを $\dfrac{9}{10}$ m²ぬれるペンキがあります。このペンキ $\dfrac{5}{6}$ dL では、かべを何 m²ぬれますか。

1つ5〔10点〕

式

答え（　　　　　　　）

6 分数のかけ算 (3)

時間 20分

◆ 計算をしましょう。

1つ6〔90点〕

① $2\dfrac{2}{3} \times \dfrac{2}{5}$

② $1\dfrac{4}{5} \times \dfrac{3}{7}$

③ $2\dfrac{2}{3} \times 1\dfrac{2}{5}$

④ $1\dfrac{2}{9} \times \dfrac{6}{11}$

⑤ $2\dfrac{4}{7} \times \dfrac{10}{9}$

⑥ $\dfrac{4}{9} \times 2\dfrac{2}{5}$

⑦ $\dfrac{7}{6} \times 1\dfrac{13}{14}$

⑧ $3\dfrac{1}{5} \times \dfrac{5}{8}$

⑨ $1\dfrac{7}{8} \times 1\dfrac{1}{9}$

⑩ $1\dfrac{2}{7} \times 5\dfrac{5}{6}$

⑪ $2\dfrac{2}{3} \times 2\dfrac{1}{4}$

⑫ $\dfrac{3}{4} \times \dfrac{7}{6} \times \dfrac{2}{7}$

⑬ $\dfrac{9}{11} \times \dfrac{8}{15} \times \dfrac{11}{12}$

⑭ $\dfrac{3}{5} \times 2\dfrac{4}{9} \times \dfrac{5}{11}$

⑮ $\dfrac{3}{7} \times 6 \times 1\dfrac{5}{9}$

♥ 1mの重さが$\dfrac{3}{4}$kgの金属の棒があります。この棒$2\dfrac{2}{3}$mの重さは何kgですか。

式

1つ5〔10点〕

答え（　　　　　　　）

7

7 分数のかけ算 (4)

◆ 計算をしましょう。

1つ6〔90点〕

① $\dfrac{3}{4} \times \dfrac{3}{5}$

② $\dfrac{2}{9} \times \dfrac{11}{2}$

③ $\dfrac{5}{12} \times \dfrac{16}{15}$

④ $\dfrac{4}{7} \times \dfrac{5}{12}$

⑤ $\dfrac{8}{15} \times \dfrac{10}{9}$

⑥ $\dfrac{5}{14} \times \dfrac{21}{25}$

⑦ $2\dfrac{4}{7} \times \dfrac{7}{9}$

⑧ $2\dfrac{4}{5} \times \dfrac{9}{7}$

⑨ $\dfrac{4}{9} \times 1\dfrac{5}{12}$

⑩ $\dfrac{14}{5} \times 3\dfrac{3}{4}$

⑪ $1\dfrac{3}{25} \times 1\dfrac{7}{8}$

⑫ $6\dfrac{4}{5} \times 1\dfrac{8}{17}$

⑬ $\dfrac{4}{7} \times \dfrac{5}{12} \times \dfrac{14}{15}$

⑭ $1\dfrac{5}{9} \times \dfrac{8}{21} \times \dfrac{1}{4}$

⑮ $\dfrac{5}{8} \times 1\dfrac{1}{3} \times 1\dfrac{1}{5}$

♥ 底辺の長さが$4\dfrac{2}{5}$cm、高さが$8\dfrac{3}{4}$cmの平行四辺形があります。この平行四辺形の面積は何cm²ですか。

1つ5〔10点〕

式

答え （　　　　　　　　）

8 計算のくふう

得点

/100点

◆ くふうして計算しましょう。

1つ7〔84点〕

① $\left(\dfrac{1}{2} \times \dfrac{3}{4}\right) \times \dfrac{2}{3}$

② $\left(\dfrac{7}{8} \times \dfrac{5}{9}\right) \times \dfrac{9}{5}$

③ $\left(\dfrac{7}{3} \times 25\right) \times \dfrac{6}{25}$

④ $\left(\dfrac{11}{6} \times \dfrac{7}{12}\right) \times \dfrac{4}{7}$

⑤ $\left(\dfrac{7}{8} + \dfrac{5}{12}\right) \times 24$

⑥ $\left(\dfrac{3}{4} - \dfrac{1}{6}\right) \times \dfrac{12}{5}$

⑦ $\left(\dfrac{9}{8} + \dfrac{27}{40}\right) \times \dfrac{20}{9}$

⑧ $\dfrac{12}{5} \times \left(\dfrac{25}{4} - \dfrac{5}{3}\right)$

⑨ $\dfrac{2}{7} \times 6 + \dfrac{2}{7} \times 8$

⑩ $\dfrac{7}{12} \times 13 - \dfrac{7}{12} \times 11$

⑪ $\dfrac{3}{4} \times \dfrac{6}{7} + \dfrac{6}{7} \times \dfrac{1}{4}$

⑫ $\dfrac{8}{7} \times \dfrac{15}{16} - \dfrac{8}{7} \times \dfrac{1}{16}$

♥ 縦が $\dfrac{11}{13}$ m、横が $\dfrac{7}{8}$ m の長方形の面積と、縦が $\dfrac{15}{13}$ m、横が $\dfrac{7}{8}$ m の長方形の面積をあわせると何m²ですか。

1つ8〔16点〕

式

答え（　　　　　　　　）

9 分数のわり算 (1)

時間 20分

◆ 計算をしましょう。

1つ6〔90点〕

① $\dfrac{3}{8} \div \dfrac{4}{5}$

② $\dfrac{1}{7} \div \dfrac{2}{3}$

③ $\dfrac{2}{7} \div \dfrac{3}{5}$

④ $\dfrac{2}{9} \div \dfrac{3}{8}$

⑤ $\dfrac{3}{11} \div \dfrac{4}{5}$

⑥ $\dfrac{4}{5} \div \dfrac{3}{7}$

⑦ $\dfrac{3}{8} \div \dfrac{2}{9}$

⑧ $\dfrac{5}{7} \div \dfrac{2}{3}$

⑨ $\dfrac{4}{3} \div \dfrac{3}{5}$

⑩ $\dfrac{5}{8} \div \dfrac{8}{9}$

⑪ $\dfrac{4}{5} \div \dfrac{5}{6}$

⑫ $\dfrac{1}{4} \div \dfrac{2}{7}$

⑬ $\dfrac{1}{6} \div \dfrac{4}{5}$

⑭ $\dfrac{1}{9} \div \dfrac{3}{8}$

⑮ $\dfrac{6}{7} \div \dfrac{5}{9}$

♥ $\dfrac{4}{5}$ m の重さが $\dfrac{7}{8}$ kg のパイプがあります。このパイプ1mの重さは何kgですか。

式

1つ5〔10点〕

答え（　　　　　　　　）

10 分数のわり算 (2)

 時間 **20**分

得点

/100点

◆ 計算をしましょう。

1つ6〔90点〕

① $\dfrac{2}{5} \div \dfrac{4}{7}$

② $\dfrac{3}{10} \div \dfrac{4}{5}$

③ $\dfrac{7}{9} \div \dfrac{14}{17}$

④ $\dfrac{8}{7} \div \dfrac{8}{11}$

⑤ $\dfrac{3}{10} \div \dfrac{7}{10}$

⑥ $\dfrac{5}{4} \div \dfrac{3}{8}$

⑦ $\dfrac{5}{7} \div \dfrac{10}{21}$

⑧ $\dfrac{5}{6} \div \dfrac{10}{9}$

⑨ $\dfrac{9}{8} \div \dfrac{3}{10}$

⑩ $\dfrac{14}{15} \div \dfrac{21}{10}$

⑪ $\dfrac{3}{16} \div \dfrac{9}{8}$

⑫ $\dfrac{5}{6} \div \dfrac{10}{21}$

⑬ $\dfrac{9}{2} \div \dfrac{15}{2}$

⑭ $\dfrac{4}{3} \div \dfrac{14}{9}$

⑮ $\dfrac{21}{8} \div \dfrac{35}{8}$

♥ 面積が $\dfrac{16}{9}$ cm² で底辺の長さが $\dfrac{12}{5}$ cm の平行四辺形があります。この平行四辺形の高さは何cmですか。

1つ5〔10点〕

式

答え (　　　　　　　　　)

 **11** **分数のわり算 (3)**

得点

時間 **20**分

/100点

◆ 計算をしましょう。　　　　　　　　　　　　　　　　　　　1つ6〔90点〕

① $7 \div \dfrac{5}{4}$

② $3 \div \dfrac{5}{7}$

③ $4 \div \dfrac{11}{7}$

④ $6 \div \dfrac{3}{8}$

⑤ $15 \div \dfrac{3}{5}$

⑥ $12 \div \dfrac{10}{7}$

⑦ $8 \div \dfrac{6}{7}$

⑧ $24 \div \dfrac{8}{3}$

⑨ $30 \div \dfrac{5}{6}$

⑩ $\dfrac{7}{9} \div 6$

⑪ $\dfrac{5}{4} \div 4$

⑫ $\dfrac{5}{2} \div 10$

⑬ $\dfrac{9}{4} \div 6$

⑭ $\dfrac{10}{3} \div 15$

⑮ $\dfrac{8}{7} \div 8$

♥ ひろしさんの体重は32kgで、お兄さんの体重の$\dfrac{2}{3}$です。お兄さんの体重は何kg
ですか。　　　　　　　　　　　　　　　　　　　　　　　　1つ5〔10点〕

式

答え（　　　　　　　　）

12 分数のわり算 (4)

◆ 計算をしましょう。

1つ6〔90点〕

① $\dfrac{3}{8} \div 1\dfrac{2}{5}$

② $2\dfrac{1}{2} \div \dfrac{3}{4}$

③ $1\dfrac{2}{9} \div \dfrac{22}{15}$

④ $\dfrac{2}{9} \div 1\dfrac{1}{3}$

⑤ $\dfrac{5}{12} \div 3\dfrac{1}{3}$

⑥ $1\dfrac{2}{5} \div \dfrac{7}{15}$

⑦ $\dfrac{15}{14} \div 2\dfrac{1}{4}$

⑧ $\dfrac{20}{9} \div 1\dfrac{1}{15}$

⑨ $1\dfrac{1}{6} \div 2\dfrac{5}{8}$

⑩ $1\dfrac{1}{3} \div 1\dfrac{1}{9}$

⑪ $2\dfrac{2}{9} \div 1\dfrac{13}{15}$

⑫ $1\dfrac{5}{9} \div 1\dfrac{11}{21}$

⑬ $\dfrac{14}{3} \div 6 \div \dfrac{7}{6}$

⑭ $1 \div \dfrac{13}{12} \div \dfrac{3}{26}$

⑮ $\dfrac{3}{25} \div \dfrac{12}{5} \div \dfrac{15}{16}$

♥ 1dL でかべを $\dfrac{5}{8}$ m² ぬれるペンキがあります。$9\dfrac{3}{8}$ m² のかべをぬるのに、このペンキは何dL 必要ですか。

1つ5〔10点〕

式

答え（　　　　　　）

 時間 20分

13 分数のわり算 (5)

●勉強した日　月　日

得点 /100点

◆ 計算をしましょう。

1つ10〔100点〕

① $\dfrac{3}{5} \times \dfrac{10}{13} \div \dfrac{2}{3}$

② $\dfrac{9}{25} \div \dfrac{3}{16} \times \dfrac{5}{12}$

③ $\dfrac{1}{9} \div \dfrac{13}{17} \times \dfrac{39}{34}$

④ $\dfrac{5}{16} \times \dfrac{10}{3} \div \dfrac{5}{12}$

⑤ $\dfrac{7}{2} \div \dfrac{3}{4} \times \dfrac{15}{14}$

⑥ $\dfrac{7}{18} \times \dfrac{6}{5} \div \dfrac{14}{27}$

⑦ $5 \times \dfrac{2}{3} \div \dfrac{4}{9}$

⑧ $\dfrac{12}{5} \div 9 \times \dfrac{15}{16}$

⑨ $1\dfrac{17}{18} \times \dfrac{3}{7} \div \dfrac{5}{14}$

⑩ $2\dfrac{1}{10} \div 1\dfrac{13}{15} \times \dfrac{8}{9}$

14 分数のわり算 (6)

◆ 計算をしましょう。

1つ6〔90点〕

① $\dfrac{5}{3} \div \dfrac{3}{5}$

② $\dfrac{7}{6} \div \dfrac{4}{5}$

③ $\dfrac{11}{12} \div \dfrac{7}{8}$

④ $\dfrac{8}{15} \div \dfrac{9}{10}$

⑤ $\dfrac{9}{20} \div \dfrac{15}{8}$

⑥ $\dfrac{8}{21} \div \dfrac{12}{7}$

⑦ $15 \div \dfrac{9}{4}$

⑧ $100 \div \dfrac{25}{4}$

⑨ $\dfrac{12}{7} \div 16$

⑩ $\dfrac{5}{6} \div 3\dfrac{3}{4}$

⑪ $2\dfrac{5}{14} \div \dfrac{11}{14}$

⑫ $1\dfrac{7}{8} \div 2\dfrac{1}{4}$

⑬ $2\dfrac{1}{2} \div \dfrac{9}{5} \div \dfrac{5}{6}$

⑭ $\dfrac{1}{7} \div \dfrac{4}{9} \times \dfrac{28}{27}$

⑮ $\dfrac{15}{8} \div 27 \times 1\dfrac{1}{5}$

♥ 長さ$\dfrac{5}{4}$mの青いリボンと、長さ$\dfrac{5}{6}$mの赤いリボンがあります。赤いリボンの長さは、青いリボンの長さの何倍ですか。

1つ5〔10点〕

式

答え (　　　　　　　　)

15 分数、小数、整数の計算

◆ 計算をしましょう。

1つ10〔100点〕

① $0.55 \times \dfrac{15}{22}$

② $1.6 \div \dfrac{12}{35}$

③ $\dfrac{2}{3} \times 0.25$

④ $5\dfrac{2}{3} \div 6.8$

⑤ $0.9 \times \dfrac{4}{5} \div 3$

⑥ $\dfrac{8}{3} \div 6 \times 1.8$

⑦ $\dfrac{3}{4} \div 0.375 \div 1\dfrac{1}{5}$

⑧ $0.5 \div \dfrac{9}{10} \times 0.12$

⑨ $4 \div 18 \times 6$

⑩ $0.8 \times 0.9 \div 0.42$

16 円の面積 (1)

◆ 次の円の面積を求めましょう。　　　　　　　　　　　　　1つ10〔40点〕

❶ 半径4cmの円

❷ 直径10cmの円

（　　　　　　　　）　　　　　　　（　　　　　　　　）

❸ 円周の長さが37.68cmの円

❹ 円周の長さが87.92mの円

（　　　　　　　　）　　　　　　　（　　　　　　　　）

♥ 色をぬった部分の面積を求めましょう。　　　　　　　　　1つ10〔60点〕

❺
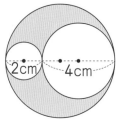

❻
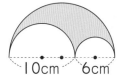

（　　　　　　　　）　　　　　　　（　　　　　　　　）

❼

❽
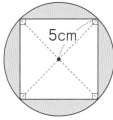

（　　　　　　　　）　　　　　　　（　　　　　　　　）

❾
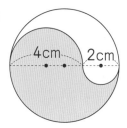

❿
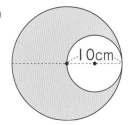

（　　　　　　　　）　　　　　　　（　　　　　　　　）

17 円の面積 (2)

得点

時間 20分

/100点

◆ 次の円の面積を求めましょう。　　　　　　　　　　　　　　1つ10〔40点〕

① 半径3cmの円

② 直径16mの円

（　　　　　　　　）　　　　　　　　（　　　　　　　　）

③ 円周の長さが43.96mの円

④ 円周の長さが62.8cmの円

（　　　　　　　　）　　　　　　　　（　　　　　　　　）

♥ 色をぬった部分の面積を求めましょう。　　　　　　　　　1つ10〔60点〕

⑤
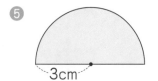
―3cm―

⑥
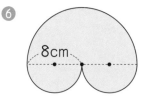
8cm

（　　　　　　　　）　　　　　　　　（　　　　　　　　）

⑦
―10cm―
10cm

⑧
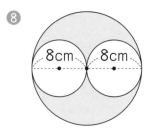
8cm　8cm

（　　　　　　　　）　　　　　　　　（　　　　　　　　）

⑨
6cm　　6cm
6cm　　6cm

⑩
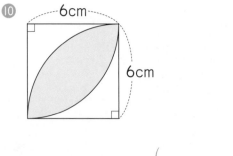
―6cm―
6cm

（　　　　　　　　）　　　　　　　　（　　　　　　　　）

18 比 (1)

時間 **20** 分

/100点

◆ 比の値を求めましょう。　　　　　　　　　　　　　　　1つ5〔30点〕

① 7 : 5

② 3 : 12

（　　　　　）

（　　　　　）

③ 8 : 10

④ 0.9 : 6

（　　　　　）

（　　　　　）

⑤ 0.84 : 4.2

⑥ $\dfrac{5}{6} : \dfrac{5}{9}$

（　　　　　）

（　　　　　）

♥ 比を簡単にしましょう。　　　　　　　　　　　　　　　1つ7〔35点〕

⑦ 49 : 56

⑧ 27 : 63

（　　　　　）

（　　　　　）

⑨ 1.8 : 1.5

⑩ 4 : 1.6

（　　　　　）

（　　　　　）

⑪ $\dfrac{2}{3} : \dfrac{14}{15}$

（　　　　　）

♠ x の表す数を求めましょう。　　　　　　　　　　　　1つ7〔35点〕

⑫ $3 : 8 = 18 : x$

⑬ $14 : 10 = x : 25$

（　　　　　）

（　　　　　）

⑭ $4.5 : x = 18 : 12$

⑮ $x : 2 = \dfrac{1}{4} : \dfrac{15}{8}$

（　　　　　）

（　　　　　）

⑯ $\dfrac{7}{5} : 0.6 = x : 15$

（　　　　　）

19 比 (2)

◆ 比の値を求めましょう。　　　　　　　　　　　　　　　1つ5〔30点〕

① 4 : 9

（　　　　　　　）

② 15 : 5

（　　　　　　　）

③ 14 : 10

（　　　　　　　）

④ 2.5 : 7

（　　　　　　　）

⑤ 1.4 : 0.06

（　　　　　　　）

⑥ $\dfrac{4}{15} : \dfrac{1}{4}$

（　　　　　　　）

♥ 比を簡単にしましょう。　　　　　　　　　　　　　　　1つ7〔35点〕

⑦ 60 : 35

（　　　　　　　）

⑧ 350 : 250

（　　　　　　　）

⑨ 0.6 : 2.8

（　　　　　　　）

⑩ 4.5 : 3

（　　　　　　　）

⑪ $\dfrac{1}{6} : 0.125$

（　　　　　　　）

♠ x の表す数を求めましょう。　　　　　　　　　　　　1つ7〔35点〕

⑫ $x : 3 = 80 : 120$

（　　　　　　　）

⑬ $12 : 21 = 4 : x$

（　　　　　　　）

⑭ $15 : x = 2.5 : 7$

（　　　　　　　）

⑮ $\dfrac{4}{13} : \dfrac{12}{13} = x : 3$

（　　　　　　　）

⑯ $7 : x = 1.5 : \dfrac{15}{14}$

（　　　　　　　）

20 角柱と円柱の体積

◆ 次の立体の体積を求めましょう。 1つ10〔80点〕

❶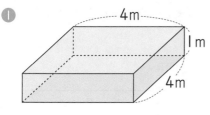

（　　　　　）

❷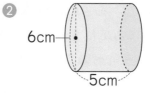

（　　　　　）

❸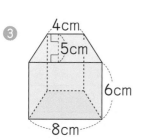

（　　　　　）

❹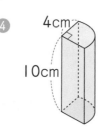

（　　　　　）

❺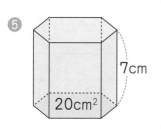

（　　　　　）

❻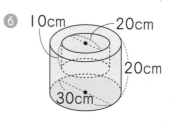

（　　　　　）

❼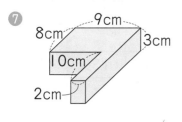

（　　　　　）

❽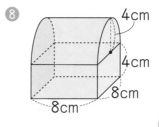

（　　　　　）

♥ 下の図はある立体の展開図です。この立体の体積を求めましょう。 1つ10〔20点〕

❾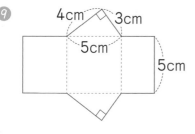

（　　　　　）

❿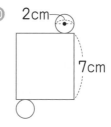

（　　　　　）

21 比例と反比例 (1)

時間 20分

◆ 次の2つの数量について、x と y の関係を式に表し、y が x に比例しているものには○、反比例しているものには△、どちらでもないものには×を書きましょう。また、表の空らんにあてはまる数を書きましょう。　　　　1つ3〔90点〕

① 面積が30cm²の三角形の、底辺の長さ x cmと高さ y cm

式	、

x (cm)	2	㋑	8	㋓
y (cm) ㋐		20	㋒	4

② 1mの重さが2kgの鉄の棒の、長さ x mと重さ y kg

式	、

x (m) ㋐		5.6	9	㋓
y (kg)	8	㋑	㋒	24

③ 28Lの水そうに毎分 x Lずつ水を入れるときの、いっぱいになるまでの時間 y 分

式	、

x (L)	4	7	㋒	㋓
y (分) ㋐		㋑	2.5	2

④ 30gの容器に1個20gのおもりを x 個入れたときの、容器全体の重さ y g

式	、

x (個)	2	㋑	㋒	9
y (g) ㋐		90	130	㋓

⑤ 分速80mで歩くときの、x 分間に進んだきょり y m

式	、

x (分) ㋐	㋑		11	15
y (m)	400	720	㋒	㋓

♥ 100gが250円の肉を x g買ったときの、代金を y 円とします。x と y の関係を式に表しましょう。また、y の値が950のときの x の値を求めましょう。　　　1つ5〔10点〕

式	、

22 比例と反比例 (2)

◆ 1mの値段が80円のテープの長さを x m、代金を y 円とします。　　1つ10〔30点〕

① x と y の関係を、式に表しましょう。

（　　　　　　　　　　）

② x の値が12のときの y の値を求めましょう。

（　　　　　　　　　　）

③ y の値が280のときの x の値を求めましょう。

（　　　　　　　　　　）

♥ 時速4.5kmで歩く人が x 時間に進む道のりを y kmとします。　　1つ10〔30点〕

④ x と y の関係を、式に表しましょう。

（　　　　　　　　　　）

⑤ x の値が2.4のときの y の値を求めましょう。

（　　　　　　　　　　）

⑥ y の値が27のときの x の値を求めましょう。

（　　　　　　　　　　）

♠ 面積が54cm²の三角形の、底辺の長さを x cm、高さを y cmとします。1つ10〔30点〕

⑦ x と y の関係を、式に表しましょう。

（　　　　　　　　　　）

⑧ x の値が15のときの y の値を求めましょう。

（　　　　　　　　　　）

⑨ y の値が7.5のときの x の値を求めましょう。

（　　　　　　　　　　）

♣ 容積が720m³の水そうに水を入れます。1時間に入れる水の量を x m³、いっぱいにするのにかかる時間を y 時間とするとき、x と y の関係を式に表しましょう。また、y の値が2.4のときの x の値を求めましょう。　　1つ5〔10点〕

式	、

23 場合の数 (1)

◆ ③、④、⑤、⑥の4枚のカードがあります。　　　　　　　　　　　1つ14〔42点〕

❶ 2枚のカードで2けたの整数をつくるとき、できる整数は全部で何通りあります
か。

（　　　　　　　）

❷ 4枚のカードで4けたの整数をつくるとき、できる整数は全部で何通りあります
か。

（　　　　　　　）

❸ ❷の4けたの整数のうち、奇数は何通りありますか。

（　　　　　　　）

♥ 5人の中から委員を選びます。　　　　　　　　　　　　　　　　1つ14〔28点〕

❹ 委員長と副委員長を1人ずつ選ぶとき、選び方は全部で何通りですか。

（　　　　　　　）

❺ 委員長と副委員長と書記を1人ずつ選ぶとき、選び方は全部で何通りですか。

（　　　　　　　）

♠ 10円玉を続けて4回投げます。表と裏の出方は全部で何通りですか。　　〔15点〕

（　　　　　　　）

♣ A、Bどちらかの文字を使って、4文字の記号をつくります。できる記号は全部
で何通りありますか。　　　　　　　　　　　　　　　　　　　　　　　〔15点〕

（　　　　　　　）

24 場合の数 (2)

◆ 5人の中からそうじ当番を選びます。　　　　　　　　　　　　　1つ14〔28点〕

❶ そうじ当番を2人選ぶとき、選び方は全部で何通りですか。

（　　　　　　　　）

❷ そうじ当番を3人選ぶとき、選び方は全部で何通りですか。

（　　　　　　　　）

♥ A、B、C、D、E、Fの6チームで野球の試合をします。どのチームもちがうチームと1回ずつ試合をします。　　　　　　　　　　　　　　　　　1つ14〔28点〕

❸ Aチームがする試合は何試合ありますか。

（　　　　　　　　）

❹ 試合は全部で何試合ありますか。

（　　　　　　　　）

♠ 1円玉、10円玉、50円玉がそれぞれ2枚ずつあります。　　　　1つ14〔28点〕

❺ このうち2枚を組み合わせてできる金額を、全部書きましょう。

（　　　　　　　　）

❻ このうち3枚を組み合わせてできる金額は、全部で何通りですか。

（　　　　　　　　）

♣ 赤、青、黄、緑、白の5つの球をA、B2つの箱に入れます。2個をAに入れ、残りをBに入れるとき、球の入れ方は全部で何通りありますか。　　　〔16点〕

（　　　　　　　　）

25 場合の数 (3)

◆ 次のものは、全部でそれぞれ何通りありますか。　　　　　　　　1つ10〔90点〕

① 大小2つのサイコロを投げて、目の和が10以上になる場合

（　　　　　）

② 1、2、3、4 の4枚のカードの中の3枚を並べてできる3けたの偶数

（　　　　　）

③ A、B、C、D の4人の中から、図書委員を2人選ぶ場合

（　　　　　）

④ 3枚のコインを投げるとき、2枚裏が出る場合

（　　　　　）

⑤ 3人で1回じゃんけんをするとき、あいこになる場合

（　　　　　）

⑥ 4人が手をつないで1列に並ぶ場合

（　　　　　）

⑦ 0、2、7、9 の4枚のカードを並べてできる4けたの数

（　　　　　）

⑧ 5人のうち、3人が歩き、2人が自転車に乗る場合

（　　　　　）

⑨ 家から学校までの行き方が4通りあるとき、家から学校へ行って帰ってくる場合

（　　　　　）

♥ 500円玉2個と100円玉2個で買い物をします。おつりが出ないように買える
品物の値段は何通りありますか。　　　　　　　　　　　　　　　〔10点〕

（　　　　　）

26 量の単位の復習

時間 20分

得点

/100点

◆ 次の量を、〔　〕の中の単位で表しましょう。　　　　　　　1つ5〔80点〕

① 2.4 km 〔m〕

（　　　　　　　　）

② 74 cm 〔mm〕

（　　　　　　　　）

③ 0.39 m 〔cm〕

（　　　　　　　　）

④ 56000 cm 〔km〕

（　　　　　　　　）

⑤ 0.9 dL 〔mL〕

（　　　　　　　　）

⑥ 2.2 m³ 〔kL〕

（　　　　　　　　）

⑦ 4 dL 〔cm³〕

（　　　　　　　　）

⑧ 3.6 L 〔cm³〕

（　　　　　　　　）

⑨ 0.8 t 〔kg〕

（　　　　　　　　）

⑩ 1.2 g 〔mg〕

（　　　　　　　　）

⑪ 0.4 kg 〔g〕

（　　　　　　　　）

⑫ 980 g 〔kg〕

（　　　　　　　　）

⑬ 300 a 〔ha〕

（　　　　　　　　）

⑭ 10000 cm² 〔a〕

（　　　　　　　　）

⑮ 1.5 km² 〔m²〕

（　　　　　　　　）

⑯ 65000 m² 〔ha〕

（　　　　　　　　）

♥ 次の水の量を、〔　〕の中の単位で求めましょう。　　　　　1つ5〔20点〕

⑰ 水5 m³の重さ 〔kg〕

（　　　　　　　　）

⑱ 水25 mLの重さ 〔g〕

（　　　　　　　　）

⑲ 水430 gのかさ 〔cm³〕

（　　　　　　　　）

⑳ 水5.5 kgのかさ 〔L〕

（　　　　　　　　）

27 6年のまとめ (1)

時間 20分

◆ 計算をしましょう。

1つ5〔60点〕

① $\dfrac{2}{9} \times \dfrac{5}{3}$

② $\dfrac{5}{8} \times \dfrac{3}{2}$

③ $\dfrac{9}{28} \times \dfrac{7}{3}$

④ $\dfrac{15}{8} \times \dfrac{10}{21}$

⑤ $12 \times \dfrac{7}{15}$

⑥ $\dfrac{5}{27} \times 18$

⑦ $2\dfrac{5}{8} \times \dfrac{12}{35}$

⑧ $1\dfrac{5}{6} \times 1\dfrac{1}{11}$

⑨ $\dfrac{2}{15} \times 6 \times \dfrac{10}{9}$

⑩ $\dfrac{4}{7} \times 1\dfrac{1}{8} \times \dfrac{14}{15}$

⑪ $\left(\dfrac{5}{6} - \dfrac{3}{8}\right) \times 24$

⑫ $\dfrac{8}{7} \times \dfrac{4}{11} + \dfrac{6}{7} \times \dfrac{4}{11}$

♥ 比を簡単にしましょう。

1つ6〔18点〕

⑬ $36 : 81$

⑭ $2 : 3.2$

⑮ $\dfrac{3}{4} : \dfrac{11}{12}$

♠ x の表す数を求めましょう。

1つ6〔12点〕

⑯ $10 : 18 = 25 : x$

⑰ $3.5 : x = 21 : 12$

♣ ある小学校の6年生の男子と女子の人数の比は6:7です。6年生の人数が104人のとき、女子の人数は何人ですか。

1つ5〔10点〕

式

答え (　　　　　　　　)

28 6年のまとめ (2)

得点

/100点

◆ 計算をしましょう。

1つ5〔60点〕

① $\dfrac{5}{7} \div \dfrac{4}{5}$

② $\dfrac{4}{9} \div \dfrac{5}{6}$

③ $\dfrac{4}{15} \div \dfrac{8}{9}$

④ $12 \div \dfrac{4}{5}$

⑤ $8 \div \dfrac{16}{9}$

⑥ $\dfrac{7}{12} \div 1\dfrac{5}{9}$

⑦ $\dfrac{9}{10} \div 3\dfrac{3}{4}$

⑧ $4\dfrac{1}{6} \div 1\dfrac{7}{8}$

⑨ $\dfrac{4}{9} \div \dfrac{5}{6} \times \dfrac{3}{8}$

⑩ $\dfrac{8}{7} \div \dfrac{6}{5} \div \dfrac{4}{21}$

⑪ $1.2 \times \dfrac{7}{8} \div 0.6$

⑫ $1.8 \div \dfrac{4}{5} \div 1.5$

♥ りんご、オレンジ、ぶどう、バナナ、ももの5つの果物が1つずつあります。

1つ10〔20点〕

⑬ けんたさんとあいさんに、果物を1つずつあげるとき、あげ方は全部で何通りありますか。

(　　　　　　)

⑭ 3つの果物を選んでかごに入れるとき、選び方は全部で何通りありますか。

(　　　　　　)

♠ ある小学校の児童全員の $\dfrac{7}{12}$ にあたる238人が男子です。この小学校の女子の児童の人数は何人ですか。

1つ10〔20点〕

式

答え (　　　　　　)

答え

1
① 式 $x \times 4 = y$
㋐ 7.2　㋑ 18　㋒ 11
② 式 $3 \times x + 5 = y$
㋐ 6　㋑ 7　㋒ 32
③ 式 $400 \div x = y \ (x \times y = 400)$
㋐ 16　㋑ 8　㋒ $\frac{20}{3}\left(6\frac{2}{3}\right)$
④ 式 $180 - x = y$
㋐ 10　㋑ 30　㋒ 60
⑤ 式 $500 + x = y$
㋐ 550　㋑ 150　㋒ 250

2
① $\frac{3}{4}$　② $\frac{4}{7}$　③ $\frac{16}{5}\left(3\frac{1}{5}\right)$　④ $\frac{9}{10}$
⑤ $\frac{10}{3}\left(3\frac{1}{3}\right)$　⑥ $\frac{7}{9}$　⑦ $\frac{3}{4}$　⑧ $\frac{3}{4}$
⑨ $\frac{9}{2}\left(4\frac{1}{2}\right)$　⑩ $\frac{5}{14}$　⑪ $\frac{2}{3}$　⑫ $\frac{8}{9}$
⑬ $\frac{21}{4}\left(5\frac{1}{4}\right)$　⑭ $\frac{39}{4}\left(9\frac{3}{4}\right)$　⑮ 9
⑯ 15　⑰ 16　⑱ 28
式 $\frac{8}{3} \times 6 = 16$　　答え 16 m²

3
① $\frac{3}{20}$　② $\frac{2}{21}$　③ $\frac{7}{20}$　④ $\frac{5}{49}$
⑤ $\frac{17}{16}\left(1\frac{1}{16}\right)$　⑥ $\frac{1}{36}$　⑦ $\frac{2}{9}$
⑧ $\frac{5}{3}\left(1\frac{2}{3}\right)$　⑨ $\frac{1}{5}$　⑩ $\frac{1}{12}$
⑪ $\frac{1}{18}$　⑫ $\frac{4}{21}$　⑬ $\frac{5}{9}$　⑭ $\frac{5}{16}$
⑮ $\frac{2}{39}$　⑯ $\frac{3}{10}$　⑰ $\frac{1}{16}$　⑱ $\frac{3}{20}$
式 $\frac{21}{8} \div 6 = \frac{7}{16}$　　答え $\frac{7}{16}$ m

4
① $\frac{4}{15}$　② $\frac{4}{45}$　③ $\frac{6}{35}$
④ $\frac{1}{18}$　⑤ $\frac{20}{27}$　⑥ $\frac{12}{49}$
⑦ $\frac{64}{81}$　⑧ $\frac{15}{8}\left(1\frac{7}{8}\right)$　⑨ $\frac{21}{16}\left(1\frac{5}{16}\right)$
⑩ $\frac{25}{24}\left(1\frac{1}{24}\right)$　⑪ $\frac{35}{12}\left(2\frac{11}{12}\right)$　⑫ $\frac{21}{32}$
⑬ $\frac{27}{10}\left(2\frac{7}{10}\right)$　⑭ $\frac{9}{4}\left(2\frac{1}{4}\right)$　⑮ $\frac{12}{5}\left(2\frac{2}{5}\right)$
⑯ $\frac{32}{5}\left(6\frac{2}{5}\right)$　⑰ $\frac{16}{9}\left(1\frac{7}{9}\right)$　⑱ $\frac{7}{8}$
式 $\frac{3}{7} \times \frac{2}{5} = \frac{6}{35}$　　答え $\frac{6}{35}$ m²

5
① $\frac{7}{8}$　② $\frac{2}{9}$　③ $\frac{4}{7}$　④ $\frac{3}{8}$
⑤ $\frac{35}{36}$　⑥ $\frac{14}{15}$　⑦ $\frac{1}{3}$　⑧ $\frac{1}{4}$
⑨ $\frac{2}{9}$　⑩ $\frac{1}{12}$　⑪ $\frac{15}{16}$　⑫ $\frac{11}{6}\left(1\frac{5}{6}\right)$
⑬ 3　⑭ 1　⑮ $\frac{20}{3}\left(6\frac{2}{3}\right)$
⑯ $\frac{40}{7}\left(5\frac{5}{7}\right)$　⑰ $\frac{9}{4}\left(2\frac{1}{4}\right)$　⑱ 6
式 $\frac{9}{10} \times \frac{5}{6} = \frac{3}{4}$　　答え $\frac{3}{4}$ m²

6
① $\frac{16}{15}\left(1\frac{1}{15}\right)$　② $\frac{27}{35}$　③ $\frac{56}{15}\left(3\frac{11}{15}\right)$
④ $\frac{2}{3}$　⑤ $\frac{20}{7}\left(2\frac{6}{7}\right)$　⑥ $\frac{16}{15}\left(1\frac{1}{15}\right)$
⑦ $\frac{9}{4}\left(2\frac{1}{4}\right)$　⑧ 2　⑨ $\frac{25}{12}\left(2\frac{1}{12}\right)$
⑩ $\frac{15}{2}\left(7\frac{1}{2}\right)$　⑪ 6　⑫ $\frac{1}{4}$
⑬ $\frac{2}{5}$　⑭ $\frac{2}{3}$　⑮ 4
式 $\frac{3}{4} \times 2\frac{2}{3} = 2$　　答え 2 kg

7
① $\frac{9}{20}$　② $\frac{11}{9}\left(1\frac{2}{9}\right)$　③ $\frac{4}{9}$　④ $\frac{5}{21}$
⑤ $\frac{16}{27}$　⑥ $\frac{3}{10}$　⑦ 2　⑧ $\frac{18}{5}\left(3\frac{3}{5}\right)$
⑨ $\frac{17}{27}$　⑩ $\frac{21}{2}\left(10\frac{1}{2}\right)$　⑪ $\frac{21}{10}\left(2\frac{1}{10}\right)$
⑫ 10　⑬ $\frac{2}{9}$　⑭ $\frac{4}{27}$　⑮ 1
式 $4\frac{2}{5} \times 8\frac{3}{4} = \frac{77}{2}$
答え $\frac{77}{2}\left(38\frac{1}{2}\right)$ cm²

8
① $\frac{1}{4}$　② $\frac{7}{8}$　③ 14　④ $\frac{11}{18}$　⑤ 31
⑥ $\frac{7}{5}\left(1\frac{2}{5}\right)$　⑦ 4　⑧ 11　⑨ 4
⑩ $\frac{7}{6}\left(1\frac{1}{6}\right)$　⑪ $\frac{6}{7}$　⑫ 1
式 $\frac{11}{13} \times \frac{7}{8} + \frac{15}{13} \times \frac{7}{8} = \frac{7}{4}$
答え $\frac{7}{4}\left(1\frac{3}{4}\right)$ m²

9
① $\dfrac{15}{32}$ ② $\dfrac{3}{14}$ ③ $\dfrac{10}{21}$ ④ $\dfrac{16}{27}$ ⑤ $\dfrac{15}{44}$
⑥ $\dfrac{28}{15}\left(1\dfrac{13}{15}\right)$ ⑦ $\dfrac{27}{16}\left(1\dfrac{11}{16}\right)$ ⑧ $\dfrac{15}{14}\left(1\dfrac{1}{14}\right)$
⑨ $\dfrac{20}{9}\left(2\dfrac{2}{9}\right)$ ⑩ $\dfrac{45}{64}$ ⑪ $\dfrac{24}{25}$ ⑫ $\dfrac{7}{8}$
⑬ $\dfrac{5}{24}$ ⑭ $\dfrac{8}{27}$ ⑮ $\dfrac{54}{35}\left(1\dfrac{19}{35}\right)$
式 $\dfrac{7}{8}\div\dfrac{4}{5}=\dfrac{35}{32}$　　答え $\dfrac{35}{32}\left(1\dfrac{3}{32}\right)$ kg

10
① $\dfrac{7}{10}$ ② $\dfrac{3}{8}$ ③ $\dfrac{17}{18}$ ④ $\dfrac{11}{7}\left(1\dfrac{4}{7}\right)$
⑤ $\dfrac{3}{7}$ ⑥ $\dfrac{10}{3}\left(3\dfrac{1}{3}\right)$ ⑦ $\dfrac{3}{2}\left(1\dfrac{1}{2}\right)$
⑧ $\dfrac{3}{4}$ ⑨ $\dfrac{15}{4}\left(3\dfrac{3}{4}\right)$ ⑩ $\dfrac{4}{9}$ ⑪ $\dfrac{1}{6}$
⑫ $\dfrac{7}{4}\left(1\dfrac{3}{4}\right)$ ⑬ $\dfrac{3}{5}$ ⑭ $\dfrac{6}{7}$ ⑮ $\dfrac{3}{5}$
式 $\dfrac{16}{9}\div\dfrac{12}{5}=\dfrac{20}{27}$　　答え $\dfrac{20}{27}$ cm

11
① $\dfrac{28}{5}\left(5\dfrac{3}{5}\right)$ ② $\dfrac{21}{5}\left(4\dfrac{1}{5}\right)$ ③ $\dfrac{28}{11}\left(2\dfrac{6}{11}\right)$
④ 16 ⑤ 25 ⑥ $\dfrac{42}{5}\left(8\dfrac{2}{5}\right)$
⑦ $\dfrac{28}{3}\left(9\dfrac{1}{3}\right)$ ⑧ 9 ⑨ 36 ⑩ $\dfrac{7}{54}$
⑪ $\dfrac{5}{16}$ ⑫ $\dfrac{1}{4}$ ⑬ $\dfrac{3}{8}$ ⑭ $\dfrac{2}{9}$ ⑮ $\dfrac{1}{7}$
式 $32\div\dfrac{2}{3}=48$　　答え 48 kg

12
① $\dfrac{15}{56}$ ② $\dfrac{10}{3}\left(3\dfrac{1}{3}\right)$ ③ $\dfrac{5}{6}$ ④ $\dfrac{1}{6}$
⑤ $\dfrac{1}{8}$ ⑥ 3 ⑦ $\dfrac{10}{21}$ ⑧ $\dfrac{25}{12}\left(2\dfrac{1}{12}\right)$
⑨ $\dfrac{4}{9}$ ⑩ $\dfrac{6}{5}\left(1\dfrac{1}{5}\right)$ ⑪ $\dfrac{25}{21}\left(1\dfrac{4}{21}\right)$
⑫ $\dfrac{49}{48}\left(1\dfrac{1}{48}\right)$ ⑬ $\dfrac{2}{3}$ ⑭ 8 ⑮ $\dfrac{4}{75}$
式 $9\dfrac{3}{8}\div\dfrac{5}{8}=15$　　答え 15 dL

13
① $\dfrac{9}{13}$ ② $\dfrac{4}{5}$ ③ $\dfrac{1}{6}$ ④ $\dfrac{5}{2}\left(2\dfrac{1}{2}\right)$
⑤ 5 ⑥ $\dfrac{9}{10}$ ⑦ $\dfrac{15}{2}\left(7\dfrac{1}{2}\right)$
⑧ $\dfrac{1}{4}$ ⑨ $\dfrac{7}{3}\left(2\dfrac{1}{3}\right)$ ⑩ 1

14
① $\dfrac{25}{9}\left(2\dfrac{7}{9}\right)$ ② $\dfrac{35}{24}\left(1\dfrac{11}{24}\right)$ ③ $\dfrac{22}{21}\left(1\dfrac{1}{21}\right)$
④ $\dfrac{16}{27}$ ⑤ $\dfrac{6}{25}$ ⑥ $\dfrac{2}{9}$ ⑦ $\dfrac{20}{3}\left(6\dfrac{2}{3}\right)$
⑧ 16 ⑨ $\dfrac{3}{28}$ ⑩ $\dfrac{2}{9}$ ⑪ 3
⑫ $\dfrac{5}{6}$ ⑬ $\dfrac{5}{3}\left(1\dfrac{2}{3}\right)$ ⑭ $\dfrac{1}{3}$ ⑮ $\dfrac{1}{12}$
式 $\dfrac{5}{6}\div\dfrac{5}{4}=\dfrac{2}{3}$　　答え $\dfrac{2}{3}$ 倍

15
① $\dfrac{3}{8}$ ② $\dfrac{14}{3}\left(4\dfrac{2}{3}\right)$ ③ $\dfrac{1}{6}$ ④ $\dfrac{5}{6}$
⑤ $\dfrac{6}{25}$ ⑥ $\dfrac{4}{5}$ ⑦ $\dfrac{5}{3}\left(1\dfrac{2}{3}\right)$ ⑧ $\dfrac{1}{15}$
⑨ $\dfrac{4}{3}\left(1\dfrac{1}{3}\right)$ ⑩ $\dfrac{12}{7}\left(1\dfrac{5}{7}\right)$

16
① 50.24 cm² ② 78.5 cm²
③ 113.04 cm² ④ 615.44 m²
⑤ 12.56 cm² ⑥ 47.1 cm²
⑦ 28.26 cm² ⑧ 28.5 cm²
⑨ 18.84 cm² ⑩ 235.5 cm²

17
① 28.26 cm² ② 200.96 m²
③ 153.86 m² ④ 314 cm²
⑤ 14.13 cm² ⑥ 150.72 cm²
⑦ 21.5 cm² ⑧ 100.48 cm²
⑨ 30.96 cm² ⑩ 20.52 cm²

18
① $\dfrac{7}{5}$ ② $\dfrac{1}{4}$ ③ $\dfrac{4}{5}$
④ $\dfrac{3}{20}$ ⑤ $\dfrac{1}{5}$ ⑥ $\dfrac{3}{2}$
⑦ 7:8 ⑧ 3:7 ⑨ 6:5
⑩ 5:2 ⑪ 5:7 ⑫ 48
⑬ 35 ⑭ 3 ⑮ $\dfrac{4}{15}$ ⑯ 35

19
① $\dfrac{4}{9}$ ② 3 ③ $\dfrac{7}{5}$ ④ $\dfrac{5}{14}$
⑤ $\dfrac{70}{3}$ ⑥ $\dfrac{16}{15}$ ⑦ 12:7
⑧ 7:5 ⑨ 3:14 ⑩ 3:2
⑪ 4:3 ⑫ 2 ⑬ 7
⑭ 42 ⑮ 1 ⑯ 5

20
1. 16㎥
2. 141.3cm³
3. 180cm³
4. 125.6cm³
5. 140cm³
6. 10990cm³
7. 276cm³
8. 456.96cm³
9. 30cm³
10. 21.98cm³

21
1. 式 $y=60÷x$（$x×y÷2=30$）、△
  ㋐ 30　㋑ 3　㋒ 7.5　㋓ 15
2. 式 $y=2×x$、○
  ㋐ 4　㋑ 11.2　㋒ 18　㋓ 12
3. 式 $y=28÷x$、△
  ㋐ 7　㋑ 4　㋒ 11.2　㋓ 14
4. 式 $y=30+20×x$、×
  ㋐ 70　㋑ 3　㋒ 5　㋓ 210
5. 式 $y=80×x$、○
  ㋐ 5　㋑ 9　㋒ 880　㋓ 1200
式 $y=2.5×x$、380

22
1. $y=80×x$
2. 960
3. 3.5
4. $y=4.5×x$
5. 10.8
6. 6
7. $y=108÷x$（$x×y÷2=54$）
8. 7.2
9. 14.4
式 $y=720÷x$、300

23
1. 12通り
2. 24通り
3. 12通り
4. 20通り
5. 60通り
16通り
16通り

24
1. 10通り
2. 10通り
3. 5試合
4. 15試合
5. 2円、11円、20円、51円、60円、100円
6. 7通り
10通り

25
1. 6通り
2. 12通り
3. 6通り
4. 3通り
5. 9通り
6. 24通り
7. 18通り
8. 10通り
9. 16通り
8通り

26
1. 2400m
2. 740mm
3. 39cm
4. 0.56km
5. 90mL
6. 2.2kL
7. 400cm³
8. 3600cm³
9. 800kg
10. 1200mg
11. 400g
12. 0.98kg
13. 3ha
14. 0.01a
15. 1500000㎡
16. 6.5ha
17. 5000kg
18. 25g
19. 430cm³
20. 5.5L

27
1. $\frac{10}{27}$
2. $\frac{15}{16}$
3. $\frac{3}{4}$
4. $\frac{25}{28}$
5. $\frac{28}{5}\left(5\frac{3}{5}\right)$
6. $\frac{10}{3}\left(3\frac{1}{3}\right)$
7. $\frac{9}{10}$
8. 2
9. $\frac{8}{9}$
10. $\frac{3}{5}$
11. 11
12. $\frac{8}{11}$
13. 4:9
14. 5:8
15. 9:11
16. 45
17. 2
式 $104×\frac{7}{13}=56$　　　　答え 56人

28
1. $\frac{25}{28}$
2. $\frac{8}{15}$
3. $\frac{3}{10}$
4. 15
5. $\frac{9}{2}\left(4\frac{1}{2}\right)$
6. $\frac{3}{8}$
7. $\frac{6}{25}$
8. $\frac{20}{9}\left(2\frac{2}{9}\right)$
9. $\frac{1}{5}$
10. 5
11. $\frac{7}{4}\left(1\frac{3}{4}\right)$
12. $\frac{3}{2}\left(1\frac{1}{2}\right)$
13. 20通り
14. 10通り
式 $238÷\frac{7}{12}=408$
　$408-238=170$

答え 170人

「小学教科書ワーク・
数と計算」で、
さらに練習しよう！

教科書ワーク もくじ

啓林館版 **算数6年**

  動画 コードを読みとって、下の番号の動画を見てみよう。

① **線対称**

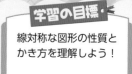

学習の目標・
線対称な図形の性質と
かき方を理解しよう！

基本のワーク

教科書　10〜17ページ　　答え　1ページ

基本1 線対称な図形の対応する点や線や角がわかりますか。

☆ 右の図は、線対称な図形です。

❶　点A に対応する点はどれですか。

❷　直線DE に対応する直線はどれですか。

とき方　1本の直線を折り目にして折ったとき、折り目の両側がぴったり重なる図形は、[　　　　]であるといいます。また、その折り目にした直線を、[　　　　]といいます。対称の軸で折り重ねたとき、重なる点を[　　　]する点、重なる線を[　　　]する線、重なる角を[　　　]する角といいます。

❶　点A は、点[　　　]と重なります。

❷　直線DE は、直線[　　　]と重なります。

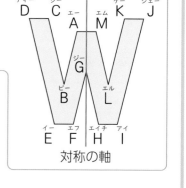
対称の軸

答え　点[　　　]
答え　直線[　　　]

1 基本1 の図について調べましょう。　　　　📖教科書 14ページ1

❶　点B に対応する点はどれですか。　　　❷　直線EF に対応する直線はどれですか。

（　　　　　　　　）　　　　　　　　　　（　　　　　　　　）

2 右の図は、線対称な図形です。対応する点、対応する線、対応する角をすべてみつけましょう。📖教科書 15ページ2

対応する点
（　　　　　　　　　　　　　　　）

対応する線
（　　　　　　　　　　　　　　　）

対応する角
（　　　　　　　　　　　　　　　）

対称の軸

3 下の図の中で、線対称な図形はどれですか。また、線対称な図形には、対称の軸をひきましょう。
📖教科書 15ページ3

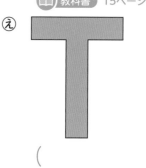

（　　　　　　　　）

さんすうはかせ　線対称な図形は、円、二等辺三角形、長方形、ひし形など、いろいろあるよ。

☆ 右の線対称な図形について、次のことを調べましょう。

❶　対応する 2 つの点 A と点 E を結んだ直線 AE と、対称の軸とは、どのように交わっていますか。

❷　直線 AE と対称の軸が交わる点 O から、対応する 2 つの点 A と点 E までの長さはどうなっていますか。

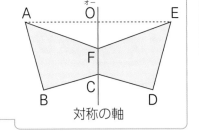
対称の軸

とき方　三角定規やコンパスを使って調べます。

❶　点 O のところに、三角定規の □ の角をあてるとぴったり重なります。　**答え** □ に交わる。

❷　コンパスの針（はり）を点 O にさして長さをはかると、点 A までの長さと点 E までの長さは □ です。

答え □

線対称な図形の性質

・対応する 2 つの点を結ぶ直線は、対称の軸と垂直（すいちょく）に交わります。

・その交わる点から、対応する 2 つの点までの長さは等しくなっています。

❹ 右の図は、線対称な図形です。点 A に対応する点 B はどこになるかみつけ、かき入れましょう。　📖 教科書 16ページ 6

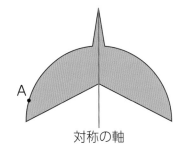
対称の軸

☆ 右の図で、直線 AB が対称の軸になるように、線対称な図形をかきましょう。

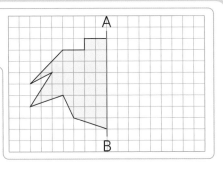

とき方　線対称な図形の性質をもとにしてかきます。

対応する 2 つの点を結ぶ直線は、対称の軸と垂直に交わるので、方眼のます目を利用します。

・点 C は、対称の軸から左に 2 ますの位置で、対応する点 D は、対称の軸から右に 2 ますの位置になります。

・点 E は、対称の軸から左に 4 ますの位置で、対応する点 F は、対称の軸から右に 4 ますの位置になります。

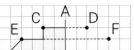

答え 上の問題に記入

❺ 右の図で、直線 AB が対称の軸になるように、線対称な図形をかきましょう。　📖 教科書 17ページ 8

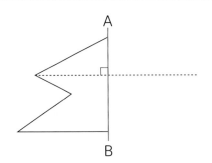

ポイント　線対称な図形をかくときは、各点と対応する点の位置を全部きめてから、それらを順に結びましょう。

② 点対称

基本のワーク

学習の目標・
点対称な図形の性質と
かき方を理解しよう！

基本 ① 点対称な図形の対応する点や線や角がわかりますか。

☆ 右の図は、点対称な図形で、点O は対称の中心です。
　① 点A に対応する点はどれですか。
　② 直線CD に対応する直線はどれですか。

とき方 ある点を中心にして 180°まわすと、もとの形にぴったり重なる図形は、[　　　]であるといいます。また、その中心にした点を、[　　　　]といいます。対称の中心で 180°まわしたとき、重なる点を[　　]する点、重なる線を[　　]する線、重なる角を[　　]する角といいます。
　① 点A は、点[　　]と重なります。
　② 直線CD は、直線[　　]と重なります。

答え 点[　　]
答え 直線[　　]

① **基本①** の図について調べましょう。　📖 教科書 18ページ **①**

　① 点E に対応する点はどれですか。　　② 直線GH に対応する直線はどれですか。

（　　　　　　　　）　　　　　　　　　（　　　　　　　　）

② 右の図は、点対称な図形で、点O は対称の中心です。対応する点、対応する線、対応する角をすべてみつけましょう。

📖 教科書 19ページ **②**

点対称な図形では、対応する線の長さは等しいよ。

対応する点（　　　　　　　　　　　）
対応する線（　　　　　　　　　　　）
対応する角（　　　　　　　　　　　）

③ 下の図の中で、点対称な図形はどれですか。　📖 教科書 19ページ **③**

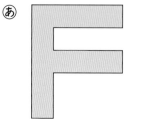 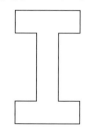  

（　　　　　　　　）

対称の中心に O（オー）を使うのは、「起源・原点」という意味の単語「origin（オリジン）」の頭文字をとっているんだって。円の中心も O で表されるよ。

点対称な図形の性質がわかりますか。

☆ 右の点対称な図形について、次のことを調べましょう。

① 対応する 2 つの点を結んだ直線 AE と直線 BF は、どこで交わりますか。

② 対称の中心 O から対応する 2 つの点 A、点 E までの長さはどうなっていますか。

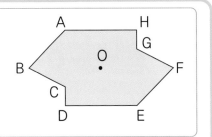

とき方 直線 AE と直線 BF をひいてみましょう。

① 直線 AE と直線 BF は、どちらも点 [ ] を通ります。　**答え** 点 [ ] で交わる。

② コンパスの針（はり）を点 O にさして長さをはかると、点 A までの長さと点 E までの長さは [ ] です。

答え [ ]

> **点対称な図形の性質**
> ・対応する 2 つの点を結ぶ直線は、対称の中心を通ります。
> ・対称の中心から、対応する 2 つの点までの長さは等しくなっています。

4 右の図は、点対称な図形です。対称の中心はどこになるかみつけ、かき入れましょう。　📖 教科書 20ページ ⑥

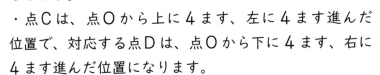

> 対応する点の組を 2 組みつけて結んでみよう。

点対称な図形をかくことができますか。

☆ 右の図で、点 O が対称の中心になるように、点対称な図形をかきましょう。

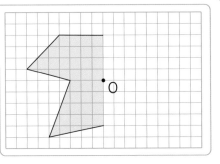

とき方 点対称な図形の性質をもとにしてかきます。

対応する 2 つの点を結ぶ直線は対称の中心を通り、対称の中心から対応する 2 つの点までの長さは等しくなります。

・点 C は、点 O から上に 4 ます、左に 4 ます進んだ位置で、対応する点 D は、点 O から下に 4 ます、右に 4 ます進んだ位置になります。

・点 E は、点 O から上に 1 ます、左に 7 ます進んだ位置で、対応する点 F は、点 O から下に 1 ます、右に 7 ます進んだ位置になります。

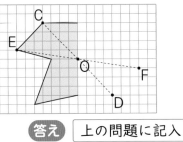

答え 上の問題に記入

5 右の図で、点 O が対称の中心になるように、点対称な図形をかきましょう。　📖 教科書 21ページ ⑧

ポイント 点対称な図形では、対応する点どうしを結ぶ直線を 2 本ひくと、その 2 本の直線の交わる点が対称の中心になります。

学習の目標・
いろいろな多角形について、線対称か点対称か調べよう！

❸ 多角形と対称

基本のワーク

教科書 22〜23ページ   答え 2ページ

基本① 三角形や四角形について、線対称か点対称か調べることができますか。

☆ 右の⑤〜⑥のような四角形があります。
① 線対称な図形はどれですか。また、対称の軸は何本ありますか。
② 点対称な図形はどれですか。

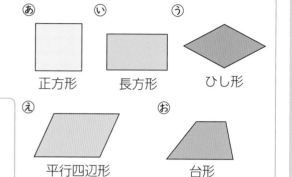

⑤ 正方形　⑥ 長方形　⑦ ひし形
⑧ 平行四辺形　⑨ 台形

とき方 折ったときに重なるかどうか、180°まわしたときに重なるかどうかを調べます。

① 1本の直線を折り目にして折ったとき、両側がぴったり重なる四角形を選びます。

 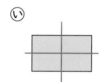 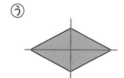

対称の軸は、1本とはかぎらないんだね。

答え ⑤…□本、⑥…□本、⑦…□本

② ある点を中心にして180°まわしたとき、もとの形にぴったり重なる四角形を選びます。

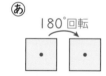 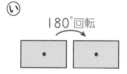 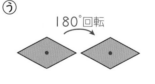 

⑤ 180°回転　⑥ 180°回転　⑦ 180°回転　⑧ 180°回転

答え □、□、□、□

① 右の⑤〜⑥のような三角形があります。

📖 教科書 22ページ 1

① 線対称な図形はどれとどれですか。また、対称の軸は何本ありますか。

⑤ 三角形　⑥ 正三角形

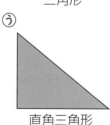 
⑦ 直角三角形　⑧ 二等辺三角形

(　　　)…(　　　)本

(　　　)…(　　　)本

② 点対称な図形はありますか。ある場合はその記号を、ない場合は「ない。」と書きましょう。

(　　　　　　　　　)

 万華鏡って知ってる？　鏡を利用して、対称な図形の模様をつくりだすつつ状のおもちゃだよ。とってもきれいだから、みんなも一回のぞいてみて！

☆　下の正多角形が、それぞれ線対称な図形か、点対称な図形かを調べましょう。また、線対称のときは、対称の軸が何本あるかも調べましょう。

正三角形	正五角形	正七角形	正九角形	正十一角形

とき方　どの正多角形も頂点の数が奇数です。

線対称…１本の直線を折り目にして折ったとき、両側がぴったり重なるかどうかを調べます。

点対称…ある点を中心にして180°まわしたとき、もとの形にぴったり重なるかどうかを調べます。

右下の表を完成させましょう。

答え

	線対称	軸の数	点対称
正三角形	○	3	×
正五角形			
正七角形			
正九角形			
正十一角形			

2　下の正多角形が、それぞれ線対称な図形か、点対称な図形かを調べましょう。また、線対称のときは、対称の軸が何本あるかも調べて、下の表にまとめましょう。　📖 **教科書** 23ページ2

正方形 （正四角形）	正六角形	正八角形	正十角形	正十二角形

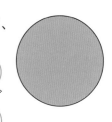

	線対称	軸の数	点対称
正方形			
正六角形			
正八角形			
正十角形			
正十二角形			

頂点の数はどれも偶数だね。

3　円について調べます。　📖 **教科書** 23ページ

❶　線対称であるといえますか。また、線対称のとき、対称の軸の数について、どんなことがいえますか。

（　　　　　　　　　　　　　　　　　　　）

❷　点対称であるといえますか。また、点対称のとき、対称の中心はどこですか。　（　　　　　　　　　　　　　　　　　　　）

 　「180°まわしてぴったり重なる」図形をみつけるには、本をまわして上下をさかさまにしたときに、もとの形と同じになる図形をさがすというやり方があります。

① 対称な図形

練習のワーク①

教科書　10〜25ページ　答え　3ページ

できた数

/14問中

1 線対称な図形　右の図は、線対称な図形です。

① 対称の軸をみつけ、かき入れましょう。

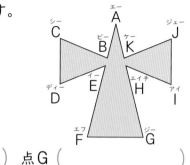

② 点C、点Gに対応する点はどれですか。

点C（　　　　　）　点G（　　　　　）

③ 直線AB、直線IHに対応する直線はどれですか。

直線AB（　　　　　）　直線IH（　　　　　）

2 点対称な図形　右の図は、点対称な図形です。

① 対称の中心はどこになるかみつけ、かき入れましょう。

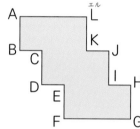

② 点B、点Eに対応する点はどれですか。

点B（　　　　　）　点E（　　　　　）

③ 直線AL、直線CDに対応する直線はどれですか。

直線AL（　　　　　）　直線CD（　　　　　）

④ 角D、角Fに対応する角はどれですか。

角D（　　　　　）　角F（　　　　　）

3 対称な図形のかき方　下のような対称な図形をかきましょう。

① 直線ABを対称の軸とした
線対称な図形

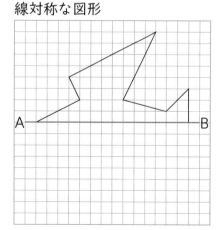

② 点Oを対称の中心とした
点対称な図形

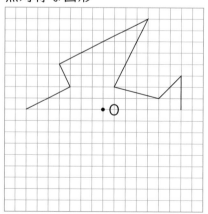

てびき

1 線対称な図形

対称の軸で折り重ねたとき、重なる点が対応する点です。

2 点対称な図形

対称の中心で180°まわしたとき、重なる点が対応する点です。

ヒント

①対応する2点を結んで考えます。

3 対称な図形のかき方

対応する点をすべてきめてから、それらを結びます。

対応する2点と対称の軸、対応する2点と対称の中心との関係は……

できるナビ　線対称な図形、点対称な図形をみつけるには、2つ折りにすると重なるか、180°まわしたときに重なるかに注目しよう。

練習のワーク②

教科書 10〜25ページ　答え 3ページ

1 線対称と点対称　下の図を見て、次の問題に答えましょう。

ⓐ B　ⓘ C　ⓤ H　ⓔ N　ⓞ P

❶ 線対称な図形はどれですか。

（　　　　　　　）

❷ 点対称な図形はどれですか。

（　　　　　　　）

❸ 線対称でも点対称でもない図形はどれですか。

（　　　　　　　）

2 四角形と対称　下の図のような四角形があります。

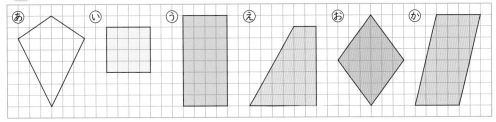

❶ 線対称な図形はどれですか。

（　　　　　　　）

❷ 線対称な図形で、対称の軸が 4 本あるものはどれですか。

（　　　　　　　）

❸ 点対称な図形はどれですか。また、点対称な図形には、対称の中心を上の図にかき入れましょう。

（　　　　　　　）

❹ 2 本の対角線が、どちらも対称の軸になっている図形はどれですか。

（　　　　　　　）

てびき

1 線対称と点対称
1 本の直線を折り目にして折ったとき、両側がぴったり重なれば線対称です。
ある点を中心にして 180°まわしたとき、もとの形にぴったり重なれば点対称です。

2 四角形と対称
ⓘは正方形、
ⓤは長方形、
ⓔは台形、
ⓞはひし形、
ⓚは平行四辺形です。
❷ 線対称な図形では、対称の軸は何本かある場合があります。
❹ それぞれの対角線を折り目にして折ったとき、両側がぴったり重なるかどうかを調べましょう。

できるナビ　線対称な図形では、対称の軸は 1 本とはかぎらないけれど、点対称な図形では、対称の中心は 1 つだよ。

まとめのテスト ❶

時間 **20** 分

得点

/100点

教科書 **10～25ページ**　答え **4ページ**

1 6年3組で、出席番号が28番の山中正^{やまなかただし}さんが、方眼を使って、右の図のような数字と文字をつくりました。　1つ10〔20点〕

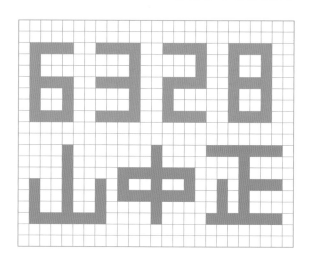

❶ 右の数字や文字の中で、線対称^{たいしょう}な図形はどれですか。

（　　　　　　　　　　）

❷ 右の数字や文字の中で、点対称な図形はどれですか。

（　　　　　　　　　　）

2 よく出る 右の図は線対称な図形で、直線アイは対称の軸^{じく}です。直線CI、FJと等しい長さの直線は、それぞれどれですか。

1つ10〔20点〕

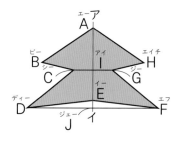

直線CI（　　　　　　　　）

直線FJ（　　　　　　　　）

3 次の⑥～⑧のような正多角形があります。　1つ15〔30点〕

⑥　　　　　　い　　　　　　う　　　　　　え　　　　　　お

正方形　　　正五角形　　　正六角形　　　正七角形　　　正八角形

❶ 線対称な図形はどれですか。

（　　　　　　　　　　）

❷ 点対称な図形はどれですか。

（　　　　　　　　　　）

4 右の図は平行四辺形で、点対称な図形です。　1つ15〔30点〕

❶ 対称の中心O^{オー}を図にかき入れましょう。

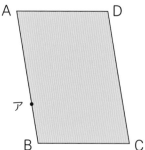

❷ 点アに対応する点イを図にかき入れましょう。

□ 線対称や点対称な図形の性質がわかったかな？
□ 正多角形が線対称か点対称かを整理することができたかな？

まとめのテスト ②

時間 20分

得点 /100点

教科書 10〜25ページ　答え 4ページ

1 よく出る 対称な図形をかきましょう。　1つ10〔20点〕

① 直線AB を対称の軸とした線対称な図形

A

B

② 点 O を対称の中心とした点対称な図形

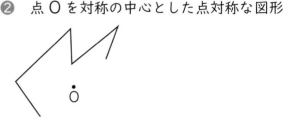

O

2 右の図は点対称な図形です。　1つ10〔20点〕

① 対称の中心 O を図にかき入れましょう。

② 角C に対応する角はどれですか。

（　　　　　）

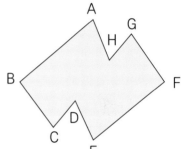

3 よく出る 右の図は正六角形で、線対称にも点対称にもなっています。　1つ10〔40点〕

① 直線AD と直線BF は、どのように交わりますか。

（　　　　　）

② 直線アイを対称の軸とみたとき、辺AB に対応する辺はどれですか。

（　　　　　）

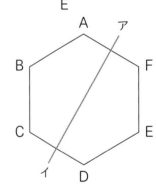

③ 直線BE を対称の軸とみたとき、辺AB に対応する辺はどれですか。

（　　　　　）

④ この図形を点対称とみたとき、辺CD に対応する辺はどれですか。

（　　　　　）

4 右の図は線対称な図形で、直線AG は対称の軸です。　1つ10〔20点〕

① 直線AI の長さは何cm ですか。

（　　　　　）

② 対称の軸は、直線AG のほかに何本ありますか。

（　　　　　）

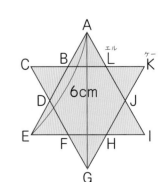

6cm

 チェック ✓
□ 線対称や点対称な図形をかくことができたかな？
□ 線対称や点対称な図形の対応する角や辺がわかったかな？

❷ 文字と式

❶ 文字を使った式

基本のワーク

教科書 26〜31ページ　　答え 5ページ

基本 ❶ x、y を使って、数量の関係を式に表すことができますか。

☆ 同じ値段のプリンを5個買います。

❶ プリン1個の値段を x 円、代金を y 円として、x と y の関係を式に表しましょう。

❷ x の値を 70、80、90 としたとき、それぞれに対応する y の値を求めて表にかきましょう。

とき方 数量やその関係を式に表すのに、〇や△の代わりに文字 x や y を使うことがあります。

x や y は、〇や△と同じ役割をしていて、文字に数をあてはめたりできるんだね。

❶ ことばの式で表すと、

| プリン1個の値段 | × | 個数 | = | 代金 |

この式に、x、y、5 をあてはめると、

$\boxed{} \times 5 = \boxed{}$　**答え** $\boxed{}$

❷ x にあてはめた数を x の $\boxed{}$ といい、そのとき y にあてはまる数を、x の値に対応する y の $\boxed{}$ といいます。

$x=70$ のとき、$\boxed{} \times 5 = \boxed{}$

$x=80$ のとき、$\boxed{} \times 5 = \boxed{}$

$x=90$ のとき、$\boxed{} \times 5 = \boxed{}$

たとえば、$x=40$ のとき、y は $40 \times 5 = 200$ だね。
このとき、200 を、「x の値 40 に対応する y の値」というよ。

これらを、下の表に整理しましょう。

答え

x（円）	70	80	90
y（円）			

❶ まりなさんは、60円の消しゴムを何個か買います。

📖 教科書 28ページ ❷

ことばの式に表してから考えよう！

❶ 買う個数を x 個、その代金を y 円として、x と y の関係を式に表しましょう。

(　　　　　　　　)

❷ x の値を6としたとき、それに対応する y の値を求めましょう。

(　　　　　　　　)

❸ y の値が 480 となる x の値を求めましょう。

(　　　　　　　　)

 文字を使うと、「1円」、「10円」、「50円」のように値段がいろいろ変わっても「x 円」と1つにまとめて表せるから便利だね。

☆ 120 円のボールペンを何本かと、180 円のノートを 1 冊買います。

❶ ボールペンの本数を x 本、全部の代金を y 円として、x と y の関係を式に表しましょう。

❷ 900 円では、180 円のノート 1 冊と、120 円のボールペンを何本まで買うことができますか。

とき方 ❶ ことばの式で表すと、

| ボールペン 1 本の値段 | × | 本数 | ＋ | ノート 1 冊の値段 | ＝ | 全部の代金 |

この式に、x、y、120、180 をあてはめます。

$120 × \boxed{} + \boxed{} = \boxed{}$ 答え $\boxed{}$

❷ x の値を、4、5、6 として、y の値が 900 になる x の値をみつけます。

$x=4$ のとき、$120 × \boxed{} + 180 = \boxed{}$

$x=5$ のとき、$120 × \boxed{} + 180 = \boxed{}$

$x=6$ のとき、$120 × \boxed{} + 180 = \boxed{}$

これらを、右の表に整理しましょう。

$y=900$ となる x の値は、$x = \boxed{}$ だから、

$\boxed{}$ 本まで買うことができます。   答え $\boxed{}$ 本

$y=900$ となるときの x の値がわかれば、何本まで買えるかわかるね。

x(本)	4	5	6	……
y(円)				……

❷ 300 g のかんづめ何個かを 500 g の箱に入れます。　📖 教科書 29ページ ④

❶ かんづめの個数を x 個、全体の重さを y g として、x と y の関係を式に表しましょう。

(　　　　　　　　)

❷ x の値を 4、5、6、…… として、y の値が 2600 となる x の値をみつけましょう。

x(個)	4	5	6	……
y(g)				……

(　　　　　　　　)

❸ 高さが 7 cm の平行四辺形があります。　📖 教科書 30ページ ⑥

❶ 底辺を x cm、面積を y cm² として、x と y の関係を式に表しましょう。

(　　　　　　　　)

❷ x の値を 4.5、5、5.5 としたとき、それぞれに対応する y の値を求めましょう。

x の値が小数のときも、式にあてはめて考えることができるよ。

$x = 4.5$ (　　　　)
$x = 5$ (　　　　)
$x = 5.5$ (　　　　)

ポイント　文字を使った式がわかりにくいときは、文字の代わりに具体的な数をあてはめて考えてみましょう。

② 文字と式

② 式のよみ方

基本のワーク

教科書 32〜33ページ　答え 5ページ

学習の目標・
文字を使って表された
式を見て、式の意味が
わかるようになろう！

基本 ① 式が何を表しているか説明できますか。

☆ なし１個の値段を x 円、もも１個の値段を 220 円、箱代を 120 円としたとき、次の式は何を表していますか。

① $x+120$ 　　② $x×8$ 　　③ $x×4+220$

とき方 ×や＋の意味を考えます。

① x はなし１個の代金を表しています。120 は、□ を表しています。

答え なし１個を □ に入れたときの代金

② x はなし１個の値段なので、$x×8$ はなし □ 個の代金を表しています。

答え なし □ 個の代金

③ $x×4$ はなし □ 個の代金を表しています。220 は、もも □ 個の代金を表しています。　　**答え** なし □ 個ともも □ 個の代金

---

❶ みかんのかんづめ１個の値段を x 円、パイナップルのかんづめ１個の値段を 320 円、箱代を 150 円としたとき、次の式は何を表していますか。　　📖**教科書** 32ページ**1**

① $x+150$

(　　　　　　　　　　)

② $x×5+150$

(　　　　　　　　　　)

③ $x×3+320$

(　　　　　　　　　　)

❷ $x×10+25$ の式で表されるのは、次のどれですか。すべて答えましょう。　　📖**教科書** 32ページ**2**

あ　x m のロープ 10 本と 25 m のロープ１本をあわせた長さ

い　水を x L ずつ 10 個の水そうと 25 個のバケツに入れたときの全体の水の量

う　あめを x 個ずつ 10 人に配って、25 個残ったときのはじめのあめの個数

それぞれ何を
10 倍してい
るか考えよう。

(　　　　　　　　　)

❸ 右の長方形で、$x×2+10×2$ は何を表していますか。

📖**教科書** 32ページ**3**

―10 cm―

x cm

(　　　　　　　　　　　　　　　　)

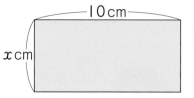

さんすうはかせ 文字を使った式では、いろいろと変わる量に x、y、a、b、c、d などの文字を使うことが多いよ。

☆ 底辺がa cm、高さが6 cm の直角三角形の面積を、いろいろな考え方で求めました。

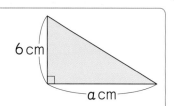

6 cm
a cm

次の式は、それぞれ⑧～⑨のどの図から考えたものですか。

⑧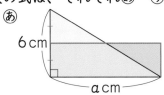
6 cm
a cm

⑪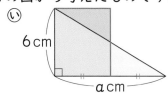
6 cm
a cm

⑨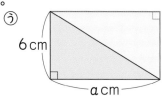
6 cm
a cm

① （a×6）÷2   ② a×（6÷2）   ③ （a÷2）×6

とき方 それぞれの式と図で、何を2でわっているかよみとります。

① （a×6）は、縦が6 cm、横がa cm の長方形の面積です。
（a×6）÷2 は、その長方形の面積の と考えて求めています。

答え □

② （6÷2）は、 の半分です。底辺がa cm、高さが6 cm の直角三角形の面積は、縦が（6÷2）cm、横が □ cm の長方形の面積と同じと考えて求めています。

答え □

③ （a÷2）は、 の半分です。底辺がa cm、高さが6 cm の直角三角形の面積は、縦が6 cm、横が（a÷2）cm の長方形の面積と同じと考えて求めています。

答え □

④ 右の図のような、上底が3 cm、下底が8 cm、高さがa cm の台形の面積を、2とおりの考え方で求めました。

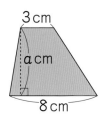
3 cm
a cm
8 cm

次の式は、それぞれ下の⑧、⑪のどちらの図から考えたものですか。

⑧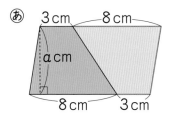
3 cm   8 cm
a cm
8 cm   3 cm

⑪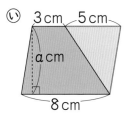
3 cm   5 cm
a cm
8 cm

 教科書 33ページ ⑤

① 8×a－5×a÷2

（　　　　　）

② （8＋3）×a÷2

（　　　　　）

ポイント 図形の面積を求める式をよみとるときは、どの公式を使っているのか、「÷2」は何を2でわっているのかに気をつけましょう。

15

練習のワーク①

できた数

／7問中

教科書 26〜35ページ　答え 5ページ

1 文字を使った式　クッキーが１ふくろと、ばらで８枚あります。

① １ふくろに入っているクッキーの枚数を x 枚、クッキー全部の枚数を y 枚として、x と y の関係を式に表しましょう。

（　　　　　　　　　）

② x の値が 24 となる y の値を求めましょう。

（　　　　　　　　　）

2 文字を使った式　１本 x 円のカーネーションを３本買います。

① 代金を y 円として、x と y の関係を式に表しましょう。

（　　　　　　　　　）

② x の値を 100、130 としたとき、それぞれに対応する y の値を求めましょう。

$x=100$（　　　　　　）　　$x=130$（　　　　　）

③ y の値が 420 となる x の値を求めましょう。

（　　　　　　　　　）

3 式のよみ方　$x×4-3000$ の式で表されるのは、次のどれですか。

ⓐ　x 円の商品を４個買って、3000 円出したときのおつり

ⓘ　x 円ずつ４人でおかねを出しあって、3000 円のプレゼントを買ったときの残りの金額

ⓞ　貯金から x 円ずつ４回引き出し、3000 円残ったときの最初の貯金額

（　　　　　　　　　）

1 文字を使った式

① まずは、数量の関係をことばの式に表してみましょう。

　１ふくろの枚数
　＋ ばらの枚数
　＝ 全部の枚数

2 文字を使った式

① まずは、数量の関係をことばの式に表しましょう。

　１本の値段
　× 本数 ＝ 代金

② ①の式の x に、100、130 をそれぞれあてはめましょう。

③ わり算で求めます。

3 式のよみ方

ⓐ〜ⓞを、それぞれ x を使った式で表してみましょう。

$x×4$ から 3000 をひいているから……

できるナビ　いろいろと変わる量の代わりに x や y を使うと、数量の関係を１つの式で表すことができるよ。

練習のワーク②

教科書 **26〜35ページ**　答え **6ページ**

1 文字を使った式　文字を使って式に表しましょう。

❶　1本90円のペン x 本を、120円のケースに入れたときの全部の代金

（　　　　　　　　　　）

❷　1本350mL のペットボトル x 本分の水の体積の合計

（　　　　　　　　　　）

❸　まわりの長さが x cm の正方形の1辺の長さ

（　　　　　　　　　　）

2 文字を使った式　高さが12cm の三角形があります。

❶　底辺を x cm、面積を y cm² として、x と y の関係を式に表しましょう。

（　　　　　　　　　　）

❷　x の値を 4.5、5、5.5 としたとき、それぞれに対応する y の値を求めましょう。

$x=4.5$ （　　　　　　　）
$x=5$ 　（　　　　　　　）
$x=5.5$ （　　　　　　　）

3 式のよみ方　右の図のような長方形を組み合わせた図形の面積を、2とおりの考え方で求めました。
次の式は、それぞれ下の㋐、㋑のどちらの図から考えたものですか。

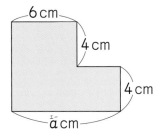

㋐
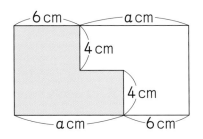

㋑
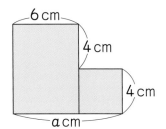

❶　$(4+4)\times(a+6)\div2$

❷　$(4+4)\times6+4\times(a-6)$

（　　　　　　　）　　　（　　　　　　　）

てびき

1 文字を使った式

たいせつ
いろいろと変わる数の代わりに x を使って、1つの式にまとめて表します。

2 文字を使った式
❶ ことばの式で表すと、
[底辺] × [高さ] ÷2
＝ [三角形の面積]

❷ ❶の式の x に 4.5、5、5.5 をそれぞれあてはめて、y の値を求めます。

3 式のよみ方
$(4+4)$cm、
$(a+6)$cm、
$(a-6)$cm は、
それぞれどこの長さを表しているのかを考えましょう。

　文字 x、y を使って x と y の関係を式に表すと、x の値が変わってもそれに対応する y の値を計算で求めることができるよ。

まとめのテスト①

時間 **20** 分

得点

/100点

教科書 26〜35ページ　答え 6ページ

1 よく出る 文字を使って式に表しましょう。　1つ8〔24点〕

① 1個 x 円のケーキ12個を、75円の箱につめたときの全部の代金

（　　　　　　　　　）

② おにぎりを、1人に x 個ずつ30人に配ったときの全部の個数

（　　　　　　　　　）

③ 面積が60cm²、横の長さが x cm の長方形の縦の長さ

（　　　　　　　　　）

2 いちごが何個かあって、5個食べました。　1つ7〔14点〕

① はじめの個数を x 個、残りの個数を y 個として、x と y の関係を式に表しましょう。

（　　　　　　　　　）

② x の値が12となる y の値を求めましょう。

（　　　　　　　　　）

3 110円のまんじゅうを何個かと、150円のお茶を1本買います。　1つ6〔30点〕

① まんじゅうの個数を x 個、全部の代金を y 円として、x と y の関係を式に表しましょう。

（　　　　　　　　　）

② x の値を1、2、3としたとき、それぞれに対応する y の値を求めましょう。

$x=1$（　　　　　　　）　$x=2$（　　　　　　　）　$x=3$（　　　　　　　）

③ x の値を7、8、9、……として、y の値が1140になる x の値を求めましょう。

（　　　　　　　　　）

4 次の式で表されるものを、下のあ〜えから選んで、記号で答えましょう。　1つ8〔32点〕

① $120+x=y$（　　　　　）　② $120-x=y$（　　　　　）

③ $120×x=y$（　　　　　）　④ $120÷x=y$（　　　　　）

あ　1ふくろ120円のあめを x ふくろ買うと、代金は y 円です。

い　120円を持っていて、x 円のあめを買うと、残りは y 円です。

う　120個のあめを x 人に配ると、1人分は y 個です。

え　120円のあめと x 円のクッキーを買うと、代金は y 円です。

チェック☑️ □いろいろな数や量を、文字を使った式で表すことができたかな？
□2つの文字 x と y の関係を式に表すことができたかな？

まとめのテスト②

時間 20分　得点 /100点

教科書 26〜35ページ　答え 7ページ

1 よく出る　80円のおかしをx個買います。　1つ10〔40点〕

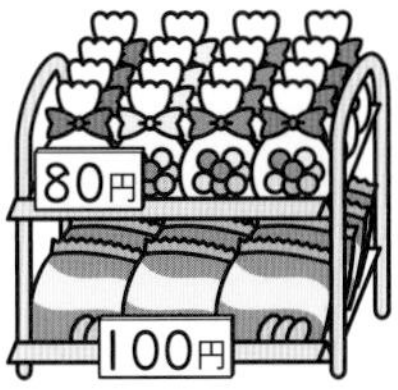

❶ 代金をy円として、xとyの関係を式に表しましょう。

（　　　　）

❷ xの値を4、6としたとき、それぞれに対応するyの値を求めましょう。

$x=4$（　　　　）　$x=6$（　　　　）

❸ yの値が1040となるxの値を求めましょう。

（　　　　）

2 重さ50kgの荷物を、2300kgのコンテナに何個か入れます。　1つ10〔20点〕

❶ 入れる個数をx個、全体の重さを$y$kgとして、xとyの関係を式に表しましょう。

（　　　　）

❷ 全体の重さが2600kgになるのは、荷物を何個入れるときですか。下の中から選びましょう。

4個	5個	6個	7個

（　　　　）

3 右の図のように、縦がa（エー）cmで横が6cmの長方形があります。このとき、次の式は何を表していますか。　1つ15〔30点〕

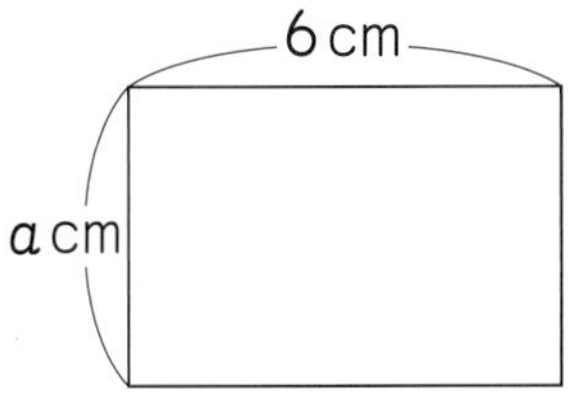

❶ $a\times6$

（　　　　）

❷ $a\times2+6\times2$

（　　　　）

4 次の❶、❷の式で表されるものを、下のあ〜うから選んで記号で答えましょう。　1つ5〔10点〕

❶ $15-x\times3$（　　　　）　❷ $15\times3+x$（　　　　）

あ　x円のグミ3個と15円のラムネ1個の代金
い　15mのひもからxmのひもを3本切り取ったときの残りのひもの長さ
う　毎日15ページずつ3日間よんで、あとxページ残っている本の全部のページ数

ふろくの「計算練習ノート」2ページをやろう！

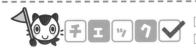

チェック
□ xとyの関係を表す式で、あるxの値に対応するyの値を求めることができたかな？
□ 文字を使った式を見て、その式の意味を考えることができたかな？

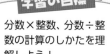

❸ 分数×整数、分数÷整数

分数×整数、分数÷整数

基本のワーク

教科書 36〜40ページ 　答え 7ページ

基本 ❶ 分数×整数の計算ができますか。

☆ 1dL で $\frac{5}{8}$ m² ぬれるペンキがあります。次の量のペンキでは何m² ぬれますか。

❶ 3dL ❷ 6dL

とき方 │ 1dL でぬれる面積 │ × │ ペンキの量 │ = │ ぬれる面積 │ で求めます。

❶ 式は $\frac{5}{8}×3$ です。

$\frac{5}{8}×3$ は、$\frac{1}{8}$ が(5×3)個分だから、

$$\frac{5}{8}×3=\frac{\square×\square}{8}=\frac{\square}{8}$$

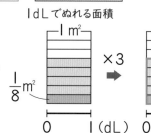
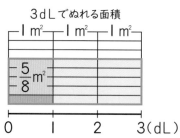

1dL でぬれる面積 　　3dL でぬれる面積

❷ 式は $\frac{5}{8}×6$ です。

$\frac{5}{8}×6$ は、$\frac{1}{8}$ が(5×6)個分だから、

$$\frac{5}{8}×6=\frac{5×6}{8}=\square$$

計算のとちゅうで約分できるときは、約分してから計算すると、簡単になるよ。

たいせつ

分数に整数をかける計算は、分母はそのままで、分子にその整数をかけます。

$$\frac{b}{a}×c=\frac{b×c}{a}$$

答え ❶ □ m² ❷ □ m²

---

❶ 次の計算をしましょう。

 教科書 37ページ
38ページ

❶ $\frac{3}{7}×2$

❷ $\frac{4}{5}×3$

❸ $\frac{9}{10}×5$

❹ $\frac{7}{9}×6$

❺ $\frac{3}{8}×12$

❻ $\frac{2}{3}×9$

  分数の分母と分子の間の横線は、括線とよばれているんだって。

☆ 2dL で $\frac{4}{7}$ m² ぬれるペンキ A と、2dL で $\frac{5}{6}$ m² ぬれるペンキ B があります。

❶　ペンキ A 1dL では何 m² ぬれますか。

❷　ペンキ B 1dL では何 m² ぬれますか。

とき方　ぬれる面積 ÷ ペンキの量 ＝ 1dL でぬれる面積　で求めます。

❶　式は $\frac{4}{7} \div 2$ です。

《1》　$\frac{4}{7} \div 2$ は、$\frac{1}{7}$ が (4÷2) 個分だから、

$$\frac{4}{7} \div 2 = \frac{4 \div \square}{7} = \frac{\square}{7}$$

《2》　$\frac{4}{7} \div 2$ は、$\frac{1}{7 \times 2}$ が 4 個分だから、

$$\frac{4}{7} \div 2 = \frac{\overset{2}{\cancel{4}}}{7 \times \underset{1}{2}} = \frac{\square}{7}$$

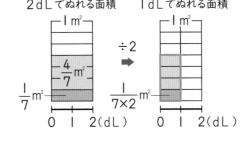

❷　式は $\frac{5}{6} \div 2$ です。

《1》　$\frac{5}{6} = \frac{5 \times 2}{6 \times 2}$ だから、

$$\frac{5}{6} \div 2 = \frac{5 \times 2}{6 \times 2} \div 2 = \frac{5 \times 2 \div 2}{6 \times 2}$$
$$= \frac{5}{6 \times 2} = \frac{5}{\square}$$

《2》　$\frac{5}{6} \div 2$ は、$\frac{1}{6 \times 2}$ が 5 個分だから、

$$\frac{5}{6} \div 2 = \frac{5}{\square \times \square} = \frac{5}{\square}$$

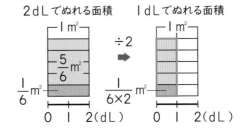

たいせつ

分数を整数でわる計算は、分子はそのままで、分母にその整数をかけます。
$$\frac{b}{a} \div c = \frac{b}{a \times c}$$

答え ❶ □ m²　❷ □ m²

2　次の計算をしましょう。

📖教科書 40ページ ⓐ

❶　$\frac{9}{10} \div 3$

❷　$\frac{8}{11} \div 8$

❸　$\frac{3}{7} \div 4$

❹　$\frac{2}{7} \div 8$

❺　$\frac{8}{9} \div 6$

❻　$\frac{9}{5} \div 12$

ポイント　分数のたし算・ひき算は計算の最後に約分し、分数のかけ算・わり算は計算のとちゅうで約分します。

練習のワーク

教科書 36〜40ページ 　答え 8ページ

1 分数×整数、分数÷整数 次の計算をしましょう。

① $\dfrac{1}{7} \times 7$

② $\dfrac{5}{12} \times 3$

③ $\dfrac{5}{4} \times 10$

④ $\dfrac{8}{9} \div 4$

⑤ $\dfrac{3}{4} \div 9$

⑥ $\dfrac{8}{15} \div 10$

2 文章題 かざりを1個つくるのに、$\dfrac{7}{12}$mのリボンを使います。かざりを18個つくるには、リボンは何m必要ですか。

式

答え（　　　　　　）

3 文章題 砂糖が$\dfrac{8}{9}$kgあります。この砂糖を3個のいれものに同じ量ずつ分けて入れると、1個分は何kgになりますか。

式

答え（　　　　　　）

4 文章題 1mの重さが$\dfrac{2}{35}$kgのはり金があります。このはり金15mの重さは何kgですか。

式

答え（　　　　　　）

5 文章題 6mの重さが$\dfrac{21}{20}$kgの棒があります。この棒1mの重さは何kgですか。

式

答え（　　　　　　）

1 分数×整数、分数÷整数

 たいせつ

分数×整数

$\dfrac{b}{a} \times c = \dfrac{b \times c}{a}$

分数÷整数

$\dfrac{b}{a} \div c = \dfrac{b}{a \times c}$

約分できるときは、計算のとちゅうで約分しましょう。

2 文章題

0 $\frac{7}{12}$　　　□（m）

0 1　　　　18（個）

3 文章題

0　□　　$\frac{8}{9}$（kg）

0　1　　　3（個）

4 文章題

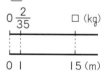

0 $\frac{2}{35}$　　　□（kg）

0 1　　　15（m）

5 文章題

0 □　　　$\frac{21}{20}$（kg）

0 1　　　6（m）

できるナビ 分数×整数では、分母はそのままで分子に整数をかけ、分数÷整数では、分子はそのままで分母に整数をかけるよ。

まとめのテスト

時間 **20**分

得点

／100点

教科書 36〜40ページ　答え 8ページ

1 よく出る 次の計算をしましょう。 1つ6〔54点〕

① $\dfrac{2}{5} \times 4$

② $\dfrac{5}{6} \times 8$

③ $\dfrac{3}{4} \times 12$

④ $\dfrac{4}{25} \times 20$

⑤ $\dfrac{1}{4} \div 5$

⑥ $\dfrac{10}{13} \div 5$

⑦ $\dfrac{3}{7} \div 8$

⑧ $\dfrac{12}{11} \div 20$

⑨ $\dfrac{9}{20} \div 12$

2 1L の重さが $\dfrac{7}{8}$ kg の油があります。この油 6L の重さは何kg ですか。 1つ5〔10点〕

式

答え（　　　　　　　　　）

3 ジュースが $\dfrac{24}{25}$ L あります。これを 16 人で等分すると、1 人分は何 L になりますか。 1つ6〔12点〕

式

答え（　　　　　　　　　）

4 $\dfrac{2}{3}$ kg の砂がはいっているふくろが 4 ふくろあります。 1つ6〔24点〕

① 砂は全部で何kg ありますか。

式

答え（　　　　　　　　　）

② 全部の砂を 6 個のいれものに同じ量ずつ分けて入れると、1 個分は何kg になりますか。

式

答え（　　　　　　　　　）

ふろくの「計算練習ノート」3〜4ページをやろう！

❶ 分数をかける計算 [その1]

基本のワーク

基本 ❶ 分数をかける計算の意味がわかりますか。

☆ 1dL で $\frac{3}{4}$ m² ぬれるペンキがあります。このペンキ $\frac{1}{5}$ dL では何 m² ぬれますか。

とき方 　1dL でぬれる面積 × ペンキの量 ＝ ぬれる面積

で求められるので、式は $\frac{3}{4} \times \frac{1}{5}$ です。

《1》 $\frac{3}{4} \times \frac{1}{5}$ は、$\frac{1}{4 \times 5}$ の ▨ が □ 個分だから、

$$\frac{3}{4} \times \frac{1}{5} = \frac{\square}{4 \times \square} = \square$$

《2》 $\frac{3}{4} \times \frac{1}{5} = \frac{3}{4} \times \left(\frac{1}{5} \times 5\right) \div 5 = \frac{3}{4} \div 5$

$$= \frac{\square}{4 \times \square} = \square$$

答え □ m²

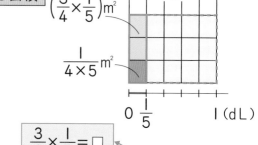

$$\frac{3}{4} \times \frac{1}{5} = \square$$
↓×5 ↓×5 ÷5
$$\frac{3}{4} \times 1 = \frac{3}{4}$$

❶ 1dL で $\frac{2}{3}$ m² ぬれるペンキがあります。このペンキ $\frac{1}{3}$ dL では何 m² ぬれますか。

📖教科書 43ページ🔟
44ページ②

式

答え（　　　　　　）

基本 ❷ 分数×分数の計算ができますか。

☆ 1dL で $\frac{3}{4}$ m² ぬれるペンキがあります。このペンキ $\frac{3}{5}$ dL では何 m² ぬれますか。

とき方 　式は $\frac{3}{4} \times \frac{3}{5}$ です。

《1》 $\frac{3}{4} \times \frac{3}{5}$ は、$\frac{3}{4}$ を 5 等分した 3 個分だから、

$$\frac{3}{4} \times \frac{3}{5} = \frac{3}{4} \div 5 \times 3 = \frac{3}{4 \times \square} \times 3$$

$$= \frac{3 \times \square}{4 \times \square} = \square$$

《2》 $\frac{3}{4} \times \frac{3}{5} = \frac{3}{4} \times \left(\frac{3}{5} \times 5\right) \div 5 = \frac{3}{4} \times 3 \div 5$

$$= \frac{3 \times \square}{4} \div 5 = \frac{3 \times \square}{4 \times \square} = \square$$

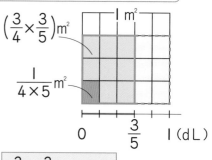

$$\frac{3}{4} \times \frac{3}{5} = \square$$
↓×5 ↓×5 ÷5
$$\frac{3}{4} \times 3 = \frac{3 \times 3}{4}$$

たいせつ

分数のかけ算では、分母どうし、分子どうしを、それぞれかけます。　$\frac{b}{a} \times \frac{d}{c} = \frac{b \times d}{a \times c}$

答え □ m²

さんすうはかせ　2000 年ほど昔の中国の『九章算術』という本の中にも、分数のかけ算を使って土地の面積を求める問題がのっているんだって。

❶ $\dfrac{7}{8} \times \dfrac{3}{4}$　　❷ $\dfrac{4}{9} \times \dfrac{1}{9}$　　❸ $\dfrac{5}{6} \times \dfrac{5}{8}$　　❹ $\dfrac{2}{5} \times \dfrac{8}{3}$

❺ $\dfrac{2}{3} \times \dfrac{5}{7}$　　❻ $\dfrac{5}{8} \times \dfrac{7}{9}$　　❼ $\dfrac{6}{7} \times \dfrac{3}{7}$　　❽ $\dfrac{4}{5} \times \dfrac{13}{9}$

基本 3 整数×分数や、分数×整数の計算ができますか。

☆ 次の計算をしましょう。

❶ $4 \times \dfrac{3}{5}$　　　　　　❷ $8 \times \dfrac{5}{6}$

とき方 整数は、分母が1の分数と考えて計算します。

❶ $4 \times \dfrac{3}{5} = \dfrac{4}{1} \times \dfrac{3}{5}$ ← $4 = \dfrac{4}{1}$ と考える。

$= \dfrac{\square \times \square}{\square \times \square}$

$= \square$　　答え $\square$

❷ $8 \times \dfrac{5}{6} = \dfrac{8}{1} \times \dfrac{5}{6}$ ← $8 = \dfrac{8}{1}$ と考える。

$= \dfrac{\square}{} \dfrac{8 \times 5}{1 \times 6}$

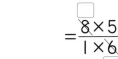

$= \square$　　答え $\square$

> とちゅうで約分すると計算が簡単になるよ。

さんこう 次のように計算することもできます。　$a \times \dfrac{c}{b} = \dfrac{a \times c}{b}$

❶ $2 \times \dfrac{4}{5}$　　❷ $3 \times \dfrac{7}{8}$　　❸ $4 \times \dfrac{5}{12}$　　❹ $6 \times \dfrac{9}{10}$

❺ $\dfrac{2}{9} \times 5$　　❻ $\dfrac{7}{10} \times 7$　　❼ $\dfrac{3}{8} \times 12$　　❽ $\dfrac{4}{7} \times 14$

ポイント 分数と整数のかけ算では、整数は分子にかけます。

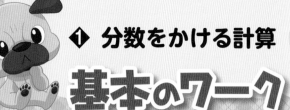

❶ 分数をかける計算 [その2]

基本のワーク

教科書 46〜47ページ 答え 10ページ

基本 ❶ 帯分数をふくむ分数のかけ算ができますか。

⭐ 次の計算をしましょう。

① $1\frac{1}{4} \times 2\frac{1}{3}$　　② $1\frac{2}{7} \times 2\frac{1}{6}$　　③ $4\frac{4}{5} \times 3\frac{8}{9}$

とき方 帯分数は、仮分数になおして計算します。とちゅうで約分できるときは、約分してから計算しましょう。

① $1\frac{1}{4} \times 2\frac{1}{3} = \frac{\square}{4} \times \frac{\square}{3} = \frac{\square \times \square}{4 \times 3} = \boxed{}$

② $1\frac{2}{7} \times 2\frac{1}{6} = \frac{\square}{7} \times \frac{\square}{6} = \frac{\overset{3}{\square} \times \square}{7 \times \underset{2}{6}} = \boxed{}$

③ $4\frac{4}{5} \times 3\frac{8}{9} = \frac{\square}{5} \times \frac{\square}{9} = \frac{\overset{8}{\square} \times \overset{7}{\square}}{\underset{1}{5} \times \underset{3}{9}} = \boxed{}$

③のように、約分が2回できることもあるんだね。

答え ① $\boxed{}$　② $\boxed{}$　③ $\boxed{}$

---

❶ 次の計算をしましょう。　　　　　📖 教科書 46ページ ⑨

① $1\frac{1}{3} \times \frac{4}{7}$　　　　② $1\frac{1}{9} \times 2\frac{5}{7}$　　　　③ $1\frac{1}{4} \times \frac{3}{10}$

④ $3\frac{3}{7} \times 1\frac{3}{8}$　　　　⑤ $4\frac{1}{5} \times 1\frac{3}{7}$　　　　⑥ $3\frac{3}{5} \times 2\frac{2}{9}$

---

❷ 1mの重さが $2\frac{3}{5}$kg の金属のパイプがあります。　　📖 教科書 46ページ ⑨

① このパイプ $\frac{4}{9}$m の重さは何kgですか。

式

答え（　　　　　　　　）

② このパイプ $4\frac{1}{6}$m の重さは何kgですか。

式

答え（　　　　　　　　）

 分数は英語で「fraction（フラクション）」というけど、その語源は「ばらばらにくだく」という意味のラテン語なんだって。

2 小数と分数が混じったかけ算ができますか。

☆ 次の計算をしましょう。

① $0.9 \times \dfrac{1}{4}$　　　② $\dfrac{5}{7} \times 1.6$

とき方　小数と分数が混じった計算では、小数を分数になおして計算します。

① $0.9 = \dfrac{\square}{10}$　だから、

$0.9 \times \dfrac{1}{4} = \dfrac{\square}{10} \times \dfrac{1}{4}$

$\qquad\quad = \dfrac{\square \times 1}{10 \times 4}$

$\qquad\quad = \boxed{}$　　**答え** $\boxed{}$

② $1.6 = \dfrac{16}{10} = \dfrac{\square}{5}$　だから、

$\dfrac{5}{7} \times 1.6 = \dfrac{5}{7} \times \dfrac{\square}{5}$

$\qquad\quad = \dfrac{\overset{1}{5} \times \square}{7 \times \underset{1}{5}}$

$\qquad\quad = \boxed{}$　　**答え** $\boxed{}$

③ 次の計算をしましょう。　　　　　　📖 教科書 47ページ ②

① $1.9 \times \dfrac{5}{6}$　　　② $1\dfrac{1}{4} \times 2.5$　　　③ $0.6 \times 1\dfrac{1}{12}$

 **3** 小数と分数、整数が混じったかけ算ができますか。

☆ $1.7 \times \dfrac{5}{8} \times 6$ を計算しましょう。

とき方　1.7、6 をそれぞれ分数になおして計算します。

$1.7 = \dfrac{\square}{10}$、$6 = \dfrac{\square}{1}$　だから、

$1.7 \times \dfrac{5}{8} \times 6 = \dfrac{\square}{10} \times \dfrac{5}{8} \times \dfrac{\square}{1}$

$\qquad\qquad\quad = \dfrac{\square \times 5 \times \overset{3}{\cancel{\square}}}{\underset{2}{10} \times \underset{4}{8} \times 1}$

$\qquad\qquad\quad = \boxed{}$

> 分数だけの式になおしてから計算すると、簡単に計算できるね。

答え $\boxed{}$

④ 次の計算をしましょう。　　　　　　📖 教科書 47ページ ④

① $\dfrac{3}{8} \times \dfrac{1}{5} \times 0.4$　　　② $3.5 \times 4 \times \dfrac{1}{7}$

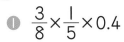 分数と小数が混じったかけ算では、分数を小数になおして計算すると、複雑になったり正確に計算できないことがあるので、小数を分数になおして計算します。

❹ 分数×分数

❶ 分数をかける計算 [その3]
❷ 分数のかけ算を使って [その1]

基本のワーク

学習の目標・
かける数と積の大きさ、
分数のかけ算を使った
問題を理解しよう。

教科書 48〜51ページ　答え 11ページ

基本 ❶ 分数のかけ算で、かける数と積の大きさの関係がわかりますか。

☆ 次のかけ算の式について、答えましょう。

あ 90×1　　い $90 \times \dfrac{1}{2}$　　う $90 \times 2\dfrac{1}{9}$　　え $90 \times \dfrac{5}{3}$　　お $90 \times \dfrac{4}{5}$

❶ 積が 90 より大きくなるのはどれですか。

❷ 積が 90 より小さくなるのはどれですか。

とき方　かける数の大きさに注意します。

❶ かける数が 1 より ［　　　　］ 式を選びます。

❷ かける数が 1 より ［　　　　］ 式を選びます。

かけられる数が同じとき、
かける数が大きいほど積は
大きくなるね。

たいせつ

かける数＞1 のとき、積＞かけられる数
かける数＝1 のとき、積＝かけられる数
かける数＜1 のとき、積＜かけられる数

答え ❶ ［　　　］　　❷ ［　　　］

❶ 次のかけ算の式を、積の大きい順に並べましょう。　　📖 教科書 48ページ❷

あ $150 \times \dfrac{5}{6}$　　い $150 \times \dfrac{6}{5}$　　う 150×1　　え $150 \times \dfrac{1}{6}$　　（　　　　　　　　　　）

基本 ❷ 辺の長さが分数で表されているとき、面積や体積を求めることができますか。

☆ 縦 $\dfrac{5}{8}$m、横 $\dfrac{3}{4}$m の長方形があります。この長方形の面積は
何 m² ですか。

とき方　辺の長さが分数のときも、面積や体積の公式が使えます。

$\dfrac{5}{8} \times \dfrac{3}{4} = \dfrac{\square \times \square}{\square \times \square} = \boxed{}$　　**答え** $\boxed{}$ m²

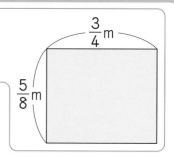

$\dfrac{3}{4}$m

$\dfrac{5}{8}$m

❷ 次の図形の面積や立体の体積を求めましょう。　　📖 教科書 50ページ❷❸

❶ 1 辺の長さが $\dfrac{3}{7}$cm の正方形の面積

式

答え（　　　　　　　　　）

面積や体積の
公式を思い出
そう。

❷ 縦 $\dfrac{5}{6}$m、横 $\dfrac{7}{10}$m、高さ $\dfrac{3}{14}$m の直方体の体積

式

答え（　　　　　　　　　）

　1 時間＝ 60 分、1 分＝ 60 秒のように、時間は 60 倍ごとに単位が変わるね。これは古
代バビロニア人の考えがもとになっているんだよ。

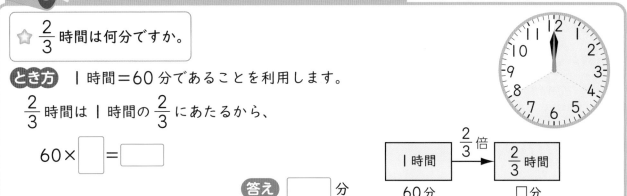

基本 ③ 時間を分数を使って表すことができますか。

☆ $\frac{2}{3}$ 時間は何分ですか。

とき方 Ｉ時間＝60分であることを利用します。

$\frac{2}{3}$ 時間は Ｉ時間の $\frac{2}{3}$ にあたるから、

$$60 \times \boxed{} = \boxed{}$$

答え $\boxed{}$ 分

Ｉ時間	$\xrightarrow{\frac{2}{3}倍}$	$\frac{2}{3}$ 時間
60分		□分

③ 次の問題に答えましょう。　📖教科書 51ページ**4**

① $\frac{1}{2}$ 時間は何分ですか。

（　　　　　　　）

② $\frac{4}{3}$ 時間は何分ですか。

（　　　　　　　）

基本 ④ 時間を分数で表して問題を解くことができますか。

☆ 自転車に乗って、時速16kmで15分走りました。
　① 15分は何時間ですか。
　② 走った道のりは何kmですか。

とき方 ① 15分は60分（Ｉ時間）の何倍にあたるかを考えます。

$$15 \div \boxed{} = \boxed{}$$

② 道のり＝速さ×時間　だから、

$$16 \times \boxed{} = \boxed{}$$

答え ① $\boxed{}$ 時間 ② $\boxed{}$ km

60分	$\xrightarrow{\blacksquare倍}$	15分
Ｉ時間		□時間

④ 時速4kmで45分歩きました。歩いた道のりは何kmですか。　📖教科書 51ページ**5**

式

答え（　　　　　　　）

⑤ Ｉ時間あたり30m³散水できる散水機で、50分間散水しました。散水した水の体積は何m³ですか。　📖教科書 51ページ**6**

式

答え（　　　　　　　）

50分間散水すると、何時間散水したことになるかな。

ポイント 時間の表し方を変えるときは、**基本③**や**基本④**のように、時計で考えるとわかりやすくなります。

❷ 分数のかけ算を使って [その2]

学習の目標・
逆数や計算のきまりについて理解しよう。

基本のワーク

教科書 52〜53ページ　答え 11ページ

基本 1 逆数を求めることができますか。

☆ 次の数の逆数をかきましょう。

① $\dfrac{3}{5}$　　　② 2　　　③ 0.9

とき方 2つの数の積が1になるとき、一方の数を他方の数の □ といいます。

分数の逆数は、分母と □ を入れかえた数になります。

① $\dfrac{3}{5}$ の逆数は、分母の □ と分子の □ を入れかえて、 □

② $2 = \dfrac{2}{\square}$ だから、逆数は、 □

③ $0.9 = \dfrac{9}{\square}$ だから、逆数は、 □

たいせつ

逆数

$$\dfrac{b}{a} \diagdown\diagup \dfrac{a}{b}$$

答え ① □　② □　③ □

1 次の分数の逆数をかきましょう。

📖 教科書 52ページ ③

① $\dfrac{2}{7}$　　　　② $\dfrac{9}{2}$

（　　　　　）　　　（　　　　　）

③ $\dfrac{5}{9}$　　　　④ $\dfrac{1}{6}$

（　　　　　）　　　（　　　　　）

$\dfrac{b}{a} \times \dfrac{a}{b} = 1$ だから、分母と分子を入れかえればいいんだね。

2 次の数の逆数をかきましょう。

📖 教科書 52ページ ④

① 4　　　　② 0.9

（　　　　　）　　　（　　　　　）

③ 0.02　　　④ 0.75

（　　　　　）　　　（　　　　　）

整数や小数の逆数を求めるときは、分数になおして考えよう。

さんすうはかせ ことばは覚えなくてもいいけど、$(a+b) \times c = a \times c + b \times c$ は「分配法則」っていうんだよ。cを、aとbにそれぞれ配るっていうことだね。

☆ 次の計算のきまりが分数のときにも成り立つことを、a に $\dfrac{1}{3}$、b に $\dfrac{1}{4}$、c に $\dfrac{1}{6}$ をあてはめて計算して確かめましょう。

❶ $a \times b = b \times a$　　　　　❷ $(a \times b) \times c = a \times (b \times c)$

とき方 a、b、c に数をあてはめて計算します。

❶ $a \times b = \dfrac{1}{3} \times \dfrac{1}{4} = \boxed{}$、$b \times a = \dfrac{1}{4} \times \dfrac{1}{3} = \boxed{}$

答え $a \times b = b \times a$ は、分数のときにも $\boxed{}$。

❷ $(a \times b) \times c = \left(\dfrac{1}{3} \times \dfrac{1}{4}\right) \times \dfrac{1}{6} = \boxed{} \times \dfrac{1}{6} = \boxed{}$

$a \times (b \times c) = \dfrac{1}{3} \times \left(\dfrac{1}{4} \times \dfrac{1}{6}\right) = \dfrac{1}{3} \times \boxed{} = \boxed{}$

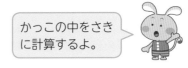

かっこの中をさきに計算するよ。

答え $(a \times b) \times c = a \times (b \times c)$ は、分数のときにも $\boxed{}$。

🐟**たいせつ**

計算のきまりは、分数のときにも成り立ちます。

あ $a + b = b + a$ 　　　　　　　い $(a + b) + c = a + (b + c)$
う $a \times b = b \times a$ 　　　　　　え $(a \times b) \times c = a \times (b \times c)$
お $(a + b) \times c = a \times c + b \times c$ 　　か $(a - b) \times c = a \times c - b \times c$

3 基本**2** と同じようにして、次の計算のきまりが分数のときにも成り立つことを、a に $\dfrac{1}{3}$、b に $\dfrac{1}{4}$、c に $\dfrac{1}{6}$ をあてはめて計算して確かめましょう。　　📖教科書 53ページ**1**

❶ $(a + b) + c = a + (b + c)$

❷ $(a + b) \times c = a \times c + b \times c$

4 計算のきまりを使って、くふうして計算しましょう。　　📖教科書 53ページ**2**

❶ $\dfrac{1}{6} + \dfrac{1}{7} + \dfrac{11}{6}$　　　　　　　❷ $\dfrac{5}{7} \times \dfrac{3}{4} \times \dfrac{7}{5}$

❸ $\dfrac{1}{10} \times \dfrac{1}{7} + \dfrac{3}{5} \times \dfrac{1}{7}$　　　　❹ $1\dfrac{1}{9} \times \dfrac{3}{4} - \dfrac{2}{3} \times \dfrac{3}{4}$

ポイント 整数や小数の逆数を求めるときは、整数や小数を分数になおしてから考えます。整数の逆数は、その整数を分母、1 を分子とする分数になります。

練習のワーク❶

教科書 42〜55ページ 答え 12ページ

できた数

/15問中

1 分数のかけ算 次の計算をしましょう。

① $\dfrac{1}{4} \times \dfrac{1}{9}$

② $3 \times \dfrac{4}{7}$

③ $1\dfrac{1}{8} \times \dfrac{3}{4}$

④ $\dfrac{3}{7} \times \dfrac{5}{6}$

⑤ $\dfrac{5}{8} \times \dfrac{8}{5}$

⑥ $2\dfrac{1}{4} \times \dfrac{2}{15}$

2 小数と分数のかけ算 次の計算をしましょう。

① $1.2 \times \dfrac{5}{18}$

② $\dfrac{3}{8} \times \dfrac{10}{27} \times 0.75$

3 図形の面積 縦 $\dfrac{5}{7}$ m、横 $2\dfrac{1}{10}$ m の長方形の面積を求めましょう。

式

答え（　　　　　　　）

4 時間と分数 （　）の中の単位で表しましょう。

① $\dfrac{5}{3}$ 分（秒）

② 65 分（時間）

（　　　　　　　）　　　　　　　（　　　　　　　）

5 文章題 時速 5 km で歩きます。

① 10 分間歩いた道のりは何 km ですか。

式

答え（　　　　　　　）

② 25 分間歩いた道のりは何 km ですか。

式

答え（　　　　　　　）

6 逆数 次の数の逆数をかきましょう。

① $\dfrac{7}{8}$

② 0.125

（　　　　　　　）　　　　　　　（　　　　　　　）

てびき

1 分数のかけ算

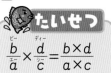

たいせつ

$$\dfrac{b}{a} \times \dfrac{d}{c} = \dfrac{b \times d}{a \times c}$$

② 整数は分母が1の分数と考えます。
③⑥ 帯分数は、仮分数になおします。

2 小数と分数のかけ算

小数を分数になおしてから計算します。

3 図形の面積

辺の長さが分数のときも、面積の公式が使えます。

4 時間と分数

① $\dfrac{5}{3}$ 分は、1 分間の $\dfrac{5}{3}$ です。

② 65 分は、60 分の何倍にあたるかを考えます。

5 文章題

時間を分数で表して計算しよう。

6 逆数

逆数

$$\dfrac{b}{a} \rightleftarrows \dfrac{a}{b}$$

できる ナビ 道のりと速さの問題は、時間が1時間＝60分の何倍にあたるかを考えましょう。

練習のワーク②

できた数

／14問中

---

1 分数のかけ算　次の計算をしましょう。

① $\dfrac{2}{5} \times \dfrac{4}{9}$　　② $\dfrac{6}{5} \times 9$　　③ $20 \times \dfrac{3}{8}$

④ $\dfrac{7}{12} \times \dfrac{9}{14}$　　⑤ $1\dfrac{2}{3} \times 3\dfrac{1}{2}$　　⑥ $4\dfrac{1}{6} \times 2\dfrac{1}{10}$

2 3つの分数のかけ算　次の計算をしましょう。

① $3 \times \dfrac{1}{10} \times \dfrac{5}{6}$　　② $\dfrac{4}{5} \times \dfrac{7}{8} \times 1\dfrac{3}{7}$

3 かける数と積の大きさの関係　次のかけ算の式で、積が 100 より小さく
なるのはどれですか。

ⓐ $100 \times \dfrac{7}{8}$　　ⓘ $100 \times 1\dfrac{2}{3}$　　ⓤ $100 \times \dfrac{8}{7}$　　ⓔ 100×1

（　　　　　　　　）

4 時間と分数　（　）の中の単位で表しましょう。

① $\dfrac{7}{12}$ 時間（分）　　② 45 秒（分）

（　　　　　　　　）　　　　　（　　　　　　　　）

5 文章題　1 m の重さが 540g のパイプがあります。このパイプ $\dfrac{5}{12}$ m
の重さは何g ですか。
式

答え（　　　　　　　　）

6 計算のきまり　計算のきまりを使って、くふうして計算しましょう。

① $\dfrac{8}{9} \times \dfrac{5}{11} \times \dfrac{9}{4}$　　② $\dfrac{5}{12} \times \dfrac{5}{7} + \dfrac{1}{6} \times \dfrac{5}{7}$

てびき

1 分数のかけ算

さんこう

分数と整数のかけ算は、次のように計算すると簡単です。

$a \times \dfrac{c}{b} = \dfrac{a \times c}{b}$

$\dfrac{b}{a} \times c = \dfrac{b \times c}{a}$

⑤⑥　帯分数は仮分数になおします。

2 3つの分数のかけ算

① 整数は、分母が 1 の分数になおします。

3 かける数と積の大きさの関係

たいせつ

・かける数＞1
➡積＞かけられる数

・かける数＝1
➡積＝かけられる数

・かける数＜1
➡積＜かけられる数

4 時間と分数

② 45 秒は、60 秒の何倍にあたるかを考えます。

6 計算のきまり
① $a \times b = b \times a$
② $a \times c + b \times c$
　$= (a+b) \times c$

できるナビ　文章題では、最初にことばの式をつくってから、数をあてはめるようにするとわかりやすくなるよ。

まとめのテスト❶

時間 **20** 分

得点 /100点

教科書 42〜55ページ 　答え 13ページ

---

1 よく出る 次の計算をしましょう。 　1つ6〔42点〕

① $\dfrac{1}{3} \times \dfrac{7}{9}$　　② $8 \times \dfrac{3}{5}$　　③ $1\dfrac{1}{6} \times 1\dfrac{5}{6}$　　④ $\dfrac{3}{10} \times 6$

⑤ $\dfrac{5}{8} \times 3.2$　　⑥ $5 \times 0.7 \times \dfrac{6}{7}$　　⑦ $3\dfrac{3}{4} \times \dfrac{16}{21} \times \dfrac{7}{10}$

---

2 計算のきまりを使って、くふうして計算しましょう。 　1つ6〔12点〕

① $\dfrac{2}{9} + \dfrac{5}{7} + \dfrac{16}{9}$　　　　② $1\dfrac{1}{20} \times \dfrac{10}{3} - \dfrac{3}{4} \times \dfrac{10}{3}$

(　　　　)　　　　　　　　(　　　　)

---

3 ( )の中の単位で表しましょう。 　1つ5〔10点〕

① $\dfrac{2}{5}$ 時間（分）　　　　② 32 分（時間）

(　　　　)　　　　　　　　(　　　　)

---

4 1辺の長さが $\dfrac{4}{5}$ cm の立方体があります。この立方体の体積は何cm³ ですか。 　1つ6〔12点〕

式

答え (　　　　)

---

5 1L の重さが $\dfrac{19}{20}$ kg の油があります。この油 $2\dfrac{2}{3}$ L の重さは何kg ですか。 　1つ6〔12点〕

式

答え (　　　　)

---

6 1L で $1\dfrac{1}{8}$ m² のかべをぬることができるペンキがあります。このペンキ $4\dfrac{4}{5}$ L では、何m² のかべをぬることができますか。 　1つ6〔12点〕

式

答え (　　　　)

チェック ✓ □分数×分数の計算のしかたが理解できたかな？
□計算のきまりを使って、くふうして計算できたかな？

まとめのテスト❷

時間 **20** 分

得点

／100点

教科書 42〜55ページ　　答え 14ページ

1 よく出る　次の計算をしましょう。　　　　　　　　　　　1つ5〔30点〕

① $\dfrac{7}{10} \times \dfrac{5}{8}$

② $12 \times \dfrac{3}{8}$

③ $1\dfrac{2}{3} \times 1\dfrac{3}{8}$

④ $2.4 \times 1\dfrac{1}{9}$

⑤ $\dfrac{1}{4} \times \dfrac{5}{7} \times \dfrac{8}{15}$

⑥ $2\dfrac{2}{9} \times 0.8 \times 3$

2 1m² あたり $\dfrac{3}{5}$ kg の米がとれる田んぼがあります。　　1つ5〔20点〕

① この田んぼ $\dfrac{5}{6}$ m² からとれる米は何kg ですか。

式　　　　　　　　　　　　　　　　　　　答え（　　　　　　　）

② この田んぼ $2\dfrac{2}{3}$ m² からとれる米は何kg ですか。

式　　　　　　　　　　　　　　　　　　　答え（　　　　　　　）

3 縦 $\dfrac{15}{8}$ cm、横 $\dfrac{9}{10}$ cm、高さ $\dfrac{16}{3}$ cm の直方体の体積は何cm³ ですか。　1つ6〔12点〕

式

答え（　　　　　　　）

4 1時間あたり 25m³ の水を入れることができるポンプがあります。72分間では何m³ の水を入れることができますか。　　　　　　　　　　　　1つ6〔12点〕

式

答え（　　　　　　　）

5 1km 走るのに、$\dfrac{1}{14}$ L のガソリンを必要とする自動車があります。この自動車で $24\dfrac{1}{2}$ km 走るのに必要なガソリンの量は何L ですか。　　　　　　1つ6〔12点〕

式

答え（　　　　　　　）

6 右のような長方形があります。色をぬった部分の面積を求めましょう。　　　　　　1つ7〔14点〕

式

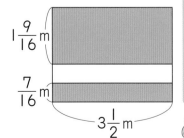

$1\dfrac{9}{16}$ m

$\dfrac{7}{16}$ m

$3\dfrac{1}{2}$ m

答え（　　　　　　　）

チェック✔
□ 長さが分数で表されている直方体の体積を求めることができたかな？
□ 時間を分数を使って表すことができたかな？

ふろくの「計算練習ノート」5〜9 ページをやろう！

❶ 分数でわる計算 ［その1］

基本のワーク

| 教科書 | 56～59ページ | 答え | 15ページ |

基本 1 分数でわる計算の意味がわかりますか。

☆ $\frac{1}{4}$dL で $\frac{2}{5}$m² ぬれるペンキがあります。このペンキ 1dL では何m² ぬれますか。

とき方

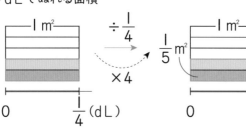

で求められるので、式は $\frac{2}{5}÷\frac{1}{4}$ です。

《1》 $\frac{2}{5}÷\frac{1}{4}=\left(\frac{2}{5}×4\right)÷\left(\frac{1}{4}×4\right)$

$=\frac{2}{5}×\boxed{}$

$=\frac{2×\boxed{}}{5}$

$=\boxed{}$

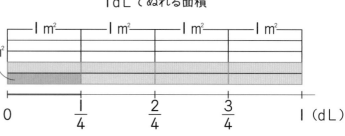

《2》 $\frac{1}{4}$dL でぬれる面積　　　　　　　　　　1dL でぬれる面積

1dL でぬれる面積は、$\frac{1}{4}$dL でぬれる面積の $\boxed{}$ 倍に等しいから、

$\frac{2}{5}÷\frac{1}{4}=\frac{2}{5}×\boxed{}=\boxed{}$

答え $\boxed{}$ m²

---

① 次の計算をしましょう。　　　　　　　　　　　　　📖 **教科書** 58ページ**2**

❶ $\frac{5}{7}÷\frac{1}{2}$　　　　　❷ $\frac{3}{8}÷\frac{1}{5}$　　　　　❸ $\frac{4}{5}÷\frac{1}{9}$

> わり算では、わられる数とわる数に同じ数をかけても答えは同じというきまりを使って、わる数を整数にすればいいね。

② $\frac{1}{3}$dL で $\frac{4}{7}$m² ぬれるペンキがあります。このペンキ 1dL では何 m² ぬれますか。　　　　　　　　　　📖 **教科書** 58ページ**2**

式

答え (　　　　　　　　　　)

36　**さんすうはかせ** 分数の考え方は古代のエジプトにもあったけど、ほとんどは分子が 1 の分数だったそうだよ。

☆ $\frac{2}{5}$dL で $\frac{3}{4}$m² ぬれるペンキがあります。このペンキ 1dL では何m² ぬれますか。

とき方 式は、$\frac{3}{4} \div \frac{2}{5}$ です。わり算では、わられる数とわる数に同じ数をかけても答えは

同じであることを使って計算します。

《1》 $\frac{3}{4} \div \frac{2}{5} = \left(\frac{3}{4} \times 5\right) \div \left(\frac{2}{5} \times 5\right)$

$= \frac{3}{4} \times 5 \div 2$

$= \frac{3 \times \boxed{}}{4 \times \boxed{}}$

$= \boxed{}$

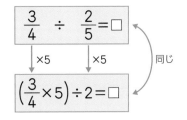

《2》 $\frac{3}{4} \div \frac{2}{5} = \left(\frac{3}{4} \times \frac{5}{2}\right) \div \left(\frac{2}{5} \times \frac{5}{2}\right)$

$= \frac{3}{4} \times \frac{5}{2}$

$= \frac{3 \times \boxed{}}{4 \times \boxed{}}$

$= \boxed{}$

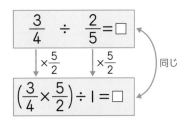

答え $\boxed{}$ m²

たいせつ
分数のわり算では、わる数の
逆数をかけます。
$\frac{b}{a} \div \frac{d}{c} = \frac{b}{a} \times \frac{c}{d}$

---

3 次の計算をしましょう。

📖 教科書 59ページ 5

① $\frac{2}{3} \div \frac{7}{8}$　　② $\frac{3}{7} \div \frac{2}{3}$　　③ $\frac{8}{9} \div \frac{3}{5}$

④ $\frac{1}{2} \div \frac{3}{4}$　　⑤ $\frac{4}{9} \div \frac{8}{3}$　　⑥ $\frac{10}{21} \div \frac{5}{12}$

わる数の逆
数は……

4 $\frac{5}{8}$dL で $\frac{3}{7}$m² ぬれるペンキがあります。このペンキ 1dL では何m² ぬれますか。

📖 教科書 59ページ 4

式

答え（　　　　　　　　）

ポイント 文章題で式がつくりにくいときは、まず整数におきかえて考えてみましょう。

① **分数でわる計算** [その2]

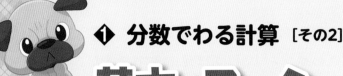

学習の目標・
帯分数のわり算や、小数と分数、整数が混じった計算のしかたを理解しよう！

基本のワーク

教科書 60〜61ページ 答え 15ページ

基本 **1** 帯分数をふくむ分数のわり算ができますか。

☆ $3\frac{1}{5} \div \frac{4}{5}$ を計算しましょう。

とき方 帯分数は、仮分数になおして計算します。

$$3\frac{1}{5} \div \frac{4}{5} = \frac{\square}{5} \div \frac{4}{5} = \frac{\square}{5} \times \frac{\square}{4} = \boxed{}$$

帯分数を仮分数になおす。　わる数の逆数をかける。

計算のとちゅうで約分しよう。

答え □

1 次の計算をしましょう。

📖 教科書 60ページ ⑦

① $1\frac{1}{4} \div \frac{6}{7}$　　② $\frac{3}{8} \div 2\frac{2}{5}$　　③ $1\frac{5}{6} \div 3\frac{2}{3}$　　④ $3\frac{3}{10} \div 1\frac{1}{10}$

基本 **2** 整数÷分数や、分数÷整数の計算ができますか。

☆ 次の計算をしましょう。

① $2 \div \frac{3}{8}$　　　　② $\frac{7}{9} \div 4$

とき方 整数は、分母が１の分数になおして計算します。

① $2 \div \frac{3}{8} = \frac{2}{1} \div \frac{3}{8} = \boxed{} \times \boxed{} = \boxed{}$　答え $\boxed{}$

② $\frac{7}{9} \div 4 = \frac{7}{9} \div \frac{4}{1} = \boxed{} \times \boxed{} = \boxed{}$　答え $\boxed{}$

$2 \div \frac{3}{8} = \frac{2 \times 8}{3}$ のように簡単にできるよ。

2 次の計算をしましょう。

📖 教科書 60ページ ⑨

① $3 \div \frac{2}{7}$　　② $2 \div \frac{4}{9}$　　③ $\frac{2}{5} \div 5$　　④ $1\frac{5}{7} \div 6$

---

3 １mあたりの重さが $1\frac{1}{6}$ kg の鉄の棒があります。この鉄の棒 $2\frac{4}{5}$ kg では、何mになりますか。

式

📖 教科書 60ページ ⑩

答え（　　　　　　）

さんすうはかせ　分数のかけ算は、分母どうし、分子どうしをかけるけど、じつはわり算も、分母どうし、分子どうしをわっても正しい答えになるんだよ。40ページを見てね。

基本 ③ 小数と分数が混じったわり算ができますか。

☆ 次の計算をしましょう。

① $0.7 \div \dfrac{5}{9}$　　　　② $\dfrac{2}{5} \div 1.4$

とき方 小数と分数が混じった計算では、小数を分数になおして計算します。

① $0.7 = \dfrac{\boxed{}}{10}$ だから、

$$0.7 \div \dfrac{5}{9} = \dfrac{\boxed{}}{10} \div \dfrac{5}{9}$$

$$= \dfrac{\boxed{}}{10} \times \dfrac{\boxed{}}{\boxed{}}$$

$$= \boxed{} \qquad \text{答え} \boxed{}$$

② $1.4 = \dfrac{\boxed{}}{5}$ だから、

$$\dfrac{2}{5} \div 1.4 = \dfrac{2}{5} \div \dfrac{\boxed{}}{5}$$

$$= \dfrac{2}{5} \times \dfrac{\boxed{}}{\boxed{}}$$

$$= \boxed{} \qquad \text{答え} \boxed{}$$

④ 次の計算をしましょう。　　　教科書 61ページ ②

① $1.3 \div \dfrac{4}{5}$　　　　② $\dfrac{3}{7} \div 0.2$　　　　③ $1\dfrac{3}{5} \div 2.6$

 基本 ④ 小数と分数、整数が混じった計算ができますか。

☆ $4 \times \dfrac{5}{9} \div 3.2$ を計算しましょう。

とき方 4、3.2 をそれぞれ分数になおして計算します。

$4 = \dfrac{\boxed{}}{1}$、$3.2 = \dfrac{\boxed{}}{5}$ だから、

$$4 \times \dfrac{5}{9} \div 3.2 = \dfrac{\boxed{}}{1} \times \dfrac{5}{9} \div \dfrac{\boxed{}}{5}$$

> 整数、小数を分数になおす。

$$= \dfrac{\boxed{}}{1} \times \dfrac{5}{9} \times \dfrac{5}{\boxed{}}$$

> わり算をかけ算になおす。

$$= \boxed{} \qquad \text{答え} \boxed{}$$

> 分数だけの式になおしてから計算するんだね。

⑤ かけ算だけの式になおしてから計算しましょう。　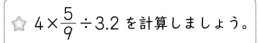教科書 61ページ ④ ⑤

① $\dfrac{3}{10} \times \dfrac{3}{8} \div 0.9$　　　　② $2 \div 0.8 \div \dfrac{4}{5}$

③ $0.75 \times 6 \div 2.25$　　　　④ $8 \div 28 \times 49$

ポイント かけ算とわり算が混じった計算は、わり算をかけ算になおして、1つの分数の式にまとめることができます。

⑤ 分数÷分数

① 分数でわる計算 [その3]
② 割合を表す分数

基本のワーク

学習の目標・
わる数と商の大きさ、
分数で表された割合を
理解しよう！

教科書 62～67ページ　　答え 16ページ

基本 1 分数のわり算で、わる数と商の大きさの関係がわかりますか。

☆ 次のわり算の式について、答えましょう。

ⓐ $30 \div \dfrac{1}{2}$ 　ⓘ $30 \div 1$ 　ⓤ $30 \div \dfrac{3}{7}$ 　ⓔ $30 \div \dfrac{6}{5}$ 　ⓞ $30 \div 3\dfrac{3}{4}$

❶ 商が 30 より大きくなるのはどれですか。

❷ 商が 30 より小さくなるのはどれですか。

とき方　わる数の大きさに注意します。

❶ わる数が 1 より ☐ 式を選びます。

❷ わる数が 1 より ☐ 式を選びます。

答え ❶ ☐ 　❷ ☐

たいせつ
わる数＞1 のとき、商＜わられる数
わる数＝1 のとき、商＝わられる数
わる数＜1 のとき、商＞わられる数

---

❶ 次のわり算の式を、商の大きい順に並べましょう。

📖教科書 62ページ❷

ⓐ $360 \div 1$ 　ⓘ $360 \div \dfrac{5}{9}$ 　ⓤ $360 \div \dfrac{8}{9}$ 　ⓔ $360 \div \dfrac{9}{8}$

（　　　　　　　　　）

基本 2 割合が分数で表されているとき、くらべる量を求めることができますか。

☆ 赤のリボンの長さは 20ｍ です。緑のリボンは赤のリボンの $\dfrac{3}{4}$ 倍の長さです。緑のリボンの長さは何ｍですか。

とき方　赤のリボンの長さを 1 としたとき、緑のリボンの長さは $\dfrac{3}{4}$ にあたる大きさです。

$20 \times \boxed{} = \boxed{}$

緑 ☐ｍ
赤 20ｍ
0　　$\dfrac{3}{4}$　1　（倍）

$\dfrac{3}{4}$ 倍
赤 → 緑
20ｍ　☐ｍ

| 1 とした大きさ | 割合 | $\dfrac{3}{4}$ にあたる大きさ |

答え ☐ ｍ

緑のリボンの長さは、赤のリボンの長さの $\dfrac{3}{4}$ ということもあるよ。

---

❷ 青のリボンの長さは 16ｍ です。黄のリボンは青のリボンの $\dfrac{9}{8}$ 倍の長さです。黄のリボンの長さは何ｍですか。

📖教科書 65ページ ❷

式

答え（　　　　　　　　　）

40

さんすうはかせ　$\dfrac{9}{10} \div \dfrac{3}{5} = \dfrac{9 \div 3}{10 \div 5} = \dfrac{3}{2}$ のように計算しても正しい答えになるよ。

☆ 赤のテープの長さは $\frac{2}{5}$ m、緑のテープの長さは $\frac{6}{5}$ m です。赤のテープの長さは、緑のテープの長さの何倍ですか。

とき方 もとにする量が分数のときも、何倍かを求めるときは、わり算を使います。

緑のテープの長さを1としたとき、赤のテープの長さがどれだけにあたるかを求めます。

$\frac{2}{5} \div \boxed{} = \boxed{}$

答え $\boxed{}$ 倍

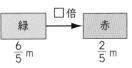

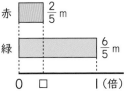

③ 3L の水のうち、$\frac{9}{7}$ L を使いました。はじめの量を1としたとき、使った量はどれだけにあたりますか。

📖 教科書 66ページ ④

式

答え（　　　　　　　）

☆ びんに水が 800mL はいっています。これは、びん全体の容積の $\frac{4}{5}$ にあたります。びん全体では、何mL はいりますか。

とき方 びん全体の $\frac{4}{5}$ 倍が 800mL であることから考えます。

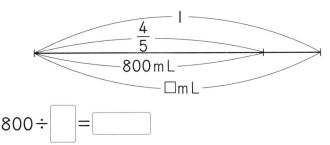

左のような図にかいて考えると、数量の関係がわかりやすくなるね。

$800 \div \boxed{} = \boxed{}$

答え $\boxed{}$ mL

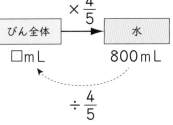

④ 右のような、全体の長さの $\frac{5}{6}$ に色がついたテープがあります。色のついた部分の長さは $\frac{5}{2}$ m です。テープ全体の長さは何m ですか。

📖 教科書 67ページ ⑥

式

答え（　　　　　　　）

⑤ □にあてはまる数をかきましょう。

📖 教科書 67ページ ⑦

❶ 120cm は、$\boxed{}$ cm の $\frac{2}{9}$ です。

❷ $\frac{8}{15}$ 分は、$\boxed{}$ 分の $\frac{4}{5}$ です。

ポイント どんな計算になるかわかりにくいときは、図をかいて考えましょう。

できた数

/17問中

教科書 56〜69ページ　　答え 17ページ

1 分数のわり算　次の計算をしましょう。

① $\dfrac{1}{6} \div \dfrac{1}{7}$

② $\dfrac{2}{3} \div \dfrac{3}{7}$

③ $\dfrac{4}{9} \div \dfrac{2}{5}$

④ $\dfrac{3}{8} \div \dfrac{5}{8}$

⑤ $\dfrac{6}{5} \div \dfrac{3}{10}$

⑥ $\dfrac{2}{9} \div \dfrac{8}{15}$

2 帯分数をふくむわり算　次の計算をしましょう。

① $1\dfrac{1}{3} \div \dfrac{4}{7}$

② $\dfrac{4}{5} \div 1\dfrac{3}{5}$

③ $4\dfrac{1}{2} \div 2\dfrac{5}{8}$

3 整数をふくむわり算　次の計算をしましょう。

① $6 \div \dfrac{10}{7}$

② $40 \div \dfrac{5}{9}$

③ $3\dfrac{1}{8} \div 15$

4 分数と小数、整数が混じった計算　次の計算をしましょう。

① $0.9 \times 2 \div \dfrac{4}{5}$

② $\dfrac{4}{7} \div \dfrac{9}{14} \times 0.6$

5 割合　□にあてはまる数をかきましょう。

① 180kg は、□ kg の $\dfrac{6}{7}$ です。

② 15 人は、□ 人の $\dfrac{3}{5}$ です。

6 文章題　面積が 14km² の畑の $\dfrac{2}{7}$ が花畑です。花畑の面積は何km² ですか。

式

答え（　　　　　　　）

てびき

1 分数のわり算

わる数の逆数をかけます。

たいせつ

$\dfrac{b}{a} \div \dfrac{d}{c} = \dfrac{b}{a} \times \dfrac{c}{d}$

2 帯分数をふくむわり算

帯分数は仮分数になおします。

① $1\dfrac{1}{3} \div \dfrac{4}{7}$

$= \dfrac{4}{3} \div \dfrac{4}{7}$

3 整数をふくむわり算

整数は、分母が1の分数と考えます。

① $6 \div \dfrac{10}{7}$

$= \dfrac{6}{1} \div \dfrac{10}{7}$

4 分数と小数、整数が混じった計算

小数は分数になおし、わり算はかけ算になおします。

5 割合

もとにする量 ＝くらべる量÷割合

6 文章題

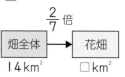

$\dfrac{2}{7}$ 倍

畑全体 → 花畑

14km²　　□km²

できるナビ　帯分数は仮分数、整数は分母が1の分数、小数は分数になおしてから計算しよう。

練習のワーク❷

できた数

／13問中

教科書 56〜69ページ 答え 18ページ

1 分数のわり算 次の計算をしましょう。

① $\dfrac{3}{4} \div \dfrac{2}{7}$

② $\dfrac{1}{5} \div \dfrac{3}{10}$

③ $\dfrac{5}{8} \div \dfrac{15}{2}$

④ $1\dfrac{1}{6} \div \dfrac{5}{6}$

⑤ $2\dfrac{1}{7} \div 1\dfrac{11}{14}$

⑥ $12 \div 3\dfrac{3}{7}$

2 分数と小数、整数が混じった計算 次の計算をしましょう。

① $1\dfrac{5}{9} \times 2\dfrac{2}{5} \div \dfrac{14}{15}$

② $\dfrac{5}{12} \div 10 \div 0.2$

③ $7 \div 25 \times 10$

④ $1.75 \div 1.25 \times 6$

3 わる数と商の大きさの関係 次のわり算の式で、商が 120 より大きくなるのはどれですか。

㋐ $\boxed{120 \div \dfrac{9}{8}}$ ㋑ $\boxed{120 \div 1}$ ㋒ $\boxed{120 \div \dfrac{8}{9}}$ ㋓ $\boxed{120 \div 1\dfrac{1}{9}}$

（　　　　　）

4 文章題 右の平行四辺形の面積は $24\,\text{cm}^2$ です。辺BC の長さは何cm ですか。

式

答え（　　　　　）

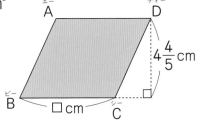

5 文章題 あやかさんは 640 円の本を買いました。これは、持っていたおかねの $\dfrac{8}{9}$ にあたります。あやかさんは、はじめに何円持っていましたか。

式

答え（　　　　　）

てびき

1 分数のわり算
わる数の逆数をかけます。

計算のとちゅうで約分できるときは、約分しよう。

2 分数と小数、整数が混じった計算
② 10、0.2 を分数になおしてから計算します。
③ 左から順に計算するより、わり算をかけ算になおして計算するほうが簡単です。

3 わる数と商の大きさの関係

たいせつ
・わる数＞1
➡ 商＜わられる数
・わる数＝1
➡ 商＝わられる数
・わる数＜1
➡ 商＞わられる数

4 文章題
平行四辺形の面積
＝底辺×高さ
だから、
底辺＝面積÷高さ
になります。

5 文章題

$\times\dfrac{8}{9}$

持っていたおかね → 640円

$\div\dfrac{8}{9}$

 できるナビ　さきにわり算をすべてかけ算になおして計算すると、そのまま計算するより簡単に計算できる場合があるよ。

勉強した日　月　日

まとめのテスト❶

教科書　56〜69ページ　　答え　18ページ

時間 **20**分

得点　/100点

1 よく出る　次の計算をしましょう。　　　　　　　　　　1つ6〔36点〕

① $\dfrac{1}{4} \div \dfrac{3}{8}$

② $3\dfrac{1}{3} \div \dfrac{5}{7}$

③ $1\dfrac{1}{2} \div 1\dfrac{4}{5}$

④ $26 \div \dfrac{4}{3}$

⑤ $\dfrac{5}{9} \times \dfrac{6}{7} \div \dfrac{5}{8}$

⑥ $\dfrac{8}{15} \div 16 \div 0.3$

2 $\dfrac{3}{10}$m で $\dfrac{8}{15}$kg の鉄の棒があります。この棒の 1m の重さは何 kg ですか。　1つ6〔12点〕

式

答え（　　　　　　　　）

3 牛肉を $\dfrac{2}{5}$kg 買ったら、2600 円でした。この牛肉 1kg の値段は何円ですか。　1つ6〔12点〕

式

答え（　　　　　　　　）

4 けいすけさんの身長は 140cm です。これは、お父さんの身長の $\dfrac{7}{9}$ にあたります。お父さんの身長は何 cm ですか。　1つ6〔12点〕

式

答え（　　　　　　　　）

5 たくみさんの学校で、6 年生に好きなスポーツのアンケートをしました。いちばん多かったのは、サッカーが好きと答えた人で 36 人いました。2 番目は、野球が好きと答えた人で 27 人いました。　　　　　　　　　　　　　　　　　　　　　　　　1つ7〔28点〕

① サッカーが好きと答えた人の数は、6 年生全体の $\dfrac{2}{9}$ にあたります。6 年生は、みんなで何人いますか。

式

答え（　　　　　　　　）

② 野球が好きと答えた人の数は、6 年生全体の人数の何倍ですか。

式

答え（　　　　　　　　）

□ 分数÷分数の計算のしかたが理解できたかな？
□ わる数が分数のときの、わる数とわられる数がわかったかな？

まとめのテスト❷

得点

/100点

教科書 56〜69ページ 　答え 19ページ

1 よく出る 次の計算をしましょう。 　　　　　　　　　　　　1つ6〔36点〕

① $\dfrac{3}{5} \div \dfrac{4}{15}$

② $2\dfrac{5}{8} \div \dfrac{7}{12}$

③ $32 \div \dfrac{4}{9}$

④ $3\dfrac{1}{3} \div 2\dfrac{7}{9}$

⑤ $2\dfrac{5}{8} \times \dfrac{5}{7} \div 2\dfrac{1}{12}$

⑥ $0.7 \div 3 \div 1.4$

2 □にあてはまる数をかきましょう。 　　　　　　　　　　　　1つ6〔12点〕

① 42 個の $\dfrac{5}{3}$ は □ 個です。

② $16\,\mathrm{kg}$ は、□ kg の $\dfrac{4}{5}$ の重さです。

3 $6\dfrac{1}{4}\,\mathrm{m}$ のリボンがあります。$\dfrac{5}{16}\,\mathrm{m}$ ずつに切ると、何本のリボンができますか。 1つ6〔12点〕

式

答え（　　　　　　　　）

4 面積が $2\dfrac{7}{10}\,\mathrm{m}^2$ の長方形があります。横の長さは $1\dfrac{1}{8}\,\mathrm{m}$ です。縦の長さは何mですか。

式 　　　　　　　　　　　　　　　　　　　　　　　　　　1つ6〔12点〕

答え（　　　　　　　　）

5 $\dfrac{1}{8}\,\mathrm{L}$ のガソリンで、$1\dfrac{4}{5}\,\mathrm{km}$ 走ることができる自動車があります。 1つ7〔28点〕

① ガソリン $1\,\mathrm{L}$ では、何km走ることができますか。

式

答え（　　　　　　　　）

② $1\,\mathrm{km}$ 走るのに必要なガソリンの量は何 L ですか。

式

答え（　　　　　　　　）

ふろくの「計算練習ノート」10〜16ページをやろう！

□ 分数を使った面積の問題が解けたかな？
□ 分数を使った割合の問題が解けたかな？

6 場合を順序よく整理して

❶ 場合の数の調べ方

基本のワーク

教科書 70〜74ページ 　答え 20ページ

基本❶ 2種類を選んで組をつくる選び方がわかりますか。

☆ あおいさん、かいとさん、さくらさん、たくやさんの 4 人のうち、2 人が図書委員をすることになりました。図書委員になる人の組み合わせをすべてかきましょう。

とき方 4 人をそれぞれあ、か、さ、たとして、次のような図や表を使って考えます。

《1》 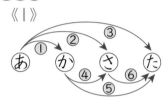　《2》 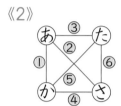　《3》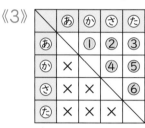

あ、か、さ、たなどの記号を使うと簡単にかけるね。

上の図や表のように ☐ とおりの組み合わせがあります。順番にかきましょう。

答え あおい－かいと、あおい－さくら、あおい－たくや、

かいと－さくら、かいと－ ☐ 、 ☐ － ☐

❶ A、B、C、D、E、F の 6 本の映画のうち、2 本を選んで見ることにしました。見る映画の組み合わせをすべてかきましょう。　📖教科書 71ページ ②

(　　　　　　　　　　　　　　　　　　　　　)

基本❷ 組をつくる選び方を、くふうして求めることができますか。

☆ 東、西、南、北にある 4 つの門のうち、3 つを選んで旗を立てることになりました。組み合わせをすべてかきましょう。また、組み合わせは、全部で何とおりありますか。

とき方 4 つのうちから旗を立てる 3 つを選ぶのは、旗を立てない 1 つを選ぶのと同じことです。旗を立てない門に×をつけると、右の表のように、全部で ☐ とおりあります。

東	西	南	北	
			×	①
		×		②
	×			③
×				④

答え 東－西－南、東－西－北、東－南－北、

☐ － ☐ － ☐ の ☐ とおり

❷ 遊園地で、A、B、C、D、E、F の 6 つの乗り物のうち、5 つを選んで乗れるチケットがあります。乗り物の組み合わせは、全部で何とおりありますか。　📖教科書 72ページ ④

(　　　　　　　　　　　　　　　　　　　　　)

さんすうはかせ 47ページの 基本❸ の図は「樹形図」っていうんだよ。木が枝分かれしているみたいでしょ。

基本 3 順番に並べる並べ方がわかりますか。

☆ Aさん、Bさん、Cさんの3人が、1人ずつ順番に3日間、花だんの水やり当番になります。3人の当番の順番は、全部で何とおりありますか。

とき方 右のような図をかいて考えます。

　まず、1日目がAさんの場合を考えると、図から □ とおりあることがわかります。

　同じように考えて、1日目がBさん、Cさんの場合もそれぞれ □ とおりあるので、

全部で □ とおりあります。

1日目	2日目	3日目
A	B —— C	
	C —— B	
B	A —— C	
	C —— A	
C	A —— B	
	B —— A	

答え □ とおり

③ 右の3枚のカードを並べてできる3けたの整数をすべてかきましょう。

📖 教科書 73ページ ②

`3` `4` `5`

(　　　　　　　　　　　　　　　　　　　　　)

基本 4 いくつかを選んで並べる並べ方がわかりますか。

☆ 右のような円形の花だんに、チューリップを植えます。赤、白、黄、オレンジ、ピンクの5色のうちの2色を選んで、それぞれ外側と内側に植えます。植え方は、全部で何とおりありますか。

とき方 次のように、外側が赤の場合、白の場合、……というように図をかいて考えます。

外　　赤　　　　　白　　　　　黄　　　　　オ　　　　　ピ

内　白 黄 オ ピ　赤 黄 オ ピ　赤 白 □ ピ　赤 □ 黄 ピ　□ 白 □ オ

答え □ とおり

④ 右のような5枚のカードがあります。　📖 教科書 74ページ ⑤

`0` `1` `2` `3` `4`

① この5枚のカードのうち、2枚を並べてできる2けたの整数をすべてかきましょう。

(　　　　　　　　　　　　　　　　　　　　　)

② この5枚のカードのうち、3枚を並べて3けたの整数をつくります。全部で何個できますか。

> 0はいちばん上の位にはおけないね。

(　　　　　　　　　)

ポイント 並べ方の問題では、まず1番目に並べるものをある1つにきめて、2番目以降がどのようになるかを考えるとよいでしょう。

② いろいろな条件を考えて

基本のワーク

学習の目標・
いろいろな条件を全部調べたり、なかまに分ける方法を学ぼう！

教科書 76〜79ページ　答え 20ページ

基本 ① 全部を調べて、条件にあう場合をみつけることができますか。

☆ Ａ町からＢ町を通ってＣ町まで行くのに、次のような乗り物があります。

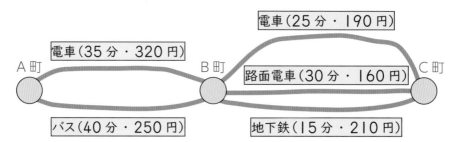

電車（25分・190円）
電車（35分・320円）
Ａ町　　Ｂ町　　Ｃ町
路面電車（30分・160円）
バス（40分・250円）　地下鉄（15分・210円）

❶ 待つ時間を考えないことにすると、１時間未満で行けるのは、どんな行き方をしたときですか。

❷ 待つ時間を考えないことにすると、１時間未満で行けて、費用が500円未満で行けるのは、どんな行き方をしたときですか。

とき方 行き方を右のような表にまとめると、行き方は、全部で [　　　] とおりあります。

表のあいているところにあてはまることばや数をかきましょう。

Ａ町→Ｂ町	Ｂ町→Ｃ町	時間(分)	費用(円)
電車	電車	60	510
電車			
	地下鉄		
	電車		
	路面電車		
バス	地下鉄		

❶ 時間が１時間未満の行き方は、Ａ町→Ｂ町は電車、Ｂ町→Ｃ町は [　　　] で行ったときと、Ａ町→Ｂ町は [　　]、Ｂ町→Ｃ町は [　　　] で行ったときです。

答え 電車 － [　　　]、[　　] － [　　　]

❷ 時間が１時間未満、費用が500円未満の行き方は、Ａ町→Ｂ町は [　　　]、Ｂ町→Ｃ町は [　　　] で行ったときです。

答え [　　　] － [　　　]

1 Ｏ、Ａ、Ｂ、Ｃの４つの地点が、右の図のような位置にあります。点Ｏから出発して、点Ａ、Ｂ、Ｃを全部まわって点Ｏに帰ってくるのに、どんな順に歩くと、道のりがいちばん短くなりますか。１つかきましょう。

📖教科書 78ページ ❸

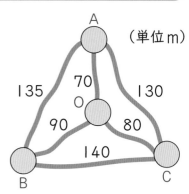

（単位 m）
A
135　70　130
O
90　80
B　140　C

（ Ｏ → [　　] → [　　] → [　　] → Ｏ ）

さんすうはかせ きみの家から学校までは何とおりの行き方があるかな？地図をかいて考えてみよう。

☆ 折り紙教室で、赤と緑の折り紙を配ります。ほしい人に手をあげてもらったら、赤の折り紙に手をあげた人は 13 人、緑の折り紙に手をあげた人は 11 人で、そのうち両方に手をあげた人は 5 人でした。次のようにきめて配ると、赤の折り紙と緑の折り紙は、それぞれ何枚用意すればよいですか。

> 両方に手をあげた人………………………赤の折り紙 1 枚、緑の折り紙 1 枚
> 赤の折り紙だけに手をあげた人……赤の折り紙 2 枚
> 緑の折り紙だけに手をあげた人……緑の折り紙 2 枚

とき方 次のような図をかいて考えます。

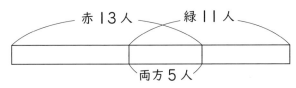

「13人」、「11人」の中には、両方に手をあげた人の「5人」がふくまれていることに注意しよう。

赤の折り紙だけに手をあげた人の数は、 ☐ − ☐ = ☐ から、 ☐ 人
緑の折り紙だけに手をあげた人の数は、 ☐ − ☐ = ☐ から、 ☐ 人
だから、

赤の折り紙の枚数は、2× ☐ +5= ☐
緑の折り紙の枚数は、2× ☐ +5= ☐

答え 赤の折り紙 ☐ 枚、緑の折り紙 ☐ 枚

2 子ども会で、日曜日に空き缶拾いのボランティア活動をすることになりました。参加を申しこんだ人は全部で 121 人で、そのうち午前の参加者は 75 人、午後の参加者は 68 人でした。午前と午後両方に参加する人には 180 円のペットボトル入りのお茶、一方だけ参加する人には 130 円の缶入りのお茶を、子ども会からわたすことになりました。 📖**教科書** 79ページ **2**

❶ 午前と午後両方に参加する人は何人ですか。

( )

❷ 一方だけに参加する人は何人ですか。

一方だけに参加する人数は、全体から両方に参加する人数をひけばいいね。

( )

❸ 子ども会が出すおかねは、全部で何円ですか。

( )

ポイント 頭の中だけで考えると混乱します。図に整理して考えるようにしましょう。

49

練習のワーク①

教科書 70〜81ページ　答え 21ページ

できた数

／6問中

1 組のつくり方　いちろうさん、じろうさん、さぶろうさんの３人が、すもうをとることになりました。どの人も他の人と１回ずつとるとすると、どんな組み合わせがありますか。すべてかきましょう。

（　　　　　　　　　　　　　　　　　　　　　　　　）

2 組のつくり方　月、火、水、木、金の５日のうち、何日か水泳教室に通います。

① ３日通うとき、通う曜日の組み合わせは全部で何とおりありますか。次の表に〇をかいて調べましょう。

月	〇	〇								
火	〇	〇								
水	〇									
木		〇								
金										

（　　　　　　　　）

② ４日通うとき、通う曜日の組み合わせは、全部で何とおりありますか。

（　　　　　　　　）

3 並べ方　右のような４枚のカードがあります。

2　3　4　5

① ４枚のカードを並べてできる４けたの整数は、全部で何個できますか。

（　　　　　　　　）

② ４枚のカードのうち、３枚を並べてできる３けたの整数は全部で何個できますか。

（　　　　　　　　）

4 並べ方　コインを投げて、表が出るか裏が出るかを調べます。４回続けて投げるとき、表と裏の出方は全部で何とおりありますか。

（　　　　　　　　）

てびき

1 組のつくり方
下のように、記号に表すと、図や表をかくとき簡単です。
いちろう ➡ ⓘ
じろう　 ➡ ⓙ
さぶろう ➡ ⓢ

2 組のつくり方
① まず、月と火に〇をつけた場合、残りの１つの〇は水、木、金の３とおりです。

② ５日の中から通う４日を選ぶのは、通わない１日を選ぶことと同じです。

3 並べ方
表や図を使って、落ちや重なりがないように調べます。

4 並べ方
図に整理して考えましょう。

できるナビ　場合の数を考えるときは、図や表をかいて、全部の場合を数えよう。そのとき、数え忘れたり、同じものを２回数えたりしないように気をつけよう。

練習のワーク②

できた数

/5問中

1 組のつくり方　アイスクリーム、チョコレート、ガム、あめ、クッキーの 5 種類のおかしがあります。

❶ このうち、2 種類を選んで買うとき、組み合わせは全部で何とおりありますか。

（　　　　　　　　）

❷ このうち、4 種類を選んで買うとき、組み合わせは全部で何とおりありますか。

（　　　　　　　　）

2 並べ方　右のような 4 枚のカードがあります。

❶ この 4 枚のカードを並べて 4 けたの整数をつくります。全部で何個できますか。

（　　　　　　　　）

❷ この 4 枚のカードのうち、3 枚を並べて 3 けたの整数をつくります。奇数は、全部で何個できますか。

（　　　　　　　　）

3 いろいろな場合を考えて　A、B、C、D、E の 5 つの地点が、右の図のような位置にあります。A から出発して、B、C、D、E を全部まわって A に帰ってくるのに、どんな順に歩くと、道のりがいちばん短くなりますか。

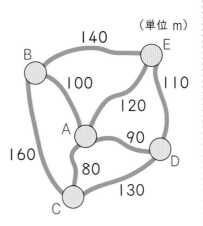

（単位 m）

（ A →　　　 →　　　 →　　　 → C →A ）

てびき

1 組のつくり方
❶ 図や表にかいて考えます。
❷ 残る 1 つに目をつけると、考えやすくなります。

2 並べ方
❶ 千の位に 0 をおくことはできないことに注意しましょう。

一の位の数が奇数のとき、その整数は奇数だね。

3 いろいろな場合を考えて
図を使って、どのような行き方があるか調べます。たとえば、
　A→B→C→D→E→A
と
　A→E→D→C→B→A
では、道のりは同じです。

できるナビ　組み合わせは、表で考えるかかきあげて（並べて）考え、並べ方は、図で考えるとわかりやすい場合が多いよ。

❻ 場合を順序よく整理して

まとめのテスト❶

時間 **20**分

得点

/100点

教科書 **70～81ページ**　答え **22ページ**

1 赤、青、黄、緑、金、銀の 6 種類のボールから 5 種類を選んで組にします。組み合わせは、全部で何とおりありますか。　〔10点〕

(　　　　　　　　　)

2 みさきさん、お父さん、お母さん、妹の 4 人が 1 列に並びます。　1つ10〔20点〕

❶　お父さんがいちばん左に並ぶとき、並び方は全部で何とおりありますか。

(　　　　　　　　　)

❷　4 人の並び方は、全部で何とおりありますか。

(　　　　　　　　　)

3 1 円玉、5 円玉、10 円玉、50 円玉がそれぞれ 1 枚ずつあります。このうち 2 枚を組み合わせてできる金額をすべて答えましょう。　〔10点〕

(　　　　　　　　　)

4 よく出る　1、2、3、4、5 の 5 枚のカードがあります。　1つ10〔30点〕

❶　この 5 枚のカードのうち、2 枚を並べて 2 けたの整数をつくるとき、できる整数は全部で何個ありますか。

(　　　　　　　　　)

❷　この 5 枚のカードのうち、2 枚を並べて 2 けたの整数をつくるとき、大きいほうから数えて 5 番目の数はいくつですか。

(　　　　　　　　　)

❸　この 5 枚のカードから 3 枚を取り出すとき、組み合わせは全部で何とおりありますか。

(　　　　　　　　　)

5 みかん、ぶどう、もも、なし、りんご、バナナの 6 種類のくだものが 1 つずつあります。　1つ10〔30点〕

❶　このうち、3 つを選んでミックスジュースをつくるとき、選び方は全部で何とおりありますか。

(　　　　　　　　　)

❷　このうち、2 つを選んでかごに入れるとき、選び方は全部で何とおりありますか。

(　　　　　　　　　)

❸　このうち、2 つを選んで A さんと B さんに 1 つずつあげるとき、あげ方は全部で何とおりありますか。

(　　　　　　　　　)

チェック✔
□ 組のつくり方を考えることができたかな？
□ 並べ方を考えることができたかな？

まとめのテスト❷

教科書 70〜81ページ　答え 22ページ

時間 **20**分

得点

/100点

1 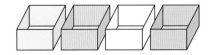 A、B、C、D、E、F の 6 つのバスケットボールチームが、それぞれ、どのチームとも 1 回ずつあたるように試合をします。試合の数は、全部で何試合になりますか。〔10点〕

(　　　　　　)

2 右のような 4 つの箱が 1 列に並んでいます。このうちの 2 つの箱に、おはじきを 1 個ずつ入れます。 1 つ15〔30点〕

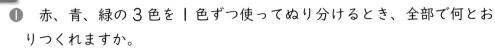

❶　入れ方は全部で何とおりありますか。

(　　　　　　)

❷　おはじきを入れた箱がとなりあうような入れ方は、全部で何とおりありますか。

(　　　　　　)

3 右のような旗があります。 1 つ15〔30点〕

❶　赤、青、緑の 3 色を 1 色ずつ使ってぬり分けるとき、全部で何とおりつくれますか。

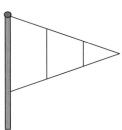

(　　　　　　)

❷　赤、青、緑、黄の 4 色のうちの 3 色を使ってぬり分けるとき、全部で何とおりつくれますか。

(　　　　　　)

4 ゆなさんのクラスの 34 人に、そばとうどんの好ききらいのアンケートをしました。右の表はその結果をまとめたものです。どちらもきらいな人は何人いましたか。
〔15点〕

そばが好き	17人
うどんが好き	21人
どちらも好き	12人

(　　　　　　)

5 あるレストランで、右の表のサラダ、パスタ、デザートから 1 品ずつ選んで注文することにしました。代金が 1000 円になる組み合わせは何とおりありますか。〔15点〕

サラダ	パスタ	デザート
ポテトサラダ （150 円）	和風パスタ （650 円）	ババロア （200 円）
レタスサラダ （130 円）	トマトソースパスタ （620 円）	アイスクリーム （250 円）
	シーフードパスタ （700 円）	

(　　　　　　)

ふろくの「計算練習ノート」24〜26ページをやろう!

 チェック ✓
□ 並べ方を考えるときに樹形図をかくことができたかな?
□ いろいろな場合から、目的にあう場合をみつけることができたかな?

7 円の面積

円の面積 [その1]

基本のワーク

学習の目標・
円のおよその面積の求め方を考えよう！

ふくしゅう　できるかな？

例　次の長さを求めましょう。
① 直径が 2cm の円の円周
② 円周が 31.4cm の円の半径

考え方 円周＝直径×円周率 で、円周率はふつう 3.14 を使います。
① 2×3.14＝6.28　**答え** 6.28cm
② 31.4÷3.14＝10
10÷2＝5　**答え** 5cm

問題　次の長さを求めましょう。
① 直径が 5cm の円の円周

（　　　　　　　）

② 円周が 18.84cm の円の半径

（　　　　　　　）

基本 ① 円の面積の見当をつけることができますか。

☆ 半径 6cm の円の面積について、1 辺が 6cm の正方形の面積とくらべてみましょう。

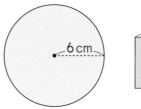

とき方　正方形の面積と円の面積をくらべましょう。

⑤の図のように考えると、1 辺が 6cm の正方形 ⑤

 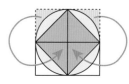

□ 個分より、円の面積のほうが大きいことがわかります。つまり、

(6×6)× □ ＜半径 6cm の円の面積 です。

また、◯の図のように考えると、1 辺が 6cm ◯

の正方形 4 個分より、円の面積のほうが小さいことがわかります。つまり、

半径 6cm の円の面積＜(6×6)× □ です。

答え (6×6)× □ ＜半径 6cm の円の面積＜(6×6)× □

1 **基本①** から、半径 6cm の円の面積は、1 辺が 6cm の正方形の面積の何倍より大きく、何倍より小さいことがわかりますか。

📖教科書 89ページ**1**

（　　　　　　　　　　　　　）

 2000 年以上前、アルキメデスという人は、円の内側と外側に正九十六角形をかいて、円周率のおよその値を調べたんだって。

☆ 右の図は、方眼を使って、半径 6 cm の円の $\frac{1}{4}$ を
かいたものです。これをもとにして、半径 6 cm の
円のおよその面積を求めましょう。

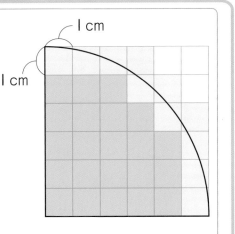

❶ 円の $\frac{1}{4}$ の中に完全にはいっている部分（図の
　▨）の面積を求めましょう。

❷ 円周の通っている部分（図の▢）は、方眼 1 個
　につき半分の 0.5 cm² とみて面積を求めましょう。

❸ 円の $\frac{1}{4}$ のおよその面積を求めましょう。

❹ 半径 6 cm の円のおよその面積を求めましょう。

とき方 方眼 1 個は 1 辺が 1 cm の正方形なので、面積は 1 cm² です。
　▢の面積は、どれも方眼 1 個の面積の半分の 0.5 cm² と考えます。

❶ ▨の数は ▢ 個で、▢ cm²

　　　　　　　　　　（答え）▢ cm²

❷ ▢の数は 11 個だから、面積は、
　0.5×11＝▢　　　（答え）▢ cm²

❸ 円の $\frac{1}{4}$ のおよその面積は、❶と❷の面積の和と考えて、

　▢＋▢＝▢　　（答え）およそ ▢ cm²

❹ 半径 6 cm の円のおよその面積は、❸の結果の 4 倍と考えて、

　▢×4＝▢　　（答え）およそ ▢ cm²

> 円全体の方眼の数を数えるのは大変だから、円の $\frac{1}{4}$ で考えて、そのあとで 4 倍しているんだね。

2 半径 6 cm の円の面積は、半径を 1 辺とする正方形の面積の約何倍になっているといえますか。 基本2❹の結果を使って、四捨五入で、$\frac{1}{10}$ の位までの概数で求めましょう。

📖 教科書 90ページ**2**

（　　　　　　　　）

3 半径 6 cm の円の外に正十六角形をかき、円の面積を
右の図の △ 16 個分と考えると、半径 6 cm の円の
面積は、半径を 1 辺とする正方形の面積の約何倍になっ
ているといえますか。△ の三角形の底辺の長さを
はかって求めましょう。　📖 教科書 91ページ

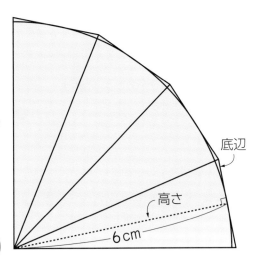

底辺
高さ
6 cm

（　　　　　　　　）

ポイント いろいろな異なる方法で円のおよその面積を求めても、同じような値が得られます。

円の面積 [その2]

基本のワーク

教科書 92～95ページ　　答え 23ページ

基本① 公式を使って、円の面積を求めることができますか。

☆ 半径6cmの円の面積を求めましょう。

とき方 円の面積を求める公式を考えます。

図1のように、円をおうぎの形に等分して切り、図2のように並べかえます。

円を細かく等分すればするほど、図3のように、長方形に近い形になります。

図3を長方形とみると、面積は縦×横で求められます。縦の長さは円の半径と等しく、横の長さは円周の半分と等しくなります。

長方形の面積＝　縦　×　　横

円の面積＝半径×円周×$\dfrac{1}{2}$

　　　　＝半径×□×3.14×$\dfrac{1}{2}$

　　　　＝半径×直径×$\dfrac{1}{2}$×3.14

　　　　＝半径×□×3.14

この公式を使うと、半径6cmの円の面積は、

□×□×3.14＝□

答え □ cm²

図1

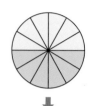

↓

図2

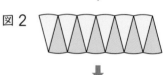

↓

図3

横＝円周の半分
縦＝半径

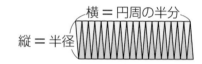

たいせつ

円の面積＝半径×半径×円周率

① 次の円の面積を求めましょう。

📖教科書 93ページ

① 半径2cmの円

② 直径10cmの円

（　　　　　　　）　　　　　　（　　　　　　　）

② 次の図形の面積を求めましょう。

📖教科書 93ページ ③

①

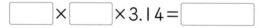 20cm

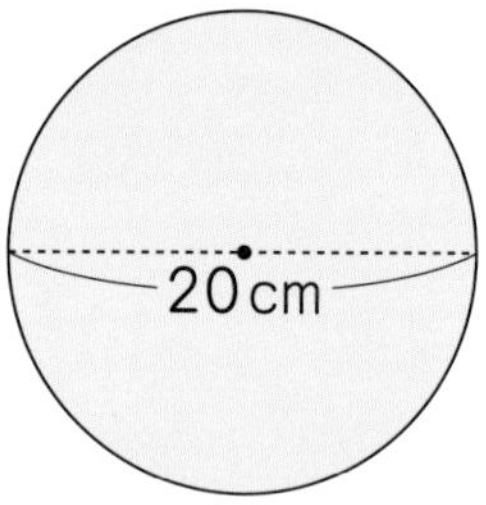

②

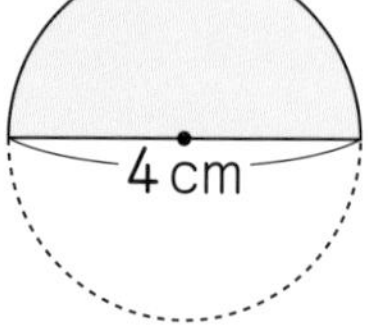

4cm

③

1cm

（　　　　　）　　（　　　　　）　　（　　　　　）

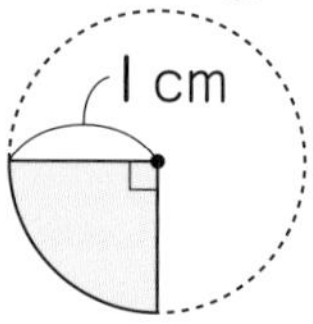

さんすうはかせ 5年生で習った円周率がまた出てきたね。円周率はふつう3.14を使うけれど、ほんとうは3.1415926535……と、どこまでも続く数なんだよ。

基本2 円の面積の公式を使って、複雑な形の面積を求めることができますか。

☆ 右の図形の色をぬった部分の面積を、いろいろな方法で求めましょう。

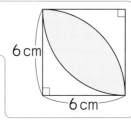

とき方 正方形や三角形の面積と、おうぎの形の面積を組み合わせて考えます。

《1》

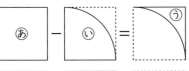

あの形を4つあわせると、半径6cmの円になるから、あの形は半径6cmの円の$\frac{1}{4}$になっているね。

あの面積　6×6＝36

あの面積　6×6×3.14÷4＝[　　　]

うの面積　36－[　　　]＝[　　　]
　　　　　　　⌣あ　　⌣い　　　　⌣う

色をぬった部分の面積は、36－[　　　]－[　　　]＝[　　　]
　　　　　　　　　　　　　　　⌣あ　⌣う　　　⌣う

《2》

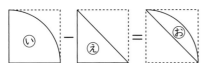 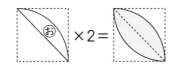

いの面積　[　　　]　　えの面積　6×6÷2＝[　　　]

おの面積　[　　　]－[　　　]＝[　　　]
　　　　　　⌣い　　　⌣え　　　⌣お

色をぬった部分の面積は、[　　　]×2＝[　　　]　　**答え** [　　　]cm²
　　　　　　　　　　　　⌣お

---

3 **基本2** の図形の色をぬった部分の面積を、次のように考えて求めましょう。　📖**教科書** 94ページ**1**

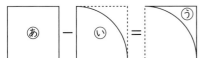 

（　　　　　　　）

4 **基本2** の図形の色をぬった部分の面積を、次のように考えて求めましょう。　📖**教科書** 94ページ**1**

（　　　　　　　）

ポイント 図にかかれた長さは半径なのか直径なのか、しっかり確かめてから計算しましょう。

練習のワーク

教科書 88～97ページ　答え 24ページ

できた数

／8問中

1 円の面積の公式　次の円の面積を求めましょう。

① 半径8cmの円

（　　　　　　　　）

② 直径22cmの円

（　　　　　　　　）

③ 円周が43.96cmの円

（　　　　　　　　）

2 いろいろな面積　次の図形の色をぬった部分の面積を求めましょう。

①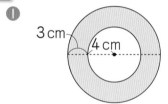
3cm 4cm

②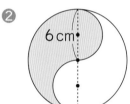
6cm

（　　　　　　　　）　　　　（　　　　　　　　）

③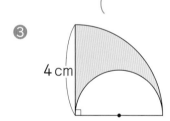
4cm

④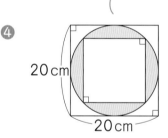
20cm
20cm

（　　　　　　　　）　　　　（　　　　　　　　）

3 円の面積の利用　次のあといの色をぬった部分の面積が等しくなるわけを説明しましょう。

あ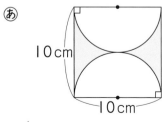
10cm
10cm

い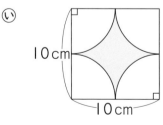
10cm
10cm

（　　　　　　　　　　　　　　　　　　　　　　　　）

てびき

1 円の面積の公式
半径×半径×3.14

ちゅうい

② 22は直径です。
22×22×3.14
としないようにし
ましょう。

③ まず、直径を求め
ましょう。

2 いろいろな面積
① 大きい円の面積か
ら小さい円の面積を
ひきます。

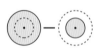

② 円の半分を移動し
て考えます。

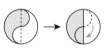

④ 中の正方形を45°
まわして考えます。

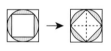

3 円の面積の利用
あ、いの形を、面積が
求めやすい形に変えて
考えます。

できるナビ　複雑な形の面積を求めるときは、面積をさしひいたり、図形を移動することで計算がしやす
くならないか考えたりしよう。

まとめのテスト

時間 20分

教科書 88〜97ページ　答え 24ページ

1 円の面積の公式を次のように考えました。☐にあてはまる数やことばを入れましょう。

1つ5〔20点〕

図1のように、円をおうぎの形に等分して切り、図2のように並べます。

これを図3のように、高さが変わらないように形を変えて、1つの大きな三角形とみると、面積は次の式で求められます。

円の面積＝底辺×高さ÷2

＝円周×半径÷2

＝直径×☐×半径÷2

＝直径÷2×半径×☐

＝☐×半径×☐

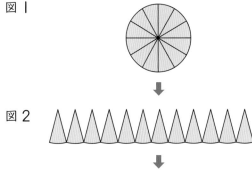

図1

図2

図3　高さ＝半径

底辺＝円周

2 よく出る　次の円の面積を求めましょう。

1つ10〔20点〕

① 半径9cmの円

② 直径1cmの円

（　　　　　　）　　　　　　（　　　　　　）

3 次の問題に答えましょう。

1つ15〔30点〕

① 半径2cmの円の面積は、半径1cmの円の面積の何倍ですか。

（　　　　　　）

② 125.6cmの針金を1本ずつ使って、円と正方形をつくりました。面積は、どちらが何cm² 大きいですか。

（　　　　　　）

4 次の図形の色をぬった部分の面積を求めましょう。

1つ15〔30点〕

①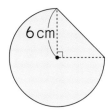

6cm

②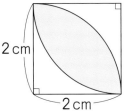

2cm

2cm

（　　　　　　）　　　　　　（　　　　　　）

ふろくの「計算練習ノート」17〜18ページをやろう！

 チェック
□ 円の面積を求めることができたかな？
□ 円の一部を組み合わせた形の面積を求めることができたかな？

⑧ 立体の体積

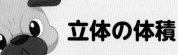

立体の体積

基本のワーク

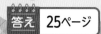
公式を使って、角柱や円柱の体積を求められるようになろう！

基本 ❶ 底面が長方形・直角三角形の角柱の体積を求めることができますか。

☆ 右の図のような立体があります。
● Aの四角柱の体積を求めましょう。
❷ Bの三角柱の体積を求めましょう。

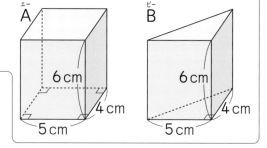

とき方 ● 《１》 縦×横×高さ と考えて、

$4 × \boxed{} × \boxed{} = \boxed{}$

《２》 高さ１cmの四角柱の体積の６倍と考えます。高さ１cmの四角柱の体積を表す数($4×5×1=20$)は、底面積を表す数($4×5=20$)と等しくなっているので、体積は、

$(4 × \underline{\boxed{}}) × \underline{6} = \boxed{}$
　　　底面積　　　高さ

❷ 《１》 Aの直方体の体積の半分なので、$\boxed{} × \dfrac{1}{2} = \boxed{}$

《２》 高さ１cmの三角柱の体積の６倍と考えます。

高さ１cmの三角柱の体積を表す数($4×5×1×\dfrac{1}{2}=10$)は、底面積を表す数($5×4÷2=10$)と等しくなっているので、体積は、

$(\underline{\boxed{} ×4÷2}) × \underline{6} = \boxed{}$
　　　底面積　　　　高さ

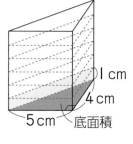

たいせつ
１つの底面の面積を**底面積**といいます。

答え ● $\boxed{}$ cm³
　　 ❷ $\boxed{}$ cm³

---

１ 右の図のような三角柱の体積を求めましょう。 📖教科書 100ページ ②

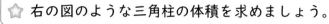

(　　　　　　　　)

基本 ❷ いろいろな角柱の体積を求めることができますか。

☆ 右の図のような三角柱の体積を求めましょう。

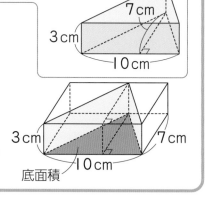

とき方 右下の図のように、底面が長方形の四角柱の体積の半分になるので、

$7×10×3×\dfrac{1}{2} = \underline{(10×7÷2)} × \underline{3} = \boxed{}$
　　　　　　　　　　　　　底面積　　　高さ

たいせつ
角柱の体積＝底面積×高さ

答え $\boxed{}$ cm³

さんすうはかせ 底面が長方形の四角柱は直方体だから、体積は、縦×横×高さ で求められるんだね。

2 次の図のような角柱の体積を求めましょう。 教科書 101ページ 4

1
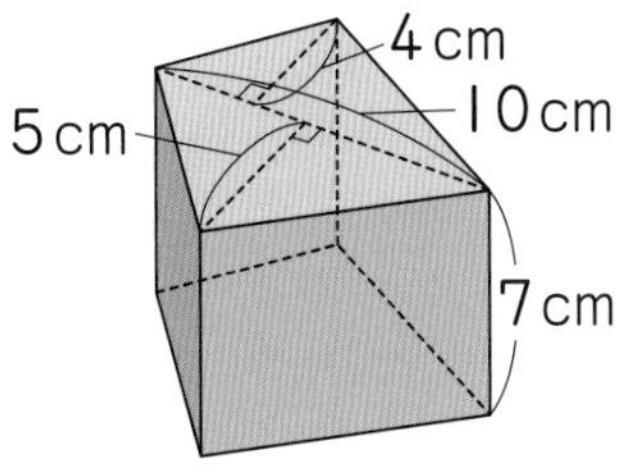
4cm
10cm
5cm
7cm

（　　　　　）

2
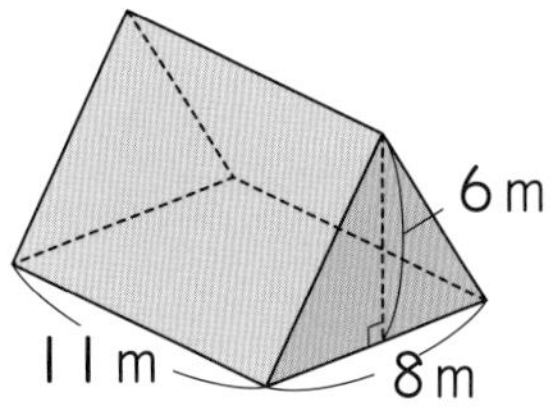
6m
11m
8m

（　　　　　）

基本 3 円柱の体積を求めることができますか。

☆ 右の図のような円柱の体積を求めましょう。

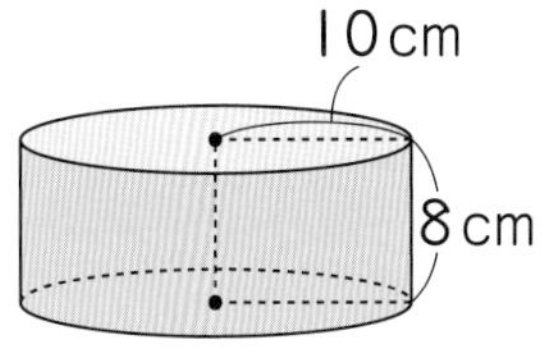
10cm
8cm

とき方 円柱の体積も、角柱と同じように考えます。

（□×□×3.14）× 8 ＝□
底面積　高さ

たいせつ
円柱の体積＝底面積×高さ
＝(半径×半径×3.14)×高さ

答え □cm³

3 次の図のような円柱の体積を求めましょう。 教科書 102ページ 2

1
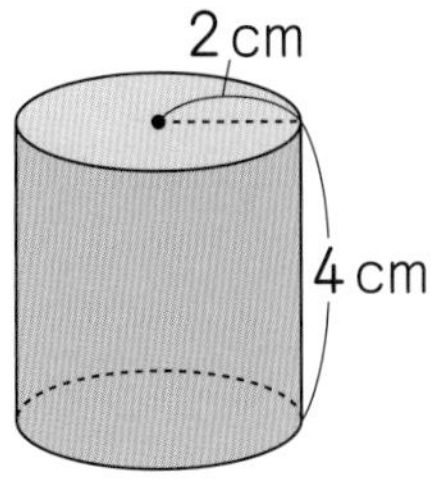
2cm
4cm

（　　　　　）

2
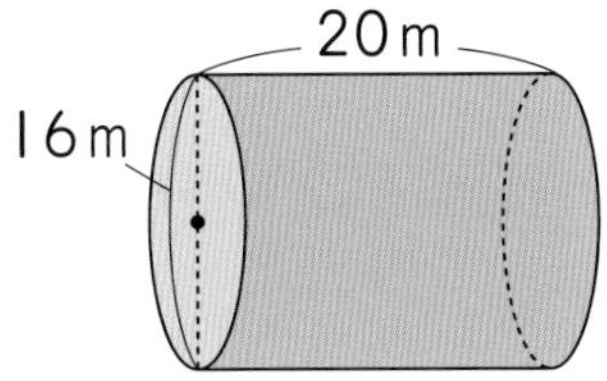
20m
16m

（　　　　　）

横になっても、円の
部分が底面だよ。

基本 4 くふうして体積を求めることができますか。

☆ 右の図のような立体の体積を求めましょう。

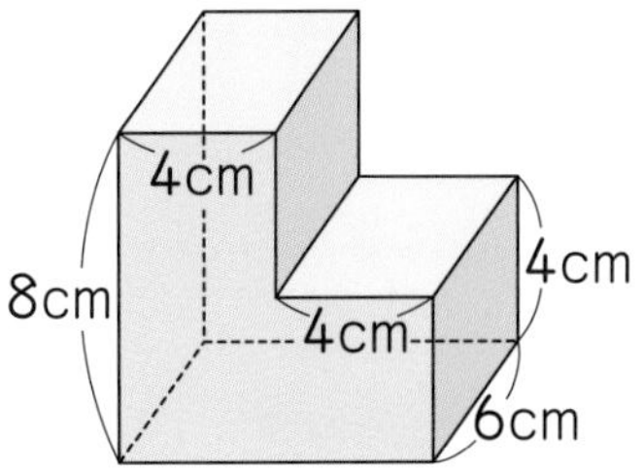
4cm
8cm
4cm
4cm
6cm

とき方 ⌊ を底面とみて、底面積×高さ を使います。

底面積は、8×4＋4×□＝□

体積は、□×6＝□

答え □cm³

4 右の図のような立体の体積を求めましょう。

教科書 103ページ 1

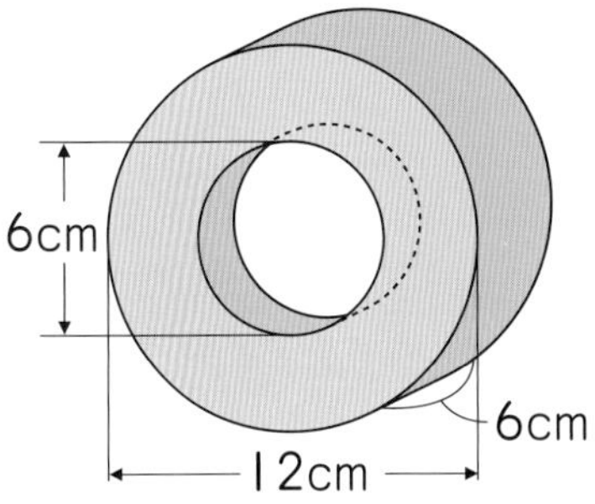
6cm
6cm
12cm

（　　　　　）

ポイント 角柱も円柱も、体積は、底面積×高さ となります。まず、底面積を求めましょう。

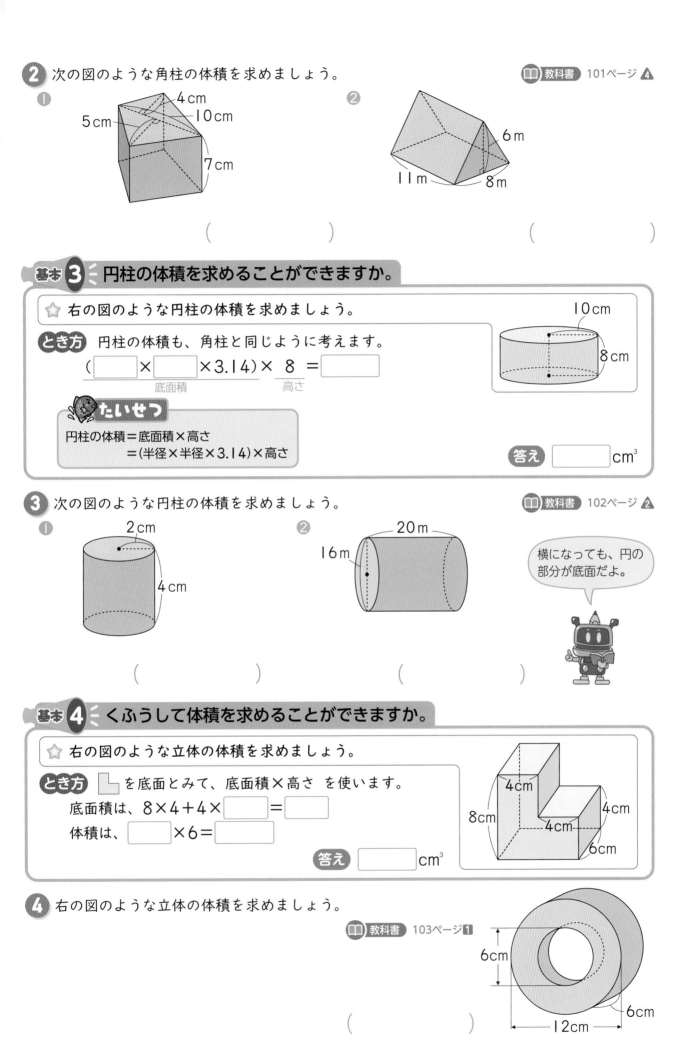

練習のワーク

1 角柱の体積　次の図のような角柱の体積を求めましょう。

❶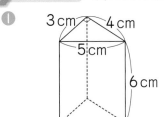
3cm　4cm
5cm
6cm

❷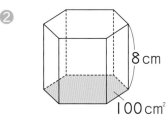
8cm
100cm²

（　　　　　　）　　　　　（　　　　　　）

❸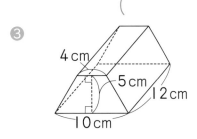
4cm
5cm
12cm
10cm

❹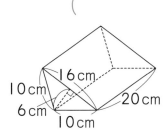
16cm
10cm
6cm
10cm
20cm

（　　　　　　）　　　　　（　　　　　　）

2 円柱の体積　次の図のような円柱の体積を求めましょう。

❶
3cm
10cm

❷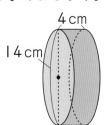
4cm
14cm

（　　　　　　）　　　　　（　　　　　　）

3 角柱と円柱の体積　次の図のように、高さが等しいあとⒾの 2 つの立体があり、あは四角柱、Ⓘは円柱です。体積をくらべると、どちらが何cm³ 大きいですか。

あ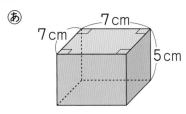
7cm
7cm
7cm
5cm

Ⓘ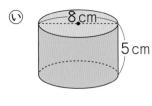
8cm
5cm

（　　　　　　）

1 角柱の体積

たいせつ

角柱の体積
＝ 底面積×高さ

❸　底面は台形になります。

❹　底面は三角形になります。

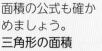
面積の公式も確かめましょう。
三角形の面積
＝ 底辺×高さ÷2

高さ
底辺

台形の面積
＝（上底＋下底）
　　×高さ÷2

上底
高さ
下底

2 円柱の体積

たいせつ

円柱の体積
＝ 底面積×高さ
＝（半径×半径×3.14）×高さ

❷　まず、底面の半径を求めます。

3 角柱と円柱の体積
それぞれの体積を求めてから差を求めます。

　まず、どこを底面とみればよいかを考えよう。
角柱、円柱の 2 つの底面は平行で合同になっているよ。

まとめのテスト

時間 **20** 分

得点

/100点

1 次の□にあてはまることばや数をかきましょう。 1つ10〔20点〕

❶ 角柱や円柱の体積は、□×高さ で求められます。

❷ 底面の半径が 10cm で、高さが 60cm の円柱の体積は、□cm³ です。

2 よく出る 次の立体の体積を求めましょう。 1つ10〔40点〕

❶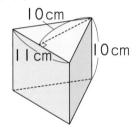
10cm
11cm 10cm

❷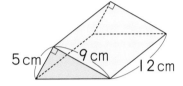
5cm 9cm 12cm

( )

( )

❸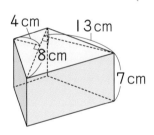
4cm 13cm
8cm
7cm

❹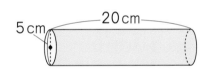
5cm 20cm

( )

( )

3 右のような大きな円柱から小さな円柱をくりぬいた形のバウムクーヘンがあります。このバウムクーヘンの体積を求めましょう。 〔20点〕

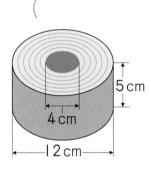
5cm
4cm
12cm

( )

4 右のようなつつの形の水そうがあり、内側の直径は 30cm です。この水そうに 8478cm³ の水を入れると、水の深さは何cm になりますか。 〔20点〕

30cm

ふろくの「計算練習ノート」21ページをやろう！

( )

 チェック ✓ □角柱、円柱の体積を求めることができたかな？
□底面積×高さ を使って、くふうして体積を求めることができたかな？

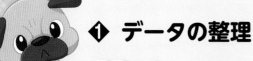

① データの整理

基本のワーク

基本 ❶ データのちらばりのようすを、ドットプロットに表すことができますか。

れなさんの学校の6年生を赤、青、黄の3チームに分け、大縄とびの練習をしました。右の表は、赤チームの練習の記録です。

❶ とんだ回数の平均値を求めましょう。

❷ いちばん多い回数は、何回ですか。

❸ いちばん少ない回数は、何回ですか。

❹ いちばん多い回数からいちばん少ない回数をひいた差は、何回ですか。

❺ 回数のちらばりのようすを、ドットプロットに表しましょう。

❻ ❺のドットプロットの数直線で、平均値を表すところに↑をかきましょう。

赤チームの回数

日	回数(回)	日	回数(回)
1	49	9	64
2	52	10	62
3	53	11	55
4	61	12	62
5	54	13	53
6	56	14	58
7	69	15	54
8	53		

とき方 ❶ 回数の合計は、49+52+53+61 +54+56+69+53+64+62+55+62 +53+58+54=☐

平均値は、☐÷15=☐(回)

❷ いちばん多い回数は、☐回です。

❸ いちばん少ない回数は、☐回です。

❹ ❷、❸より、☐−☐=☐(回)

❺ 数直線に、●を記入して表します。

たいせつ

データの値の平均を、**平均値**といいます。
(平均値)
＝(データの値の合計)÷(データの個数)

ちらばりのようすを数直線上に表した図を、ドットプロットというよ。

さんこう

データの値の中でいちばん大きい値のことを**最大値**といい、いちばん小さい値のことを**最小値**といいます。最大値と最小値の差を、ちらばりの**範囲**といいます。

答え ❶ ☐回 ❷ ☐回 ❸ ☐回 ❹ ☐回

❺❻

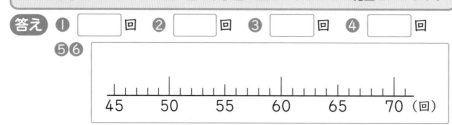

❶ 右の表は、**基本❶**の青チームの練習の記録です。

📖 教科書 107ページ❶

❶ 平均値を求めましょう。

( )

❷ いちばん多い回数からいちばん少ない回数をひいた差は、何回ですか。

( )

青チームの回数

日	回数(回)	日	回数(回)
1	56	8	55
2	52	9	51
3	50	10	59
4	59	11	65
5	60	12	60
6	57	13	51
7	63	14	60

 さまざまなことがらを調査することによって、数量で全体のようすをつかむことや、調査によって得られた数量のことを「統計」というんだって。

2 **1**の記録について、次の問題に答えましょう。 📖教科書 109ページ**1**

① 回数のちらばりのようすを、ドットプロットに表しましょう。

② **1**のドットプロットの数直線で、平均値を表すところに↑をかきましょう。

基本 2　中央値、最頻値を求めることができますか。

☆ 基本**1**と**1**の記録について、次の問題に答えましょう。
　① 赤チームと青チームの回数の中央値を求めましょう。
　② 赤チームと青チームの回数の最頻値を求めましょう。

とき方 ① 赤チームの回数を少ない順に並べると、

49、52、53、53、53、54、54、55、56、58、61、62、62、64、69

赤チームの中央値は、[　　]番目の値だから、[　　]回です。

青チームの回数を少ない順に並べると、

50、51、51、52、55、56、57、59、59、60、60、60、63、65

青チームの中央値は、[　　]番目と[　　]番目の値の平均だから、

(57+[　　])÷2=[　　](回)

② 赤チームの記録で、いちばん多く出てくる回数は[　　]回です。

　　青チームの記録で、いちばん多く出てくる回数は[　　]回です。

> 中央値を求める
> ときは、データ
> の個数が偶数か
> 奇数かに気をつ
> けよう。

> 平均値、中央値、最
> 頻値のように、デー
> タの特ちょうを表す
> 値を代表値というよ。

🐟 たいせつ

中央値…データの値を大きさの順に並べたときの、ちょうど真ん中の値。
　　データの個数が偶数のときは、真ん中の2つの値の平均を中央値とします。
最頻値…データの値の中で、いちばん多く出てくる値。

答え ① 赤チーム…[　　]回、青チーム…[　　]回
　　　 ② 赤チーム…[　　]回、青チーム…[　　]回

---

3 右の表は、基本**1**の黄チームの練習の記録です。

📖教科書 110ページ**1**

① 中央値を求めましょう。

　　　　　　　　　　　　　（　　　　　　　）

② 最頻値を求めましょう。

　　　　　　　　　　　　　（　　　　　　　）

黄チームの回数

日	回数(回)	日	回数(回)
1	50	9	59
2	57	10	55
3	57	11	68
4	65	12	52
5	51	13	57
6	63	14	60
7	52	15	54
8	56	16	64

📍ポイント　ちらばりのようすをドットプロットに表すと、最頻値が一目でわかります。

⑨ データの整理と活用

❷ ちらばりのようすを表す表・グラフ [その1]

基本のワーク

教科書 112〜116ページ　答え 26ページ

基本 ❶ ちらばりのようすを表に表すことができますか。

☆ 右の表は、64ページの 基本❶ の赤チームの練習の記録です。

❶ 回数を5回ずつに区切って、ちらばりのようすを表に表しましょう。

❷ ❶の表で、いちばん日数の多い階級は、何回以上何回未満の階級ですか。

とき方 ❶ ちらばりのようすを整理するときに、区切った1つ1つの区間を階級といいます。

それぞれの階級の日数を調べます。

45回以上50回未満… ☐ 日

50回以上55回未満… ☐ 日

55回以上60回未満… ☐ 日

60回以上65回未満… ☐ 日

65回以上70回未満… ☐ 日

これらの度数（日数）を表に表します。

❷ ❶より、いちばん日数の多い階級は、

☐ 回以上 ☐ 回未満の階級です。

赤チームの回数

日	回数(回)	日	回数(回)
1	49	9	64
2	52	10	62
3	53	11	55
4	61	12	62
5	54	13	53
6	56	14	58
7	69	15	54
8	53		

ちゅうい

45以上は45に等しいかそれより大きい数、50未満は50より小さい数を表します。

64ページのドットプロットをみると、どの階級が何日あるかを確かめることができるね。

左のように表した表を**度数分布表**といいます。それぞれの階級にはいるデータの個数を**度数**、データのちらばりのようすを分布といいます。

答え ❶　**赤チームの回数**

回数(回)	日数(日)
45以上〜50未満	
50 〜 55	
55 〜 60	
60 〜 65	
65 〜 70	
合計	

❷ ☐ 回以上 ☐ 回未満の階級

❶ 右の表は、64ページの **❶** の青チームの練習の記録です。ちらばりのようすを度数分布表に表しましょう。

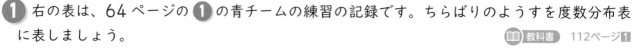
📖教科書 112ページ**❶**

青チームの回数

回数(回)	日数(日)
45以上〜50未満	
50 〜 55	
55 〜 60	
60 〜 65	
65 〜 70	
合計	

青チームの回数

日	回数(回)	日	回数(回)
1	56	8	55
2	52	9	51
3	50	10	59
4	59	11	65
5	60	12	60
6	57	13	51
7	63	14	60

　さんすうはかせ　今は「正」の字を使って数えるけれど、昔は「玉」の字を使っていたんだって。どちらも5画で、とちゅうの形もわかりやすいからね。

② 基本**①**と**①**の度数分布表を見て、次の問題に答えましょう。 📖教科書 112ページ**1**

① 回数が 60 回未満の日数は、それぞれ何日ですか。

赤チーム（　　　　　　　） 青チーム（　　　　　　　）

② **①**の日数は、それぞれのチームの練習日数の何％ですか。小数第 1 位を四捨五入して、整数で答えましょう。

赤チーム（　　　　　　　） 青チーム（　　　　　　　）

基本 2 ちらばりのようすを、ヒストグラムに表すことができますか。

☆ 基本**①**のデータのちらばりのようすを、ヒストグラムに表しましょう。

とき方 次の手順でかきます。

1 表題をかく。

2 横軸に回数、縦軸に日数を目もる。

3 回数の階級を横、日数を縦とする長方形をかく。

このように、横軸に数量を一定のはばで区切って階級を表し、縦軸にその階級にあてはまる日数などを表すグラフを ◻◻◻◻ 、または、◻◻ グラフといいます。
ヒストグラムに表すと、データのちらばりのようすがわかりやすくなります。

右の方眼を使って、ヒストグラムに表します。

ヒストグラムと棒グラフのちがい

ヒストグラム ➡ データのちらばりのようすを表すグラフなので、横軸には数量を一定のはばで区切った階級がかかれます。したがって、となりどうしはぴったりくっついています。

棒グラフ ➡ 種類ごとの大きさをくらべるグラフなので、横軸には種類がかかれます。したがって、となりどうしはくっついている必要はありません。

答え
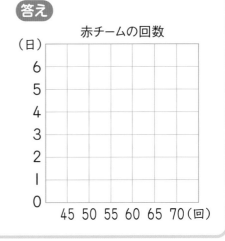

③ **①**のデータのちらばりのようすを、ヒストグラムに表しましょう。 📖教科書 114ページ**1**

①の表の日数を、そのまま柱の高さに写そう。

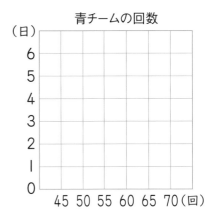

ポイント ちらばりのようすを度数分布表やヒストグラムに整理すると、平均値を求めただけではわからなかったデータの特ちょうを調べることができます。

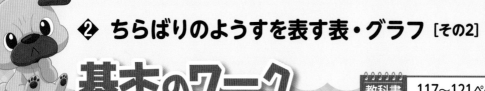

⑨ データの整理と活用

❷ ちらばりのようすを表す表・グラフ [その2]

基本のワーク

教科書 117〜121ページ 答え 27ページ

学習の目標・
データの特ちょうをまとめたり、いろいろなグラフをよみとったりしよう！

基本 ① データの特ちょうをまとめられますか。

☆ 次の表は、6年1組、2組、3組の長座体前くつの記録と代表値を表したものです。

長座体前くつ（6年1組）

記録(cm)	人数(人)
20 以上〜 25 未満	2
25 〜 30	5
30 〜 35	8
35 〜 40	9
40 〜 45	6
45 〜 50	3
50 〜 55	0
合計	33

長座体前くつ（6年2組）

記録(cm)	人数(人)
20 以上〜 25 未満	0
25 〜 30	3
30 〜 35	6
35 〜 40	8
40 〜 45	9
45 〜 50	5
50 〜 55	2
合計	33

長座体前くつ（6年3組）

記録(cm)	人数(人)
20 以上〜 25 未満	3
25 〜 30	5
30 〜 35	6
35 〜 40	3
40 〜 45	8
45 〜 50	4
50 〜 55	4
合計	33

	6年1組	6年2組	6年3組
平均値	35.2 cm	38.4 cm	37.1 cm
中央値	35 cm	38 cm	39 cm
最頻値	36 cm	44 cm	42 cm

❶ 平均値、中央値、最頻値は、それぞれどの組がいちばん大きいですか。

❷ それぞれの組の度数分布表で、人数がいちばん多い階級は、何cm以上何cm未満ですか。

とき方 ❶ 表から、それぞれの値がいちばん [　　　] 組を答えます。

❷ それぞれの組の度数分布表で、人数がいちばん [　　　] 階級を答えます。

答え ❶ 平均値… [　　　] 組、中央値… [　　　] 組、最頻値… [　　　] 組

❷ 1組… [　　　] cm以上 [　　　] cm未満

2組… [　　　] cm以上 [　　　] cm未満

3組… [　　　] cm以上 [　　　] cm未満

① 基本① の表を見て、次の問題に答えましょう。

教科書 117ページ①

❶ 1組、2組、3組のうち、45cm以上の人数がいちばん多いのは何組ですか。

(　　　　　　　　　)

❷ 1組、2組、3組のうち、35cm未満の人数がいちばん多いのは何組ですか。

(　　　　　　　　　)

❸ 2組の記録について、どのようなことがいえますか。

(　　　　　　　　　)

さんすうはかせ 全体の真ん中よりも上にいるかどうかは、平均値ではなく中央値とくらべるよ。テストの点数がクラスの平均点より上でもクラスの真ん中より上とはかぎらないよ。

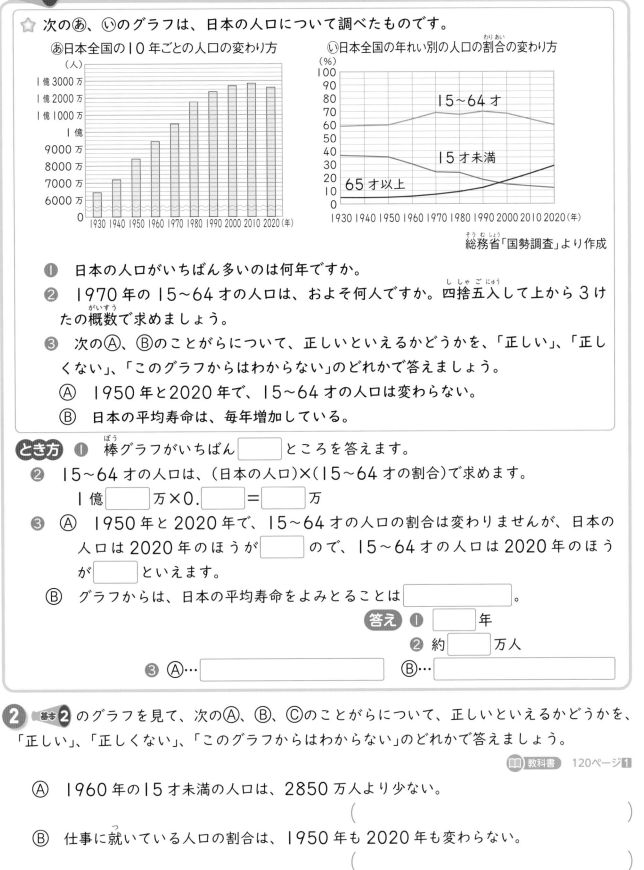

基本 2 くふうされたグラフの見方がわかりますか。

☆ 次のあ、○のグラフは、日本の人口について調べたものです。

あ日本全国の10年ごとの人口の変わり方

○日本全国の年れい別の人口の割合の変わり方

総務省「国勢調査」より作成

① 日本の人口がいちばん多いのは何年ですか。

② 1970年の15〜64才の人口は、およそ何人ですか。四捨五入して上から3けたの概数で求めましょう。

③ 次の④、⑤のことがらについて、正しいといえるかどうかを、「正しい」、「正しくない」、「このグラフからはわからない」のどれかで答えましょう。

　④ 1950年と2020年で、15〜64才の人口は変わらない。

　⑤ 日本の平均寿命は、毎年増加している。

とき方 ① 棒グラフがいちばん [　　] ところを答えます。

② 15〜64才の人口は、（日本の人口）×（15〜64才の割合）で求めます。

　　1億 [　　] 万×0.[　　]＝[　　] 万

③ ④ 1950年と2020年で、15〜64才の人口の割合は変わりませんが、日本の人口は2020年のほうが [　　] ので、15〜64才の人口は2020年のほうが [　　] といえます。

　⑤ グラフからは、日本の平均寿命をよみとることは [　　　　　　]。

答え ① [　　] 年

② 約 [　　] 万人

③ ④…[　　　　　　　　　　]　⑤…[　　　　　　]

2 **基本 2** のグラフを見て、次の④、⑤、ⓒのことがらについて、正しいといえるかどうかを、「正しい」、「正しくない」、「このグラフからはわからない」のどれかで答えましょう。

📖 教科書　120ページ **1**

④ 1960年の15才未満の人口は、2850万人より少ない。

（　　　　　　　　）

⑤ 仕事に就いている人口の割合は、1950年も2020年も変わらない。

（　　　　　　　　）

ⓒ 1980年では、65才以上の人口は15才未満の人口の半分以下であったが、2010年では、65才以上の人口は15才未満の人口の2倍以上である。

（　　　　　　　　）

ポイント　**基本 2** のように2つのグラフを組み合わせると、いろいろな情報がわかるので便利です。

練習のワーク❶

1 平均値・ちらばり・ヒストグラム　次の表は、けんたさんのクラスで、ある日のテレビを見ていた時間をまとめたものです。

テレビを見ていた時間（分）

60	30	30	50	0	90	60	60	120	30
50	20	160	120	60	90	0	30	60	90

❶ 平均値を求めましょう。

（　　　　　　　　）

❷ 中央値、最頻値をそれぞれ求めましょう。

中央値（　　　　　　）　最頻値（　　　　　　　）

❸ テレビを見ていた時間のちらばりのようすを、右の度数分布表に表しましょう。

テレビを見ていた時間

時間（分）		人数（人）
0 以上～ 30 未満		
30 ～ 60		
60 ～ 90		
90 ～120		
120 ～150		
150 ～180		
合計		

❹ 30 分以上 60 分未満の階級の度数の割合は、全体の度数の何％ですか。

（　　　　　　　　）

❺ テレビを見ていた時間のちらばりのようすを、ヒストグラムに表しましょう。

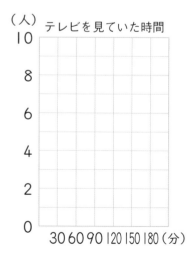

（人）テレビを見ていた時間
10
8
6
4
2
0
　30 60 90 120 150 180（分）

❻ クラスで、テレビを見ていた時間が長いほうから数えて 15 番目の人は、どの階級にはいっていますか。

（　　　　　　　　）

てびき

1 平均値・ちらばり・ヒストグラム

❶ 平均値を求めるためには、
（全員のテレビを見ていた時間の合計）÷（人数）
を計算します。

❸ 「正」の字をかいて数えてから、それぞれの階級にはいる数をまとめて整理します。

❹ 割合を求めるには、
（階級の度数）÷（全体の度数）
を計算します。

❺ 横軸に時間、縦軸に人数を表し、階級を横、人数を縦とする長方形をかいて表します。

❻ 時間が長いほうから 15 番目の人は、時間が短いほうから 6 番目です。0 分以上 30 分未満、30 分以上 60 分未満、…の順に人数を数えていきましょう。

できるナビ　データの値を度数分布表に整理するときは、それぞれの数値を数えあげるのに線で消したり、○印をつけたりして、数えまちがいをしないようにしよう。

練習のワーク❷

教科書 106〜123ページ　答え 28ページ

できた数　／7問中

1 ヒストグラムのかき方　次の表は、ある学校の6年生のソフトボール投げの結果を表したものです。

ソフトボール投げの記録

番号	きょり(m)	番号	きょり(m)	番号	きょり(m)	番号	きょり(m)
①	30	⑥	17	⑪	37	⑯	25
②	32	⑦	25	⑫	20	⑰	33
③	27	⑧	21	⑬	26	⑱	16
④	13	⑨	32	⑭	23	⑲	25
⑤	39	⑩	28	⑮	34	⑳	27

❶ 平均値、中央値、最頻値を求めましょう。

平均値（　　　　）　中央値（　　　　）

最頻値（　　　　）

❷ データのちらばりのようすを、度数分布表とヒストグラムに表しましょう。

ソフトボール投げ

きょり(m)	人数(人)
10 以上 〜 15 未満	
15 〜 20	
20 〜 25	
25 〜 30	
30 〜 35	
35 〜 40	
合計	

ソフトボール投げ

（人）　8 7 6 5 4 3 2 1 0
10 15 20 25 30 35 40 (m)

2 ヒストグラムのよみ方　右のヒストグラムは、ある学校の6年1組の身長の記録です。

❶ 人数がいちばん多いのは、どの階級ですか。

（　　　　　　　）

❷ 身長が150cm以上の人は、1組の人数の何%ですか。

（　　　　　　　）

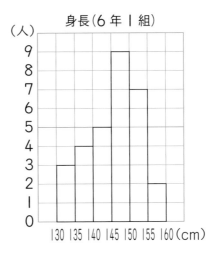

身長（6年1組）
（人）9 8 7 6 5 4 3 2 1 0
130 135 140 145 150 155 160 (cm)

1 ヒストグラムのかき方

❶ （平均値）＝（データの値の合計）÷（人数）

データを、きょりが短い順に並べかえてみよう。

❷ 「正」の字をかいて数えます。

ちゅうい
●以上 ➡ ●と等しいか、●より大きい。
▲未満 ➡ ▲より小さい。（▲をふくまない。）

ヒストグラムをかくときは、きょりの階級を横、人数を縦とする長方形をかきます。

2 ヒストグラムのよみ方

❷ 150cm以上155cm未満の人数と、155cm以上160cm未満の人数の合計の割合です。

6年1組の人数は、それぞれの階級の人数をたして求めるよ。

できるナビ ちらばりのようすをヒストグラムに整理すると、人数がいちばん多い階級がわかりやすくなるよ。

まとめのテスト❶

| 教科書 | 106～123ページ | 答え | 28ページ |

時間 20分

得点 /100点

勉強した日 ▶ 月 日

---

1 よく出る 次の表は、しんじさんの組で、1班の持っているくつの数をまとめたものです。

1つ10〔70点〕

1班のくつの数（足）

| 7 | 4 | 6 | 3 | 10 | 5 | 7 | 4 | 8 | 7 |

❶ 平均値を求めましょう。

（　　　　　　　）

❷ 中央値、最頻値をそれぞれ求めましょう。

中央値（　　　　　　　）　最頻値（　　　　　　　）

❸ 持っているくつの数のちらばりのようすを、右の度数分布表に表しましょう。

1班のくつの数

くつの数（足）	人数（人）
2 以上 ～ 4 未満	
4 ～ 6	
6 ～ 8	
8 ～ 10	
10 ～ 12	
合計	

❹ 8足未満の人の割合は、1班の人数の何％ですか。

（　　　　　　　）

❺ 持っているくつの数のちらばりのようすを、ヒストグラムに表しましょう。

1班のくつの数

❻ くつの数が少ないほうから数えて6番目の人は、どの階級にはいっていますか。

（　　　　　　　）

2 右のヒストグラムは、しんじさんの組で、2班の持っているくつの数を整理したものです。**1**の結果を使って、1班か2班かで答えましょう。

1つ10〔30点〕

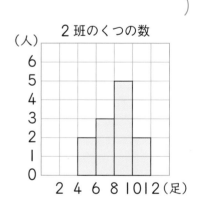

2班のくつの数

❶ 2班の平均値は7.8足でした。平均値はどちらのほうが大きいですか。

（　　　　　　　）

❷ 8足未満の人の割合は、どちらのほうが大きいですか。

（　　　　　　　）

❸ 6足以上10足未満の人の割合は、どちらのほうが大きいですか。

（　　　　　　　）

□ データの値から、平均値、中央値、最頻値を求めることができたかな？
□ ヒストグラムをかいたり、ヒストグラムをよみとったりできたかな？

まとめのテスト❷

1 右のヒストグラムは、6年1組と6年2組の50m走の記録です。　1つ10〔30点〕

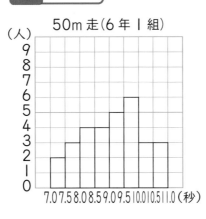

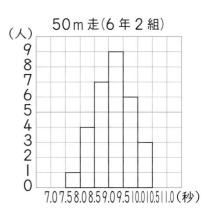

❶　人数がいちばん多いのは、それぞれどの階級ですか。

1組（　　　　　　　　）　2組（　　　　　　　　）

❷　ちらばりの大きさは、どちらのクラスが大きいといえますか。

（　　　　　　　　）

2 よく出る 右のヒストグラムは、あるクラスの国語のテストの得点を表したものです。　1つ14〔42点〕

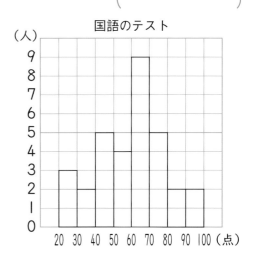

❶　50点以上70点未満の人は何人いますか。

（　　　　　　　　）

❷　得点の低いほうから4番目の人は、どの階級にはいっていますか。

（　　　　　　　　）

❸　るみさんは72点でした。得点の高いほうから数えて、何番目から何番目までにはいっていますか。

（　　　　　　　　）

3 右のグラフは、A県とB県あわせて110000人がうけた算数のテストの県別、得点別の人数の割合を表したものです。　1つ14〔28点〕

❶　人数がいちばん多いのは、どの階級ですか。

県別、得点別の人数の割合

得点	A県		B県
80点以上	5.5		3.6
70〜79	9.1		7.3
60〜69	11.8		12.7
50〜59	10.0		12.7
40〜49	9.1		10.0
39点以下	3.6		4.6

20　　　0　　　20
（%）

（　　　　　　　　）

❷　70点以上の人は、全体の何%ですか。

（　　　　　　　　）

❶ 比
❷ 等しい比 [その1]

基本のワーク

学習の目標・
2 つの量の大きさの割合を、比で表せるようになろう！

教科書 128〜133ページ   答え 29ページ

基本 ① 割合を比で表すことができますか。

☆ す小さじ 4 はいと、サラダ油小さじ 8 はいを混ぜて、ドレッシングをつくりました。
すの量とサラダ油の量の割合を 2 つの数で表しましょう。

とき方 すの量とサラダ油の量の割合を「:」の記号を使って、

4 : □ と表します。

このように表した割合を、すの量とサラダ油の量の

□ といいます。   答え 4 : □

たいせつ
$a : b$ は「a 対 b」とよみます。

① 次の比をかきましょう。   📖教科書 129ページ ▲

❶ チョコレートの値段 110 円とポテトチップスの値段 180 円の比

（   ）

❷ 赤いひも 50 cm と白いひも 45 cm の長さの比

（   ）

基本 ② 比の値を求めることができますか。

☆ 4 : 8 の比の値を求めましょう。

とき方 比の記号「:」の前の数をうしろの数でわった商を、比の □ といいます。

4 : 8 の比の値は、

$4 \div 8 = \dfrac{\square}{8} = \dfrac{1}{\square}$ 答え □

たいせつ
$a : b$ の比の値は、$a \div b$ で求められます。
また、$a : b$ の比の値は、a が b の何倍になっているかを表す数です。

$a \div b$ 倍
$a : b$

② 次の比の値を求めましょう。   📖教科書 131ページ ▲

❶ 1 : 5   ❷ 6 : 2   ❸ 9 : 24

（   ）   （   ）   （   ）

❹ 13 : 20   ❺ 84 : 60   ❻ 75 : 45

（   ）   （   ）   （   ）

さんすうはかせ   料理をつくるとき、分量をきめるのに「等しい比」を知っていると役に立つよ。

☆ 2つの比 50：60 と 150：180 が等しいかどうかを調べましょう。

とき方 　50÷60＝ □ 　　150÷180＝ □

比の値が等しいので、2つの比は等しいといえます。

このことを、50：60 □ 150：180 のようにかきます。

🐟 **たいせつ**

2つの比で、それぞれの比の値が等しいとき、
2つの比は等しいといいます。

答え □

3 次の2つの比が、等しいかどうかを調べましょう。
📖教科書 131ページ▲

❶ 4：10 と 6：15

❷ 15：35 と 33：77

（　　　　）　　　　　　　　　　　　（　　　　）

❸ 9：10 と 10：90

❹ 8：7 と 64：56

（　　　　）　　　　　　　　　　　　（　　　　）

❺ 5：8 と 45：60

❻ 12：10 と 72：60

（　　　　）　　　　　　　　　　　　（　　　　）

☆ x にあてはまる数をかきましょう。

❶ 4：7＝20：x 　　　　　❷ 81：45＝x：15

とき方 　❶ 4：7＝20：x （×5）　　❷ 81：45＝x：15 （÷3）

20 は 4 に □ をかけた数なので、　　15 は 45 を □ でわった数なので、

x＝7× □ ＝ □ 　　　　　x＝81÷ □ ＝ □

🐟 **たいせつ**

$a：b$ の両方の数に同じ数をかけたり、両方の数を同じ数でわった
りしてできる比は、すべて $a：b$ に等しくなります。

答え ❶ □ 　❷ □

4 x にあてはまる数をかきましょう。
📖教科書 133ページ▲

❶ 20：16＝5：x

❷ 6：4＝x：28

（　　　　）　　　　　　　　　　　　（　　　　）

❸ 32：24＝x：3

❹ 5：2＝45：x

（　　　　）　　　　　　　　　　　　（　　　　）

ポイント　「比の値」は、求め方だけを覚えるのではなく、その意味をよく理解しておきましょう。

勉強した日　　月　　日

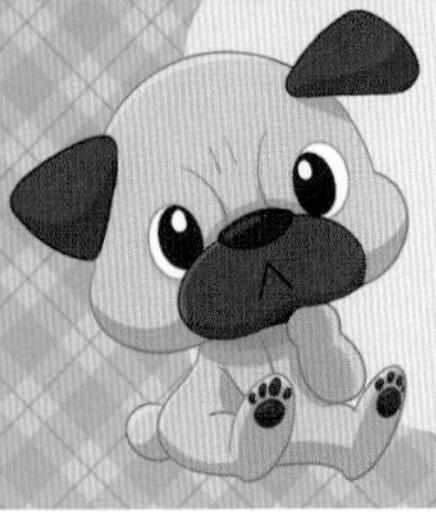

❷ 等しい比［その2］
基本のワーク

学習の目標
等しい比の性質を利用して、比を簡単にする方法を身につけよう！

教科書 133〜134ページ　答え 30ページ

基本1 比を簡単にすることができますか。

☆ 15：20 を、2 とおりの考え方で簡単（かんたん）にしましょう。

とき方 等しい比で、できるだけ小さい整数の比になおすことを、比を □ にするといいます。

《1》 両方の数を同じ数でわります。
両方の数を □ でわって、
15：20＝(15÷□)：(20÷□)
　　　＝□：□

《2》 比の値（あたい）を利用します。
比の値　　15÷20＝□
したがって、15：20＝□：□

たいせつ
a（エー）：b（ビー）を簡単にするときは、両方の数を a と b の最大公約数でわります。

答え □：□

1 次の比を簡単にしましょう。　教科書 133ページ ③

❶ 18：2　（　　　　）
❷ 23：46　（　　　　）
❸ 35：45　（　　　　）
❹ 160：560　（　　　　）
❺ 200：75　（　　　　）

最大公約数がわかりづらいときは、公約数でわることを何回かくり返してもいいよ。

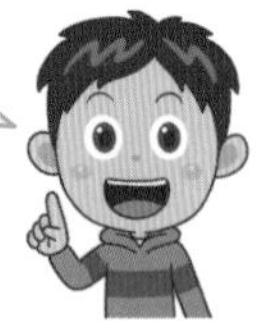

2 次の比を、簡単な整数の比で表しましょう。　教科書 133ページ

❶ プールの縦（たて）25m と横 10m の長さの比　（　　　　）

❷ 小麦粉 750g と砂糖（さとう）500g の重さの比　（　　　　）

さんすうはかせ　比の記号「:」は、ドイツではわり算の記号として使われているんだって。

基本 2 小数や分数で比を表すことができますか。

☆ 赤いテープ 6m と青いテープ 1.5m の長さの比を、小数を使ってかきましょう。

とき方 小数や分数のときも、整数のときと同じようにして比に表すことができます。

右の図より、赤いテープの長さと青いテープの
長さの比は、 [　] : [　]

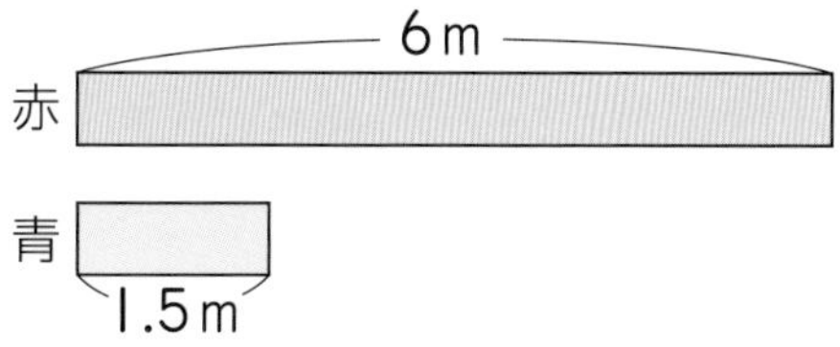

答え [　] : [　]

```
                              6m
赤 [                        ]
青 [    ]
    1.5m
```

③ 水とうの水 $\frac{3}{8}$ L とペットボトルの水 $\frac{2}{5}$ L の量の比を、分数を使ってかきましょう。

📖 教科書 134ページ

(　　　　　　　　　　)

基本 3 小数や分数で表された比を簡単にすることができますか。

☆ 次の比を簡単にしましょう。

① 2.7 : 1.2　　　　　② $\frac{3}{4}$: $\frac{2}{3}$

とき方 小数や分数の比は、整数の比になおして考えます。

① 両方の数を 10 倍して、

$2.7 : 1.2 = (2.7 × \boxed{}) : (1.2 × \boxed{})$
$= 27 : 12$
$= \boxed{} : \boxed{}$

答え [　] : [　]

② 分母の最小公倍数 [　] をかけて、

$\frac{3}{4} : \frac{2}{3} = \left(\frac{3}{4} × \boxed{}\right) : \left(\frac{2}{3} × \boxed{}\right)$
$= \boxed{} : \boxed{}$

答え [　] : [　]

④ 次の比を簡単にしましょう。　　　　📖 教科書 134ページ ②

① 1.4 : 2.1

② 5.4 : 0.9

(　　　　　　　　　　)　　　　(　　　　　　　　　　)

③ 3 : 13.5

④ 9.6 : 6

(　　　　　　　　　　)　　　　(　　　　　　　　　　)

⑤ $\frac{1}{8}$: $\frac{1}{2}$

⑥ $\frac{3}{4}$: 1

(　　　　　　　　　　)　　　　(　　　　　　　　　　)

⑦ $\frac{7}{3}$: $\frac{4}{5}$

⑧ $\frac{2}{9}$: $\frac{4}{7}$

(　　　　　　　　　　)　　　　(　　　　　　　　　　)

ポイント たとえば、20：40 は、両方の数を 10 でわって 2：4 としても、簡単にしたことにはなりません。2 も 4 もさらに 2 でわって、1：2 としなければならないので注意しましょう。

⑩ 比とその利用

❸ 比を使った問題

基本のワーク

教科書 136〜137ページ 答え 30ページ

学習の目標・
比を使ったいろいろな
問題の解き方を理解し
よう！

基本 ❶ 比の一方の数量を求めることができますか。

☆ 山いもと小麦粉の重さの比を 3:5 にしてお好み焼きをつくります。小麦粉を 250g にすると、山いもは何g 必要ですか。

とき方

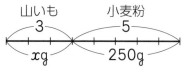

たいせつ
等しい比の性質を使うと、一方の量から
もう一方の量を求めることができます。

次の《1》、《2》の方法で解きましょう。

《1》 等しい比の性質を使います。

山いもの重さと小麦粉の重さの比は 3:5
なので、3:5 = x:250 です。

250÷5 = [　] より、250 は 5 に [　] を
かけた数なので、x = 3×[　] = [　]

《2》 比の値を使います。

3÷5 = [　] より、3:5 の比の値は [　]

だから、山いもの重さは小麦粉の重さの [　] 倍
です。250×[　] = [　]

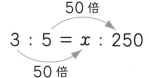

50倍
3 : 5 = x : 250
50倍

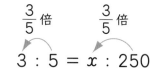

$\frac{3}{5}$倍 $\frac{3}{5}$倍
3 : 5 = x : 250

答え [　] g

❶ 縦と横の長さの比が 3:2 の長方形をかこうと思います。

📖教科書 136ページ ❸

❶ 横の長さを 8cm にすると、縦の長さは何cm になりますか。

式

答え (　　　　　　)

❷ 縦の長さを 24cm にすると、横の長さは何cm になりますか。

式

わからない数を
x として考えよ
う。

答え (　　　　　　)

78

さんすうはかせ 今のテレビの画面サイズは、縦と横の比が 9:16 になっているものが多いんだって。

☆ みかこさんは、1.8 L のスポーツドリンクを、自分用と妹用の 2 つの水とうに分けて入れることにしました。みかこさんの分と妹の分の量の比を 5：4 にしようと思います。
　❶　みかこさんの分は何 L になりますか。
　❷　妹の分は何 L になりますか。

とき方　それぞれ全体の量との比を考えます。みかこさんの分が 5、妹の分が 4 のとき、全体の量は 9 になります。

❶　みかこさんの分と全体の量の比は

5：□

みかこさんの分は全体の $\dfrac{□}{9}$ 倍

だから、$1.8 \times \dfrac{5}{9} =$ □

答え □ L

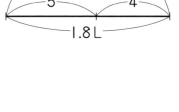

❷　妹の分は全体の $\dfrac{□}{9}$ 倍だから、

$1.8 \times \dfrac{4}{9} =$ □

答え □ L

さんこう

A と B の 2 人で、あるものを a：b に分けるとき、
A は全体の $\dfrac{a}{a+b}$、
B は全体の $\dfrac{b}{a+b}$

2 次の問題に答えましょう。　　　　　　　　📖教科書 137ページ ②

❶　35 個のおはじきを、大小 2 つの箱に分けて入れることにしました。大きい箱に入れる個数と小さい箱に入れる個数の比を 4：3 にするには、それぞれ何個に分けたらよいですか。
　式

　　　　　　答え　大きい箱（　　　　　　　）　小さい箱（　　　　　　　）

❷　しょうたさんと弟は、おかねを出しあって、3300 円のサッカーボールを買うことにしました。しょうたさんの出す分と、弟の出す分の比を 6：5 にすると、それぞれ何円出せばよいですか。
　式

　　　　　　答え　しょうた（　　　　　　　）　弟（　　　　　　　）

❸　16.8 m² の花だんを 2 つに分けて、それぞれコスモスとヒガンバナを植えることにします。コスモスを植える部分とヒガンバナを植える部分の面積の比を 5：7 にするには、それぞれ何 m² に分けたらよいですか。
　式

　　　　　　答え　コスモス（　　　　　　　）　ヒガンバナ（　　　　　　　）

ポイント　全体をきまった比に分ける問題では、まず全体を表す比の数がいくつになるかを考えましょう。

79

練習のワーク①

できた数

/12問中

教科書 128〜139ページ　答え 31ページ

1 比の値　次の比の値を求めましょう。

① 6：13

② $\frac{14}{15}：\frac{7}{10}$

（　　　　　　）　（　　　　　　）

2 等しい比　x にあてはまる数をかきましょう。

① 3：10＝30：x

② 80：144＝x：36

（　　　　　　）　（　　　　　　）

3 比を簡単にする（整数）　次の比を簡単にしましょう。

① 28：63

② 400：450

（　　　　　　）　（　　　　　　）

4 比を簡単にする（小数、分数）　次の比を簡単にしましょう。

① 9.2：4.6

② 1.2：2

（　　　　　　）　（　　　　　　）

③ $1：\frac{2}{5}$

④ $\frac{5}{4}：\frac{6}{5}$

（　　　　　　）　（　　　　　　）

5 比の一方の数量を求める　すとオリーブオイルの量の比を 6：7 にして、ドレッシングをつくります。すを 30mL にすると、オリーブオイルは何mL いりますか。

式

答え（　　　　　　）

6 全体をきまった比に分ける　すとオリーブオイルの量の比を 5：9 にして、全部で 70mL のドレッシングをつくります。すとオリーブオイルの量は、それぞれ何mL にすればよいですか。

式

答え　す（　　　　　）　オリーブオイル（　　　　　）

てびき

1 比の値
$a：b$ の比の値は$a÷b$で求めます。

2 等しい比
$a：b＝(a×c)：(b×c)$
　　　$＝(a÷c)：(b÷c)$

3 比を簡単にする
$a：b$ を簡単にするには、両方の数をaとbの最大公約数でわります。

4 比を簡単にする
小数や分数の比は、両方の数に同じ数をかけて、整数の比になおして考えます。

5 比の一方の数量を求める
オリーブオイルの量をxとして、xが7の何倍かを考えます。

6 全体をきまった比に分ける
すの量を5、オリーブオイルの量を9とすると、ドレッシングの量は、
　5＋9＝14
となります。

できるナビ　$a：b$で、aとbに同じ数をかけても、aとbを同じ数でわっても比は$a：b$に等しくなるよ。

練習のワーク②

できた数

／9問中

---

1 比の値 次の比の値を求めましょう。

① 0.8：4

② $\dfrac{1}{5} : \dfrac{3}{20}$

( ) ( )

2 等しい比 6：15に等しい比はどれですか。

あ 3：5   い 12：30   う 2：5   え 45：18

( )

3 等しい比 xにあてはまる数をかきましょう。

① 1.8：3＝x：5

② $\dfrac{1}{4} : \dfrac{1}{6} = 6 : x$

( ) ( )

4 比を簡単にする ある公園には、マツの木が16本とクヌギの木が20本植えられていて、他の木はありません。次の比を、簡単な整数の比で表しましょう。

① 植えられているマツの木の本数とクヌギの木の本数の比

( )

② 植えられているマツの木の本数と公園全体の木の本数の比

( )

5 比の一方の数量を求める 縦と横の長さの比が8：5の長方形をかきます。横の長さを60cmにすると、縦の長さは何cmになりますか。

式

答え ( )

6 全体をきまった比に分ける 銅と亜鉛を13：7の重さの割合で混ぜた真ちゅうが60gあります。その中に銅と亜鉛はそれぞれ何gふくまれていますか。

式

答え 銅 ( ) 亜鉛 ( )

1 比の値

さんこう

$a : b$の比の値は、aがbの何倍になっているかを表します。

2 等しい比

あ～えの比の値を求めて、6：15の比の値と同じものをすべてさがします。

3 等しい比

② まず、＝の左の比を簡単にします。

4 比を簡単にする

比を求めてから比を簡単にします。

5 比の一方の数量を求める

縦の長さをxとして、xが8の何倍かを考えます。

6 全体をきまった比に分ける

銅の重さを13、亜鉛の重さを7とすると、真ちゅうの重さは、
13＋7＝20
となります。

できるナビ 「比を簡単にする」ということは、比の値にした分数を約分することと同じだよ。

まとめのテスト①

時間 **20**分

得点

／100点

教科書 **128〜139ページ**　答え **32ページ**

1 次の比で、2：3と等しい比になっているものはどれですか。〔8点〕

あ　23：32　　　　　い　200：300　　　　　う　1：1.5

え　0.3：0.2　　　　お　$\frac{1}{2}：\frac{1}{3}$　　　　か　$\frac{1}{3}：\frac{1}{2}$

（　　　　　　　）

2 よく出る　x にあてはまる数をかきましょう。　1つ10〔20点〕

①　2：9＝6：x　　　　　　　　②　55：40＝x：8

（　　　　　）　　　　　　（　　　　　）

3 次の比を簡単にしましょう。　1つ10〔20点〕

①　8.4：1.2　　　　　　　　②　$\frac{15}{4}：\frac{5}{6}$

（　　　　　）　　　　　　（　　　　　）

4 あめが16個とガムが14個あります。あめの個数とおかし全体の個数の比を、簡単な整数の比で表しましょう。〔10点〕

（　　　　　）

5 まりさんは12才で、まりさんとお父さんの年れいの比は3：10です。　1つ7〔21点〕

①　お父さんの年れいは何才ですか。

式

答え（　　　　　　　）

②　16年後の、まりさんの年れいとお父さんの年れいの比を、簡単な整数の比で表しましょう。

（　　　　　　　）

6 1本の針金を折り曲げて、縦の長さと横の長さの比が4：9の長方形をつくろうと思います。　1つ7〔21点〕

①　横の長さは縦の長さの何倍ですか。

（　　　　　　　）

チャレンジ！　②　針金の長さが130cmのとき、縦の長さは何cmになりますか。

式

答え（　　　　　　　）

チェック　□2つの量の割合を比で表すことができたかな？
　　　　　□比を簡単にすることができたかな？

まとめのテスト❷

時間 20分

得点 /100点

1 次の比を簡単にしましょう。　1つ5〔30点〕

① 9：30

② 1.6：1

③ 0.3：1.2

（　　　　　　）　（　　　　　　）　（　　　　　　）

④ 1：$\frac{4}{5}$

⑤ $\frac{1}{4}$：$\frac{3}{4}$

⑥ $\frac{6}{5}$：$\frac{3}{10}$

（　　　　　　）　（　　　　　　）　（　　　　　　）

2 x にあてはまる数をかきましょう。　1つ6〔12点〕

① 26：39＝x：3

② $\frac{8}{3}$：$\frac{7}{6}$＝16：x

（　　　　　　）　（　　　　　　）

3 次の長方形の縦の長さと横の長さの比を、簡単な整数の比で表しましょう。また、比の値を求めましょう。　1つ6〔24点〕

① 縦 $\frac{5}{8}$m、横 $\frac{7}{4}$m の長方形

比（　　　　　　）　比の値（　　　　　　）

② 縦の長さが横の長さの 2.4 倍の長方形

比（　　　　　　）　比の値（　　　　　　）

4 A、B 2つのびんに水を入れます。AとBに入れる水の量の比は 3：5 にします。Bを 360mL にすると、Aは何mL になりますか。　1つ8〔16点〕

式

答え（　　　　　　）

5 さくらさんは、全部のページ数が 192 ページの本をよんでいます。残りのページ数は、これまでによんだページ数の 5 倍です。　1つ6〔18点〕

① よんだページ数と残りのページ数の比をかきましょう。

（　　　　　　）

② 残りのページ数は何ページですか。

式

答え（　　　　　　）

□ 比の一方の数量を求める問題が解けたかな？
□ 全体をきまった比に分ける問題が解けたかな？

ふろくの「計算練習ノート」19〜20ページをやろう！

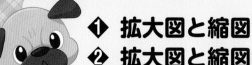

⑪ 図形の拡大と縮小

❶ 拡大図と縮図
❷ 拡大図と縮図のかき方 [その1]

基本のワーク

学習の目標・
拡大図や縮図の性質を
理解しよう！

基本 1　拡大図や縮図の性質がわかりますか。

☆ 図形あといは同じ形です。

❶ 対応する点をすべていいましょう。

❷ 辺AB に対応する辺、角C に対応する角をそれぞれいいましょう。

❸ 辺CD と辺HI の長さの比を求めましょう。

❹ 角E の大きさは135°です。角J の大きさは何度ですか。

❺ いはあの何倍の拡大図ですか。

あ
B　A　E
C　　　D

い
　　　　F
G　　　　　J
H　　　　　　I

とき方 ある図形を、その形を変えないで、大きくすることを [　　] する、また、小さくすることを [　　] するといい、拡大した図形を [　　] 、縮小した図形を [　　] といいます。

❶ 対応する点とは、図の形に対して同じ位置にある点のことです。

答え 点A と点F、点B と点 [　　] 、点C と点 [　　] 、点D と点I、点 [　　] と点J

❷ 対応する点から考えます。

答え 辺AB に対応する辺…辺 [　　] 、角C に対応する角…角 [　　]

❸ 方眼のます目の数を数えると、辺CD は 3 ます、辺HI は [　　] ますだから、
CD：HI＝3：[　　] ＝1：[　　]　　**答え** CD：HI＝1：[　　]

❹ 対応する角の大きさは等しくなります。

答え [　　] °

❺ 対応する辺の長さは [　　] 倍になっています。

答え [　　] 倍

たいせつ
形が同じ 2 つの図形では、
・対応する辺の長さの比はすべて等しい。
・対応する角の大きさはそれぞれ等しい。

---

❶ 図形あといは同じ形です。　教科書 142ページ❷　143ページ

❶ 辺AB に対応する辺はどれですか。

（　　　　　　　　　）

❷ 角J に対応する角はどれですか。

（　　　　　　　　　）

❸ あはいの何分の 1 の縮図ですか。

（　　　　　　　　　）

あ
A　F
B　C
D　　E

い
G　　　L
H　I
J　　　K

 コピー機を使うと、拡大図や縮図を簡単につくることができるね。コピーするときの倍率は百分率で表示されるよ。

基本 **2**　方眼を使って、拡大図や縮図をかけますか。

☆　右のような三角形ABC の 2 倍の拡大図(三角形DEF)と $\frac{1}{2}$ の縮図(三角形GHI)をかきましょう。

とき方　対応する辺の長さは、2 倍の拡大図ではもとの図形の

[ ] 倍になり、$\frac{1}{2}$ の縮図ではもとの図形の [ ] になります。

対応する角の大きさは、拡大図でも縮図でも、もとの図形と等しくなります。

　三角形ABC では、辺BC は [ ] ますで、頂点A は、頂点B から右に [ ] ます、上に [ ] ますのところにあります。

　2 倍の拡大図では、辺EF は [ ] ますになり、頂点D は、頂点E から右に [ ] ます、上に [ ] ますのところにあります。

　$\frac{1}{2}$ の縮図では、辺HI は [ ] ますになり、頂点G は、頂点H から右に [ ] ます、上に [ ] ますのところにあります。

答え

2　右のような四角形ABCD の 2 倍の拡大図と $\frac{1}{2}$ の縮図をかきましょう。

📖 教科書 144ページ **2**

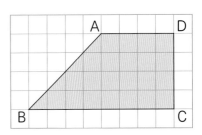

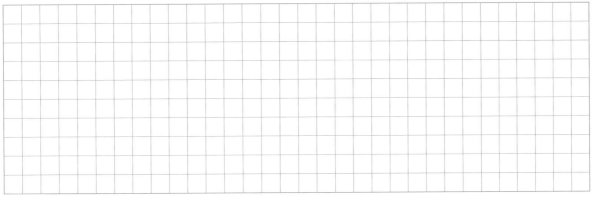

ポイント　AがBの拡大図になっているとき、BはAの縮図になっています。

❷ 拡大図と縮図のかき方 [その2]

学習の目標・
方眼を使わずに、拡大図や縮図をかく方法を身につけよう！

基本のワーク

教科書 145〜149ページ　　答え 33ページ

基本 ① 辺の長さや角の大きさを使って、三角形の拡大図や縮図がかけますか。

☆ 右のような三角形ABC の 2 倍の拡大図を、方眼紙を使わないでかきましょう。

（右図）A 1.5cm 90° 2cm B 53° 37° C 2.5cm

とき方 三角形の辺の長さや角の大きさをはかり、次の《1》〜《3》のどれかを使ってかきます。

《1》 3 つの辺の長さ

3 つの辺が 3cm、5cm、□cm の三角形をかきます。

《2》 2 つの辺とその間の角

2 つの辺が 3cm、5cm、その間の角が □° の三角形をかきます。

《3》 1 つの辺とその両はしの角

1 つの辺が □cm、その両はしの角が 53°、37°の三角形をかきます。

答え

---

① 次の三角形の辺の長さや角の大きさをはかって、$\frac{1}{2}$ の縮図をかきましょう。

📖 教科書 145ページ ❷

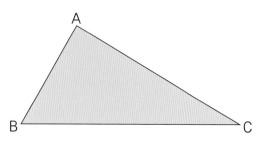

辺の長さは $\frac{1}{2}$ に、角の大きさはもとの三角形と等しくしよう。

基本 ② 辺の長さや角の大きさを使って、四角形の拡大図や縮図がかけますか。

☆ 右のような四角形ABCD の $\frac{1}{2}$ の縮図をかきましょう。

（右図）2.4cm A D / 1.6cm B 3cm C 2.4cm

とき方 対角線で 2 つの三角形に分けて、それぞれの三角形の縮図をかきます。

まず、三角形ABC の縮図を、2 つの辺が 0.8cm、□cm、その間の角が 90°になるようにかき、続けて三角形 □ の縮図をかきます。

答え

 地球儀やミニチュアモデルは、地球や乗り物などを、形を変えずに小さく表しているから、縮図の立体版だね。

② 次の四角形の辺の長さや角の
大きさをはかって、2倍の拡大
図をかきましょう。

📖教科書 146ページ 3

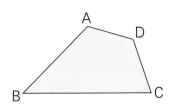

基本 ③ 1つの点を中心にして、拡大図や縮図がかけますか。

☆ 頂点Bを中心にして、右の三角形ABCの 1.5 倍の拡大図を
かきましょう。

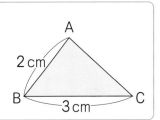

とき方 拡大図や縮図をかくときは、図形の1つの点をきめて、その点からのきょりをす
べて同じ割合でのばしたり、縮めたりするかき方があります。

　辺BA の長さを 1.5 倍すると ◻ cm
　辺BC の長さを 1.5 倍すると ◻ cm

答え

　頂点Bからそれぞれの長さを直線上にとっ
て、順に結んで、三角形をかきます。

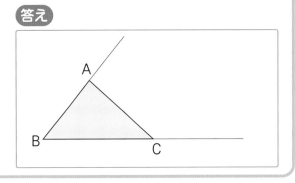

③ 頂点D を中心にして、四角形ABCDの 2倍の拡大図、$\frac{1}{2}$ の縮図をかきましょう。

📖教科書 148ページ 2

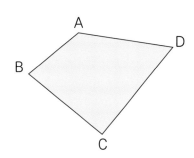

まず、辺DA と
辺DC をのばし
てから……

ポイント 　辺の長さや角の大きさを使って拡大図や縮図をかくときは、合同な三角形のかき方を利用す
ることになります。

❸ 縮図の利用

基本のワーク

学習の目標・
縮図を利用して、実際のきょりを求められるようになろう！

教科書 150〜153ページ
答え 34ページ

基本 ❶ 地図から実際の直線きょりを求めることができますか。

☆ 右の地図は、A駅前のようすを表した $\dfrac{1}{5000}$ の地図です。この地図を使って、次の実際の直線きょりを求めてみましょう。

❶ A駅前と郵便局前

❷ A駅前と図書館前

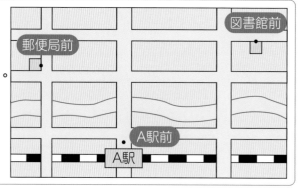

とき方 地図上で長さをはかり、それを [ ] 倍します。

❶ 地図上の長さは 3cm です。

3 × [ ] = [ ] [ ] cm＝150m

答え 約150m

❷ 地図上の長さは 4.5cm です。

4.5 × [ ] = [ ] [ ] cm＝225m

答え 約225m

さんこう

実際の長さを縮めた割合のことを縮尺といい、右のような表し方があります。

分数	比	図
$\dfrac{1}{5000}$	1：5000	0　50　100　150m

❶ 右の図は、あるホテルを真上から見た図です。

📖教科書 150ページ ❷

❶ 何分の1の縮図になっていますか。

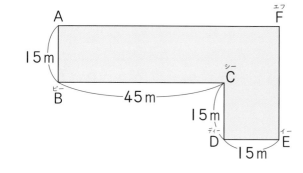

( )

❷ 点Aから点Eまでの実際の直線きょりを求めましょう。

( )

❸ 点Aから点Dまでの実際の直線きょりを求めましょう。

( )

88

さんすうはかせ　縮図を利用すると、直接はかれないきょりも計算で求めることができるんだ。算数ってスゴイね。

☆ ビルの高さを求めるのに、ビルから 50m はなれた
ところに立って、屋上を見上げる角をはかると
40° でした。

❶　三角形ABC の $\dfrac{1}{1000}$ の縮図をかきましょう。

❷　目の高さを 1.3m として、縮図からビルの
高さを求めましょう。

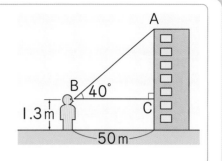

とき方

| ビルの高さ | ＝ | 目の高さ | ＋ | 実際の直線AC の長さ | です。 |

❶　縮図をかくと、50m のきょりは　[　　　] cm で表

されます。その両はしの角を　[　　　] ° と 90° にして、

三角形DEF をかくと、右の図のようになります。

❷　縮図上で、辺DF の長さをはかると約 4.2cm で

す。したがって、直線AC の実際の長さは、

4.2× [　　　] ＝ [　　　]

4200cm＝42m

ビルの高さは、目の高さをたして、

42＋ [　　　] ＝ [　　　]

答え

[　　　　　　　　　　]

答え　約 [　　　] m

❷ けんたさんが、電柱から 30m はなれたところに立って、
電柱のさきを見上げる角をはかると 25° でした。

📖教科書　153ページ

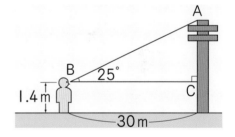

❶　三角形ABC の $\dfrac{1}{500}$ の縮図をかきましょう。

[　　　　　　　　　　　　　　　]

$\dfrac{1}{500}$ の縮図では、
30m は何cm で
表されるかな？

❷　目の高さを 1.4m とし、縮図から電柱の高さを求めましょう。

(　　　　　　　　)

ポイント　ビルや電柱の高さを求めるときは、最後に目の高さをたすのを忘れないようにしましょう。

練習のワーク

教科書 140〜153ページ　答え 35ページ

できた数

/5問中

1 拡大図と縮図の性質　右の図の四角形EFGHは、四角形ABCDを2倍に拡大してかいたものです。

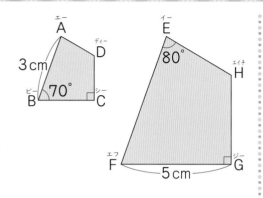

❶ 角Hの大きさは何度ですか。

（　　　　　　　）

❷ 辺EFの長さは何cmですか。

（　　　　　　　）

❸ 辺BCの長さは何cmですか。

（　　　　　　　）

2 拡大図と縮図のかき方　頂点Aを中心にして、下の四角形ABCDの1.5倍の拡大図、$\frac{2}{3}$の縮図をかきましょう。

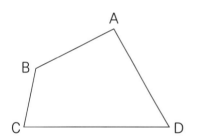

3 縮図の利用　池の両側にある2本の木A、Bの間のきょりを求めます。C地点から、A、Bまでのきょりと角Cの大きさを調べたら、下の図のようになりました。三角形ABCの$\frac{1}{2000}$の縮図をかいてAとBの間のきょりを求めましょう。

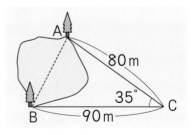

（　　　　　　　）

てびき

1 拡大図と縮図の性質

🐟 **たいせつ**

形が同じ2つの図形では、次の性質が成り立ちます。
・対応する辺の長さの比はすべて等しくなります。
・対応する角の大きさはそれぞれ等しくなります。

2 拡大図と縮図のかき方

中心にする点から各頂点までの長さを、すべて同じ割合でのばしたり縮めたりします。

まずは頂点Aから頂点B、C、Dまでの長さをはかってみよう。

3 縮図の利用

2つの辺とその間の角がわかるので、三角形ABCの縮図をかくことができます。

できるナビ　拡大図や縮図をかくときには、対応する辺の長さの比がすべて等しく、対応する角の大きさがそれぞれ等しくなるようにしよう。

まとめのテスト

時間 20分

得点 /100点

1 よく出る　右の図は、頂点 A を中心にして三角形 ABC を縮小して、三角形 ADE をかいたものです。　1つ10〔30点〕

❶　三角形 ADE は、三角形 ABC の何分の1の縮図になっていますか。

（　　　　　　　）

❷　辺 AE の長さは何 cm ですか。

（　　　　　　　）

❸　辺 DE の長さは何 cm ですか。

（　　　　　　　）

（図：三角形 ABC と三角形 ADE。A を頂点に、AD=4cm、DB=8cm、AE=12cm、BC=10.2cm）

2 下の図形のグループは、それぞれ㋐正方形、㋑長方形、㋒ひし形、㋓円です。この中でグループ内の図形がおたがいに必ず拡大図、縮図の関係になっているものはどれですか。あてはまるものすべてを記号で答えましょう。　〔20点〕

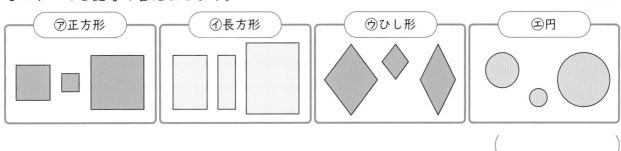

㋐正方形　㋑長方形　㋒ひし形　㋓円

（　　　　　　　）

3 次の問題に答えましょう。　1つ15〔30点〕

❶　700 m のきょりは、$\frac{1}{10000}$ の縮図では何 cm になりますか。

（　　　　　　　）

❷　$\frac{1}{50000}$ の縮図で 5 cm の長さは、実際は何 km ありますか。

（　　　　　　　）

4 街灯から 3.9 m はなれたところに身長 1.5 m の人が立っています。街灯によって、1.3 m のかげができました。右の図で、三角形 DEC は三角形 ABC の拡大図になっています。街灯の高さは何 m ですか。　〔20点〕

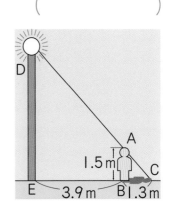

（　　　　　　　）

チェック✔　□ 拡大図や縮図の性質は理解できたかな？
□ 縮図を利用した長さの求め方は理解できたかな？

⑫ 比例と反比例

❶ 比例 [その1]

基本のワーク

| 教科書 | 154～159ページ | 答え | 36ページ |

基本 1 ２つの数量が比例することの意味がわかりますか。

☆ 右の表は、直方体の水そうに水を
x 分入れたときの水の深さ y cm の
変わり方を調べたものです。
時間 x 分と水の深さ y cm は、ど
のような変わり方をしていますか。

時　間 x（分）	1	2	3	4	5	6
水の深さ y（cm）	3	6	9	12	15	18

とき方 x の値が 2 倍、3 倍、……になると、y の値はどのように変わるのか調べましょう。

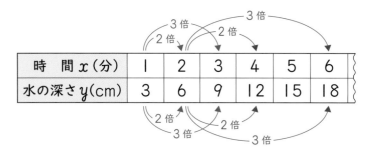

時　間 x（分）	1	2	3	4	5	6
水の深さ y（cm）	3	6	9	12	15	18

表を横に見ていくんだね。

x の値が 2 倍、3 倍、……になると、y の値も
[　　] 倍、[　　] 倍、……になっているので、
y は x に [　　] していることがわかります。

時間が 1 分→ 4 分で
4 倍になると、水の深
さも 4 倍になることを、
確かめておこう。

答え 水の深さ y cm は、時間 x 分に [　　] している。

たいせつ

ともなって変わる 2 つの数量 x、y があって、x の値が 2 倍、3 倍、……になると、
y の値も 2 倍、3 倍、……になるとき、y は x に**比例する**といいます。

1 **基本1** で、x の値が $\frac{1}{2}$ 倍、$\frac{1}{3}$ 倍、……になると、y の値はどのように変わりますか。

📖教科書 157ページ❷

時　間 x（分）	1	2	3	4	5	6
水の深さ y（cm）	3	6	9	12	15	18

$\frac{1}{3}$ 倍　$\frac{1}{2}$ 倍　□倍　□倍

(　　　　　　　　　)

さんすうはかせ 野球のバットのすぶりを 1 日 300 回ずつすると、2 日で 600 回、3 日で 900 回、
4 日で 1200 回、……あっ、これって比例だね。

☆ 基本1 では、時間の値がきまれ
ば、それに対応する水の深さの
値がきまります。水の深さの値
は時間の値の何倍になっていますか。

時　間 x（分）	1	2	3	4	5	6
水の深さ y（cm）	3	6	9	12	15	18

とき方　表を縦に見ていきます。yの値をxの値でわると、

$3÷1=3$、$6÷2=\boxed{}$、$9÷3=\boxed{}$、$12÷4=\boxed{}$、……のように、

対応する値の商はいつも $\boxed{}$ になっています。

たいせつ
比例する2つの数量x、yでは、対応する値の
商がきまった数になります。

$\boxed{y の値}÷\boxed{x の値}=\boxed{きまった数}$

xの値が1のときのyの
値がきまった数だね。

答え $\boxed{}$ 倍

2 縦が 3.5 cm の長方形で、横の長さを 1 cm、2 cm、3 cm、……と変えたときの、横の長さ x cm と面積 y cm² の対応する値の関係を調べます。

📖教科書 158ページ ③

① 面積の変わり方を表にかきましょう。

横の長さ x（cm）	1	2	3	4	5	6
面　積 y（cm²）						

② yの値はxの値の何倍になっていますか。

（　　　　　　　）

☆ 基本1 の時間 x 分と水の深さ y cm について、x と y の関係を式に表しましょう。

とき方　基本2 より、$\boxed{y の値}÷\boxed{x の値}=3$ です。

だから、x と y の関係を式に表すと、

$y÷x=\boxed{}$

yの値を求める式にかきなおすと、

$y=\boxed{}×x$

たいせつ
比例の関係を表す式
$y=\boxed{きまった数}×x$

答え $y=\boxed{}×x$

3 次の x と y の関係を式に表しましょう。また、x と y の変わり方を表にかきましょう。

📖教科書 159ページ ②

① 時速5kmで歩いたときの時間 x 時間と道のり y km

時　間 x（時間）	1	2	3	4
道のり y（km）				

（　　　　　　　）

② 縦が9cmの長方形の横の長さ x cm と面積 y cm²

横の長さ x（cm）	1	2	3	4
面　積 y（cm²）				

（　　　　　　　）

ポイント　表を見るとき、縦に見たり横に見たりすると、比例のいろいろな性質がわかります。

⑫ 比例と反比例

❶ 比例 [その2]

基本のワーク

教科書 160〜165ページ 答え 36ページ

基本 ❶ 比例の関係をグラフに表すことができますか。

☆ 93 ページの **基本 3** の時間 x 分と水の深さ y cm の関係を表す式 y＝3×x のグラフをかきましょう。

とき方 対応する x、y の値は、右の表のようになります。

時　間 x（分）	0	1	2	3	4	5
水の深さ y（cm）	0	3	6	9	12	15

x の値が 0 のとき、y の値は

$y＝3×0＝\boxed{}$

グラフは、次のようにかきます。

① 横軸、縦軸をかく。

② 横軸と縦軸の交わった点を 0 として、横軸に x の値、縦軸に y の値を目もる。

③ 対応する x、y の値の組を表す点をとる。
（右の図の点Aは、（x の値 3, y の値 9）を表す点です。）

④ ③の点を順につなぐ。

たいせつ

比例する関係を表すグラフは、直線で、横軸と縦軸の交わる点（x の値 0, y の値 0）を通ります。

答え
（cm）y

❶ 正方形の 1 辺の長さを x cm、まわりの長さを y cm とします。

教科書 163ページ 3

❶ x と y の関係を式に表しましょう。

（　　　　　　　　）

❷ x の値が 1 のときの y の値を求めましょう。

（　　　　　　　　）

❸ x と y の関係を表すグラフをかきましょう。

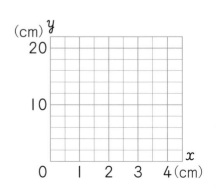

94 **さんすうはかせ** 選挙の当選者をきめる方法に「比例代表制」というやり方があるね。算数の比例とどんな関係があるのかな。答えは 96 ページを見てね。

☆ 底面積が 4 cm² の四角柱の高さが変わります。このとき、高さを x cm、体積を y cm³ として、x、y の関係を、いろいろな方法で調べます。

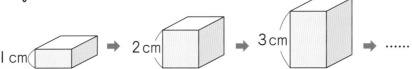

① 表を使って調べましょう。

② x と y の関係を式に表して調べましょう。

③ グラフをかいて調べましょう。

とき方 ① 右の表より、x の値が 2 倍、3 倍、……になると、y の値も □ 倍、□ 倍、……になるから、y は x に □ します。

x(cm)	1	2	3	4	5	6
y(cm³)	4	8	12	16	20	24

答え □ している。

② 角柱の体積 ＝ 底面積 × 高さ にあてはめると、$y＝4×x$ だから、y は x に □ します。

答え □ している。

③ ①の表より、方眼紙に点をとってグラフをかくと、直線で、横軸と縦軸の交わる点を通っています。だから、y は x に □ します。

答え □ している。

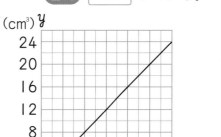

2 基本**2** の②で求めた $y＝4×x$ の式で、きまった数が 4 になるわけを、次の①、②の方法で説明します。□にあてはまる文字や数をかきましょう。

📖教科書 165ページ**2**

① 基本**2** の①の表を縦に見ると、どの対応する（□ の値）÷（□ の値）の商もきまった数 □ になるからです。

x(cm)	1	2	3
y(cm³)	4	8	12

② 基本**2** の③のグラフを見ると、x の値が 1 増えると、y の値が □ 増えているからです。

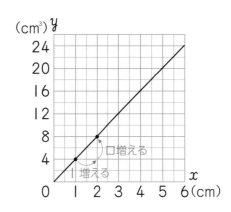

ポイント きまった数は、y の値÷x の値や、x が 1 のときの y の値、x が 1 増えるときに y の値が増える量など、いろいろな求め方があります。どの方法でも求められるようにしましょう。

❶ 比例 [その3]
❷ 比例を使って

基本のワーク

基本 ❶ グラフから、比例の関係や値の対応をよみとることができますか。

☆ 右のグラフは、自動車の走った時間 x 分と、走った道のり y km の関係を表したものです。

❶ グラフから次のことをよみとりましょう。

㋐ 走った時間が1分のときの道のり

㋑ 走った道のりが6km のときの時間

❷ 同じ速さで走り続けたとすると、6分間で走った道のりは何km ですか。

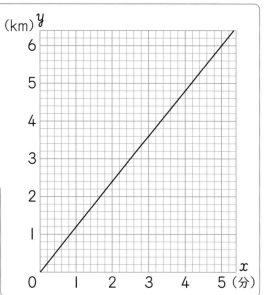

とき方 ❶ ㋐ x の値が1のときの y の値をよみとると、□ です。 答え □km

㋑ y の値が6のときの x の値をよみとると、□ です。 答え □分

❷ x の値が1増えると y の値が1.2増えるから、x と y の関係を表す式は、y=□×x

x の値が6のとき、y の値は、y=1.2×6=□ 答え □km

① 右のグラフは、油の体積 x L と、その重さ y kg の関係を表したものです。 📖教科書 167ページ △

❶ グラフから次のことをよみとりましょう。

㋐ 油3L の重さ

(   )

㋑ 油1.6kg の体積

(   )

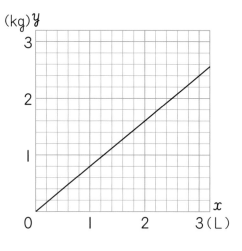

❷ x と y の関係を式に表しましょう。

(   )

❸ 油5L の重さは何kg ですか。

(   )

x の値が1増えるとy の値は……

さんすうはかせ 選挙の比例代表制は、それぞれの政党の得票率に比例して、その政党の議席を配分する制度のことだよ。

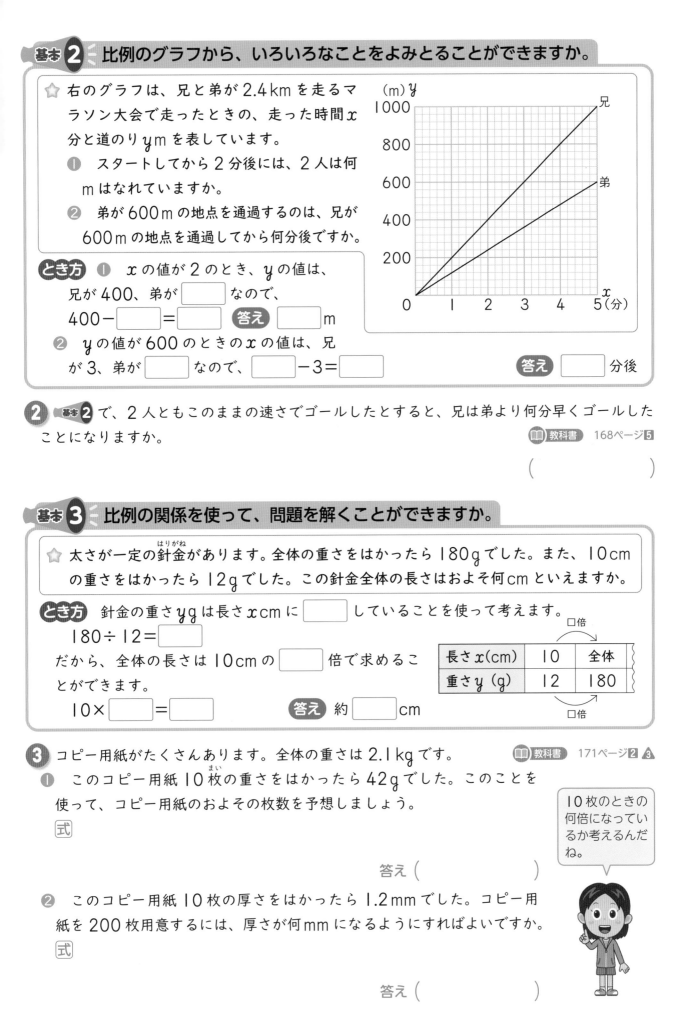

基本 2 比例のグラフから、いろいろなことをよみとることができますか。

☆ 右のグラフは、兄と弟が 2.4 km を走るマラソン大会で走ったときの、走った時間 x 分と道のり y m を表しています。

❶ スタートしてから 2 分後には、2 人は何 m はなれていますか。

❷ 弟が 600 m の地点を通過するのは、兄が 600 m の地点を通過してから何分後ですか。

とき方 ❶ x の値が 2 のとき、y の値は、兄が 400、弟が ☐ なので、

400 − ☐ = ☐   **答え** ☐ m

❷ y の値が 600 のときの x の値は、兄が 3、弟が ☐ なので、☐ − 3 = ☐   **答え** ☐ 分後

② **基本 2** で、2 人ともこのままの速さでゴールしたとすると、兄は弟より何分早くゴールしたことになりますか。

📖教科書 168ページ **5**

(　　　　　　　　)

基本 3 比例の関係を使って、問題を解くことができますか。

☆ 太さが一定の針金があります。全体の重さをはかったら 180 g でした。また、10 cm の重さをはかったら 12 g でした。この針金全体の長さはおよそ何 cm といえますか。

とき方 針金の重さ y g は長さ x cm に ☐ していることを使って考えます。

180 ÷ 12 = ☐

だから、全体の長さは 10 cm の ☐ 倍で求めることができます。

長さ x(cm)	10	全体
重さ y (g)	12	180

☐倍

☐倍

10 × ☐ = ☐   **答え** 約 ☐ cm

③ コピー用紙がたくさんあります。全体の重さは 2.1 kg です。

📖教科書 171ページ **2 3**

❶ このコピー用紙 10 枚の重さをはかったら 42 g でした。このことを使って、コピー用紙のおよその枚数を予想しましょう。

式

答え (　　　　　　　)

10 枚のときの何倍になっているか考えるんだね。

❷ このコピー用紙 10 枚の厚さをはかったら 1.2 mm でした。コピー用紙を 200 枚用意するには、厚さが何 mm になるようにすればよいですか。

式

答え (　　　　　　　)

 比例の関係を使うと、実際にははかりにくい数量も、計算によっておよその値を求めることができます。

⑫ 比例と反比例

学習の目標・
反比例する２つの数量の関係を理解しよう！

❸ 反比例 [その1]

基本のワーク

教科書 174〜176ページ　　答え 37ページ

基本 ❶ ２つの数量が反比例することの意味がわかりますか。

☆ 面積が 18cm² の長方形で、縦の長さを順に変えていったときの横の長さの変わり方を調べたら、右の表のようになりました。縦の長さ x cm と横の長さ y cm は、どのような変わり方をしていますか。

縦の長さ x(cm)	1	2	3	4	5	6
横の長さ y(cm)	18	9	6	4.5	3.6	3

とき方　x の値が２倍、３倍、……になると、y の値はどのように変わるのか調べましょう。

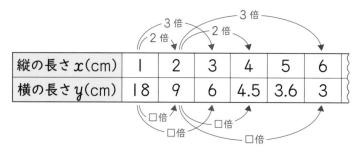

表を横に見ていくよ。

x の値が 1cm → 2cm で２倍になると、y の値は 18cm → 9cm で □ 倍になります。

x の値が 1cm → 3cm で３倍になると、y の値は 18cm → 6cm で □ 倍になります。

x の値が 2cm → 4cm で２倍になると、y の値は 9cm → 4.5cm で □ 倍になります。

x の値が 2cm → 6cm で３倍になると、y の値は 9cm → 3cm で □ 倍になります。

x の値が２倍、３倍、……になると、y の値は □ 倍、□ 倍、……になっているので、y は x に □ していることがわかります。

答え　横の長さ y cm は、縦の長さ x cm に □ している。

たいせつ

ともなって変わる２つの数量 x、y があって、x の値が２倍、３倍、……になると、y の値が $\frac{1}{2}$ 倍、$\frac{1}{3}$ 倍、……になるとき、y は x に反比例するといいます。

❶ 基本❶ では、x の値がきまれば、それに対応して y の値がきまります。x の値と y の値の積はいくつになっていますか。

教科書 175ページ❶

縦の長さ x(cm)	1	2	3	4	5	6
横の長さ y(cm)	18	9	6	4.5	3.6	3

表を縦に見ていこう。

(　　　　　)

 さんすうはかせ　y が x に反比例するとき、x が２倍になると y は $\frac{1}{2}$ 倍、x が３倍になると y は $\frac{1}{3}$ 倍、……となるね。この２と $\frac{1}{2}$、３と $\frac{1}{3}$ というのは逆数の関係になっているんだよ。

2 基本**1**で、縦の長さ x cm が $\frac{1}{2}$ 倍、$\frac{1}{3}$ 倍、……になると、横の長さ y cm はどのように変わっていきますか。

📖 教科書 176ページ**2**

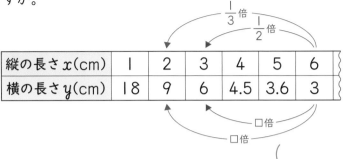

縦の長さ x(cm)	1	2	3	4	5	6
横の長さ y(cm)	18	9	6	4.5	3.6	3

( )

基本**2** **2つの数量が反比例しているかどうか、調べることができますか。**

☆ 36km の道のりを進むときの時速 x km と時間 y 時間の関係を調べたら、右の表のようになりました。y は x に反比例するか調べましょう。

時速 x(km)	1	2	3	4	5	6
時間 y(時間)	36	18	12	9	7.2	6

とき方 《1》 表を横に見ると、x が 2 倍、3 倍、……

になると、y が ☐ 倍、☐ 倍、……になります。

このようなとき、y は x に ☐ しています。

時速 x(km)	1	2	3
時間 y(時間)	36	18	12

《2》 表を縦に見ると、$x × y$ はいつもきまった数

になります。つまり、

$x × y =$ ☐ です。

このようなとき、x と y は ☐ しています。

時速 x(km)	1	2	3
時間 y(時間)	36	18	12

🐟 たいせつ

反比例する 2 つの数量 x、y では、x の値 × y の値 = きまった数 になっています。

🦉 さんこう

反比例する 2 つの数量は、一方の値が 2 倍、3 倍、……になると、もう一方の値は $\frac{1}{2}$ 倍、$\frac{1}{3}$ 倍、……になり、一方の値が $\frac{1}{2}$ 倍、$\frac{1}{3}$ 倍、……になると、もう一方の値は 2 倍、3 倍、……になります。

時速が $\frac{1}{2}$ 倍、$\frac{1}{3}$ 倍、……になったとき、時間は 2 倍、3 倍、……になっていることを確かめておこう。

答え ☐ している。

---

3 下の表は、100g の塩のうち、使った量 x g と残りの量 y g の関係を表したものです。2 つの量は反比例していますか。

📖 教科書 176ページ

使った量 x(g)	1	2	3	4	5
残りの量 y(g)	99	98	97	96	95

( )

 一方の数量が増えるとき、もう一方の数量が減ったとしても、かならず反比例になるとは限りません。反比例の性質にあてはまるかどうかをしっかり確かめましょう。

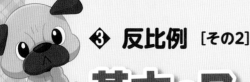

❸ **反比例** [その2]

学習の目標・
反比例の関係を、式や
グラフに表せるように
なろう!

教科書 177〜179ページ　答え 37ページ

基本 **❶**　反比例の関係を式に表すことができますか。

☆　98ページの 基本❶ の縦の長さ x cm と横の長さ y cm について、x と y の関係を式に表しましょう。

とき方　表から、x と y の関係がどのようになっているかを調べます。

縦の長さ x(cm)	1	2	3	4	5	6
横の長さ y(cm)	18	9	6	4.5	3.6	3

y が x に反比例するとき、$x × y$ の値はいつもきまった数になるよ。

　縦の長さ × 横の長さ ＝ 18 です。

x と y の関係を式に表すと、

　$x × y = \boxed{}$

y の値を求める式にかきなおすと、

　$y = \boxed{} ÷ \boxed{}$　　答え $y = \boxed{} ÷ \boxed{}$

たいせつ
反比例の関係を表す式
$y = $ きまった数 $÷ x$

---

❶ 48 L まではいる水そうに水を入れるときの 1 分間に入れる水の量 x L とかかる時間 y 分の関係を調べると、次の表のようになりました。

📖教科書 177ページ ❷

1分間に入れる水の量 x(L)	1	2	3	4	5	6
かかる時間　　y(分)	48	24	16	12	9.6	8

$x × y$ の値はどうなるかな?

① x と y の関係を式に表しましょう。

（　　　　　　　　）

② y は x に反比例していますか。

（　　　　　　　　）

❷ 次の x と y の関係を式に表しましょう。

📖教科書 177ページ

① 800 m の道のりを移動するときの、分速 x m と時間 y 分

（　　　　　　　　）

② 50 m² のかべにペンキをぬるときの、1 時間にぬれる面積 x m² とかかる時間 y 時間

（　　　　　　　　）

 反比例のグラフはなめらかな曲線。カクカクした線でむすんじゃダメだよ。定規も使えないからむずかしいけど、きれいな線がひけるように練習しようね。

☆ 左の 基本1 で表された式 $y = 18 \div x$ のグラフをかきましょう。

とき方 x に対応する y の値を表にかきます。わり切れないときは、y の値は $\frac{1}{10}$ の位までの概数にします。

x の値が9のときの y の値を求めるには、$y = 18 \div x$ の式に、$x = 9$ をあてはめて……

x(cm)	1	2	3	4	5	6	7	8	9
y(cm)					3.6		2.6	2.3	
	10	11	12	13	14	15	16	17	18
		1.6		1.4	1.3	1.2	1.1	1.1	

上の表から、対応する x、y の値の組を表す点をとり、なめらかな曲線で結びます。

ちゅうい
・反比例のグラフは、直線にはなりません。
・反比例のグラフは、横軸と縦軸の交わる点は通りません。

細かく点をとると、反比例のグラフは、なめらかな曲線になることがわかります。

答え

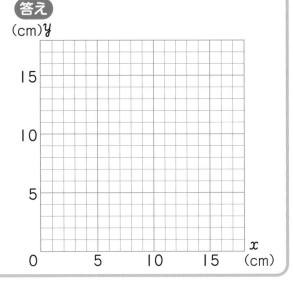

③ 下の表は、面積が $6\ cm^2$ の平行四辺形の底辺 x cm と高さ y cm の関係を表したものです。y の値は、$\frac{1}{10}$ の位までの概数で表します。

📖教科書 178ページ**1**

x(cm)	1	1.5	2	2.5	3	3.5	4	4.5	5	5.5	6
y(cm)	6					1.7		1.3		1.1	

① 表のあいているところにあてはまる数をかきましょう。

② x と y の関係を式に表しましょう。

( )

③ x と y の関係を表すグラフをかきましょう。

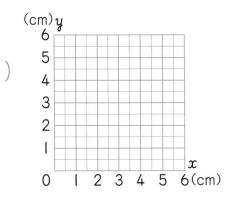

ポイント 反比例のグラフでは、比例のような直線にならず、曲線になります。x の値を細かくとると、曲線になっていることがわかりやすくなります。

101

練習のワーク①

できた数

／8問中

教科書 154〜181ページ　答え 38ページ

1 比例の表　次の表は、円の直径 x cm と円周の長さ y cm の関係を表したものです。y は x に比例していますか。

直径x(cm)	1	2	3	4	5
円周y(cm)	3.14	6.28	9.42	12.56	15.7

（　　　　　　　　　）

2 比例の式　次の x と y の関係を式に表しましょう。

① 1 L が 130 円のガソリンを買うときの、ガソリンの量 x L と代金 y 円

（　　　　　　　　　）

② 1 cm² が 0.9 g の鉄板の面積 x cm² と重さ y g

（　　　　　　　　　）

3 比例のグラフ　次の表は、底辺が 5 cm の三角形の高さ x cm とその面積 y cm² の関係を表したものです。

高さ x(cm)	1	2	3	4	5
面積 y(cm²)			7.5		

① 表のあいているところにあてはまる数をかきましょう。

② x と y の関係を式に表しましょう。

（　　　　　　　　　）

③ x と y の関係をグラフに表しましょう。

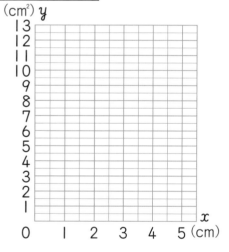

4 反比例の式　次の x と y の関係を式に表しましょう。

① 60 L まではいる水そうに水を入れるときの、1 分間に入れる水の量 x L と満水になるまでにかかる時間 y 分

（　　　　　　　　　）

② 面積が 20 cm² の三角形の底辺の長さ x cm と高さ y cm

（　　　　　　　　　）

1 比例の表
表を縦に見る方法と横に見る方法があります。

2 比例の式

たいせつ

$y=$ きまった数 $\times x$

3 比例のグラフ

比例のグラフ
比例する関係を表すグラフは直線で、横軸と縦軸の交わる点を通ります。

グラフが正しくかけているか、確かめよう。

4 反比例の式

たいせつ

$y=$ きまった数 $\div x$

② （三角形の面積）
＝(底辺)×(高さ)÷2
の式に、20、x、y をあてはめましょう。

 y が x に比例するときは、$y \div x$ がきまった数になり、y が x に反比例するときは、$x \times y$ がきまった数になるよ。

練習のワーク❷

できた数

/6問中

1 比例・反比例　次のことがらのうち、ともなって変わる 2 つの数量が比例するものには○、反比例するものには△、どちらでもないものには×をかきましょう。

❶ 時速 50 km で走るときの走る時間 x 時間と道のり y km

時間　x(時間)	1	2	3	4	5
道のり y (km)	50	100	150	200	250

（　　）

❷ 円の半径 x cm と面積 y cm²

半径 x(cm)	1	2	3	4
面積 y(cm²)	3.14	12.56	28.26	50.24

（　　）

❸ 面積が 30 cm² の長方形の縦の長さ x cm と横の長さ y cm

縦 x(cm)	1	2	3	5	6
横 y(cm)	30	15	10	6	5

（　　）

2 比例のグラフ　次のグラフのうち、ともなって変わる 2 つの数量が比例するのはどれですか。

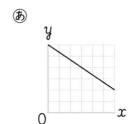 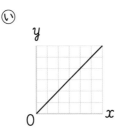 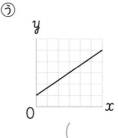

あ　　　　　　い　　　　　　う

（　　　　　）

3 反比例の式　12 L のジュースを毎日同じ量ずつ飲むときの、1 日に飲む量 x L と飲むのにかかる日数 y 日の関係を、式に表しましょう。

（　　　　　）

4 反比例のグラフ　右のグラフは、平行四辺形の面積をきめたときの、底辺 x cm と高さ y cm の関係を表したものです。
点 A は、（x の値 10，y の値 2.4）を表す点です。x の値が 1 のときの y の値を求めましょう。

（　　　　　）

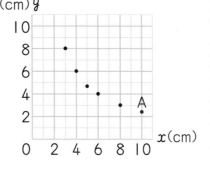

てびき

1 比例・反比例

たいせつ

x の値が 2 倍、3 倍、…になると、y の値も 2 倍、3 倍、…になるとき、y は x に比例するといいます。
x の値が 2 倍、3 倍、…になると、y の値が $\frac{1}{2}$ 倍、$\frac{1}{3}$ 倍、…になるとき、y は x に反比例するといいます。

2 比例のグラフ
比例のグラフは、横軸と縦軸の交わる点を通る直線になります。

3 反比例の式
かかる日数
＝ 全部の量
÷ 1 日に飲む量

4 反比例のグラフ
点 A の x の値と y の値から、きまった数を求めます。

できるナビ　y が x に比例しているか反比例しているかを調べるには、x の値が 2 倍、3 倍、……になると、y の値がそれぞれ何倍になるかを調べよう。

⑫ 比例と反比例

まとめのテスト❶

時間 **20**分

得点

/100点

教科書 154〜181ページ　　答え 38ページ

1 よく出る 次のことがらのうち、ともなって変わる 2 つの数量が比例するのはどれですか。また、反比例するのはどれですか。

1 つ10〔20点〕

あ　兄弟でおかねを出しあってゲームソフトを買うときの兄が出す金額 x 円と弟が出す金額 y 円

い　ジュースを何人かで等分するときの人数 x 人と 1 人あたりのジュースの量 y L

う　正方形の 1 辺の長さ x cm と面積 y cm²

え　きまった時間を歩くときの速さ分速 x m と道のり y m

比例 (　　　　　　　)　反比例 (　　　　　　　)

2 次の表の❶は、x と y が比例するようす、❷は、x と y が反比例するようすを表したものです。表のあいているところに、あてはまる数をかきましょう。

1 つ 5〔30点〕

❶ リボンの長さと代金

リボンの長さ x(m)	1	2	3
代金 　　　y(円)		80	200

❷ カステラを何等分かしたときの 1 切れの重さ

等分 　　　x(等分)	1	2	4
1 切れの重さ y (g)		140	10

3 右のグラフは、ばねにつるしたおもりの重さ x g とそのときのばねののび y mm の関係を表したものです。

1 つ10〔20点〕

❶ ばねののびが 12 mm のときのおもりの重さは何 g ですか。

(　　　　　　　)

❷ x と y の関係を式に表しましょう。

(　　　　　　　)

4 A 町から B 町までは、時速 3 km で歩くと 8 時間かかります。

1 つ10〔30点〕

❶ 時速 6 km で歩くと、何時間かかりますか。

(　　　　　　　)

❷ 自転車で 2 時間で行くには、時速何 km で走ればよいですか。

(　　　　　　　)

❸ 時速 x km で行くときにかかる時間を y 時間として、x と y の関係を式に表しましょう。

(　　　　　　　)

チェック ✓

□ 比例の関係を式に表すことができたかな？
□ 比例の問題を解くことができたかな？

まとめのテスト❷

時間 20分

得点

/100点

教科書 154〜181ページ　答え 39ページ

1 よく出る　右のグラフは、リボンの長さ x m と代金 y 円の関係を表したものです。

1つ10〔30点〕

❶　x と y の関係を式に表しましょう。

（　　　　　　　　　）

❷　リボン 2m の代金は、何円ですか。

（　　　　　　　　　）

❸　500 円で買えるリボンは、何m ですか。

（　　　　　　　　　）

2 右のグラフは、A と B の 2 台の自動車が同じ道路を同時に出発したときの、走った時間と道のりを表しています。

1つ10〔40点〕

❶　A の自動車が 2.5 時間に走った道のりは、何 km ですか。

（　　　　　　　　　）

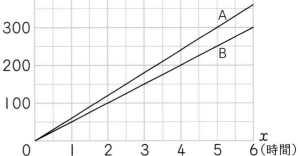

❷　B の自動車が 250km の地点を通過するのにかかった時間は、何時間ですか。

（　　　　　　　　　）

❸　B の自動車が 150km の地点を通過するのは、A の自動車が 150km の地点を通過してから何分後ですか。

（　　　　　　　　　）

❹　このまま同じ速さで走ったとすると、出発してから 8 時間後には、A と B の 2 台の自動車は何 km はなれていますか。

（　　　　　　　　　）

3 1 人が 1 日に同じだけ作業をすると 56 日かかる作業があります。この作業を x 人ですると y 日かかります。

1つ10〔30点〕

❶　x と y の関係を式に表しましょう。

（　　　　　　　　　）

❷　この作業を 7 人でするときにかかる日数を求めましょう。

（　　　　　　　　　）

❸　この作業を 4 日で仕上げるのに必要な人数を求めましょう。

（　　　　　　　　　）

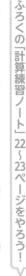

ふろくの「計算練習ノート」22〜23 ページをやろう！

チェック ✓　□ 反比例の関係を式に表すことができたかな？
　　　　　　　□ 反比例の問題を解くことができたかな？

学びのワーク ぴったりを探せ！

教科書 182〜183ページ　答え 39ページ

基本① 表にかいて、変わり方のきまりをみつけることができますか。

☆ 1個150円のケーキと1個100円のドーナツが、あわせて15個売れ、売上高は1950円でした。ケーキとドーナツは、それぞれ何個売れましたか。

とき方 もし、15個全部がドーナツだとしたら、売上高は □ 円です。ケーキの数を1個、2個、……と増やして、売上高がどう変わるか、表にかいてきまりをみつけます。

ケーキ(個)	0	1	2	3	4	{	?
ドーナツ(個)	15	14	13	12	11	{	?
売上高(円)	1500	1550	1600	1650	1700	{	1950

50増える 50増える 50増える 50増える　　450増える

ケーキが1個増えると、売上高が □ 円増えます。

売上高を1950円にするには、1950−1500= □ より、あと □ 円増やす必要があります。

だから、ケーキの数は、□ ÷ □ = □ より、□ 個。

このとき、ドーナツの数は、□ 個です。

答え ケーキ □ 個、ドーナツ □ 個

❶ 1本160円のカーネーションと1本200円のバラをあわせて30本買って、5520円はらいました。カーネーションとバラを、それぞれ何本買いましたか。　📖教科書 182ページ②

カーネーション（　　　　　　） バラ（　　　　　　）

❷ 1個130円のおにぎりと1個90円のパンを、あわせて30個買いました。パンの代金のほうが、おにぎりの代金よりも1920円安かったそうです。　📖教科書 183ページ③

① おにぎりとパンをどちらも15個買ったとしたら、代金の差は何円になりますか。

（　　　　　　）

② おにぎりが1個増えると、代金の差は何円増えますか。

（　　　　　　）

③ おにぎりとパンを、それぞれ何個買いましたか。

おにぎり（　　　　　　） パン（　　　　　　）

ポイント 変わり方を考えるときは、表をかくとわかりやすくなります。

学びのワーク わくわくプログラミング

教科書 186〜187ページ　　答え 40ページ

基本 1 倍数をみつけるプログラムをつくれますか。

☆ 次のような命令を組み合わせて、1から80までの整数の表の中から、4の倍数のます
に色をぬるプログラムを、下のようにつくります。□にあてはまる数をかきましょう。

命令

もしいまの数を□でわったあまりが0ならば　…いまの数を□でわったあまりを調べる。

□回くり返す

色をぬる　…その数のますに色をぬる。

いまの数を1大きくする

プログラム

□回くり返す

もしいまの数を□でわったあまりが0ならば

色をぬる

いまの数を1大きくする

1	2	3	4	5	6	7	8	9	10
11	12	13	14	15	16	17	18	19	20
21	22	23	24	25	26	27	28	29	30
31	32	33	34	35	36	37	38	39	40
41	42	43	44	45	46	47	48	49	50
51	52	53	54	55	56	57	58	59	60
61	62	63	64	65	66	67	68	69	70
71	72	73	74	75	76	77	78	79	80

とき方 4の倍数ということ
は、□でわったあまりが0
だから、いまの数が4の
倍数ならば、そのますに色
をぬるプログラムは、右の
ようになります。1から80までの整数の中で、4の倍数のますに色をぬるには、この
プログラムを□回くり返します。　　　答え 上の問題に記入

いまの数が4の倍数ならば、そのますに色をぬるプログラム

もしいまの数を□でわったあまりが0ならば

色をぬる

1 上のような命令を組み合わせ
て、1から50までの整数の表
の中から6の倍数のますに色
をぬるプログラムをつくります。
右の□にあてはまる数をかき
ましょう。 📖教科書 186ページ1

□回くり返す

もしいまの数を□でわったあまりが0ならば

色をぬる

いまの数を1大きくする

ポイント　プログラミングは、くり返す命令の中にはいる命令から考えるとつくりやすくなります。

❶ およその形と面積
❷ およその体積　❸ 単位の間の関係

基本のワーク

教科書 190～197ページ　答え 40ページ

基本 1 およその形を考えて、面積を求めることができますか。

☆ 右のような形をした池があります。平行四辺形とみて、およその面積を求めましょう。

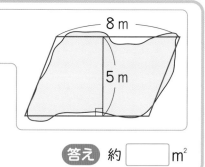

とき方 底辺が 8 m、高さが 5 m の平行四辺形とみると、

8 × □ = □

答え 約 □ m²

1 右のような形をした広場があります。長方形とみて、およその面積を求めましょう。　📖教科書 191ページ 1

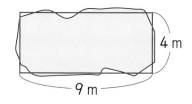

（　　　　　　　）

基本 2 およその形を考えて、体積を求めることができますか。

☆ 右のような形のいれものがあります。このいれものを直方体の形とみて、およその容積を求めましょう。

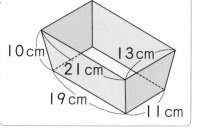

とき方 いれものを直方体の形とみて計算します。

縦の長さは、21 cm と 19 cm の平均で □ cm とみます。

横の長さは、13 cm と 11 cm の平均で □ cm とみます。

高さは 10 cm とみます。

およその体積は、□ × □ × 10 = □

答え 約 □ cm³

2 右のようなコップを円柱の形とみて、およその容積を四捨五入して、整数で求めましょう。　📖教科書 192ページ 3

（　　　　　　　）

ポイント 面積や体積の求め方がわかっている図形とみると、およその面積や体積がわかります。

基本3 面積や重さの単位の関係がわかりますか。

☆ 面積や重さの単位の関係を調べて、□にあてはまる数をかきましょう。

❶

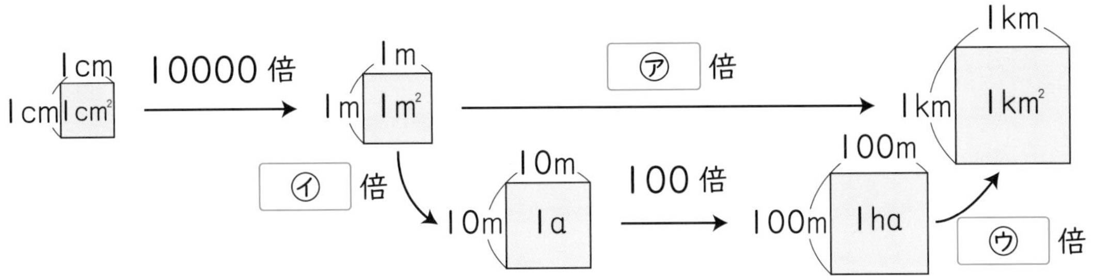

❷

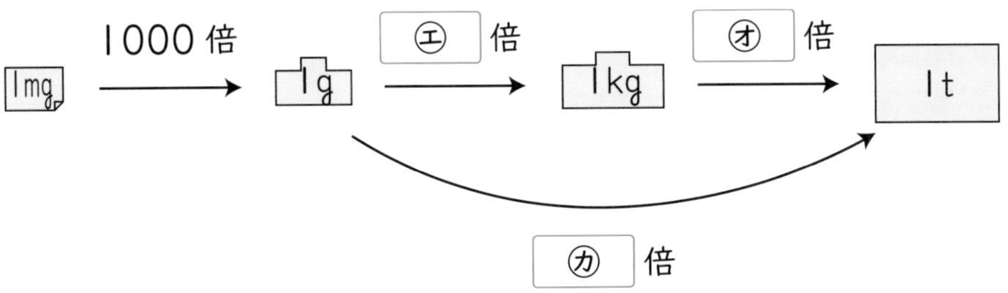

とき方 ❶ 長さの単位をもとにして、面積の単位の関係を調べます。

・1辺が1mの正方形の面積は1m²です。

・1辺が10mの正方形の面積(1a)は、10×10=□(m²)だから、
　1辺が1mの正方形の面積の□倍です。

・1辺が100mの正方形の面積(1ha)は、100×100=□(m²)です。

・1辺が1kmの正方形の面積は、1km=1000mだから、
　1000×1000=□(m²)
　1辺が1mの正方形の面積の□倍で、
　1辺が100mの正方形の面積の□倍です。

答え ㋐□、㋑□、㋒□

❷ 重さの単位の関係を調べます。
　1t=□kg、1kg=□gだから、1t=□gです。

・1tは1kgの□倍で、
　1gの□倍です。

答え ㋓□、㋔□、㋕□

3 □にあてはまる数をかきましょう。　教科書 196ページ1

1辺の長さ	1cm	10cm	1m	10m	100m
正方形の面積	1cm²	ー	1m²	□m²	□ha
立方体の体積	□cm³、1mL	□cm³、1L	1m³、□kL	ー	ー

ポイント m(ミリ)は $\frac{1}{1000}$ 倍、h(ヘクト)は100倍、k(キロ)は1000倍を表します。

練習のワーク

できた数

／11問中

1 およその面積　よく出る　右のような形をした土地があります。三角形とみて、およその面積を求めましょう。

（　　　　　　　）

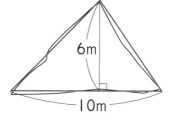

2 およその面積　右の図は、栃木県です。半径45kmの円とみて、およその面積を求めましょう。

（　　　　　　　）

45km

3 およその体積　右のような電車があります。直方体とみて、およその体積を求めましょう。

（　　　　　　　）

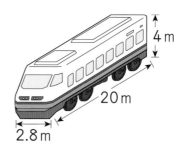

4m
20m
2.8m

4 面積の単位　□にあてはまる数をかきましょう。

❶ $12 m^2 = $［　　　　　］$cm^2$

❷ $370000 m^2 = $［　　　］$km^2$

❸ $540 a = $［　　　］$ha$

❹ $2600 a = $［　　　］$km^2$

5 体積の単位　□にあてはまる数をかきましょう。

❶ $430 cm^3 = $［　　　］$mL$

❷ $8 m^3 = $［　　　　］$cm^3$

❸ $250 cm^3 = $［　　　］$L$

❹ $0.04 kL = $［　　　　］$cm^3$

てびき

1 およその面積

三角形の面積
＝底辺×高さ÷2

2 およその面積

円の面積
＝半径×半径×3.14

3 およその体積

直方体の体積
＝縦×横×高さ

4 面積の単位

1m＝100cm、
1km＝1000m
1a…1辺の長さが
10mの正方形の面積
1ha…1辺の長さが
100mの正方形の面積

5 体積の単位

m(ミリ)は$\frac{1}{1000}$倍、

c(センチ)は$\frac{1}{100}$倍、

k(キロ)は1000倍
を表します。

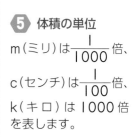

できるナビ　単位を変えるのがむずかしいときは、1cm²や1cm³(1mL)の何倍になっているかを考えるようにしよう。

まとめのテスト

教科書 190～197ページ　答え 41ページ

時間 **20** 分

得点　　　/100点

1 右のような形をした池があります。台形とみて、およその面積を求めましょう。〔15点〕

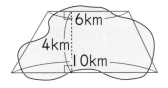

（　　　　　　　）

2 右のようなチーズの箱があります。円柱とみて、およその体積を求めましょう。〔15点〕

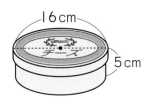

（　　　　　　　）

3 右のような形のいれものがあります。このいれものを直方体とみて、およその容積を求めましょう。〔20点〕

（　　　　　　　）

4 □にあてはまる数をかきましょう。　　　　　1つ5〔30点〕

① 83ha = □ m²　　② 150000cm³ = □ m³

③ 0.7m³ = □ cm³　　④ 320dL = □ cm³

⑤ 5.8L = □ cm³　　⑥ 17000cm³ = □ kL

5 右のようなペットボトルに水がいっぱいまではいっています。1つ10〔20点〕

① 水のおよその体積は何cm³ですか。

（　　　　　　　）

② 水のおよその体積は何Lですか。

（　　　　　　　）

□ およその面積や体積を求めることができたかな？
□ 単位の関係がわかったかな？

111

学びのワーク ようい、スタート！

教科書 198〜201ページ | 答え 41ページ

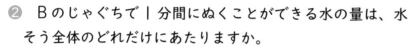

基本 ❶ 全体を１とし、割合の和を考えて問題を解くことができますか。

☆ 水がいっぱいにはいっている水そうから水をぬくのに、Ａのじゃぐちをあけてぬくと９分、Ｂのじゃぐちをあけてぬくと１８分かかります。

❶ Ａのじゃぐちで１分間にぬくことができる水の量は、水そう全体のどれだけにあたりますか。

❷ Ｂのじゃぐちで１分間にぬくことができる水の量は、水そう全体のどれだけにあたりますか。

❸ ＡのじゃぐちとＢのじゃぐちをいっしょにあけると、１分間にぬくことができる水の量は、水そう全体のどれだけにあたりますか。

❹ ＡのじゃぐちとＢのじゃぐちをいっしょにあけると、水そうの水は何分でなくなりますか。

とき方 水そう全体の水の量を１として考えます。

❶ Ａのじゃぐちだけで水をぬくと９分かかるので、１分間にぬくことができる水の量は、水そう全体の $\dfrac{1}{}$ の大きさにあたります。

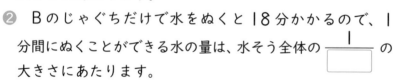

❷ Ｂのじゃぐちだけで水をぬくと１８分かかるので、１分間にぬくことができる水の量は、水そう全体の $\dfrac{1}{}$ の大きさにあたります。

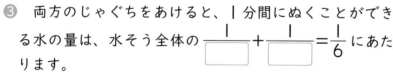

❸ 両方のじゃぐちをあけると、１分間にぬくことができる水の量は、水そう全体の $\dfrac{1}{}+\dfrac{1}{}=\dfrac{1}{6}$ にあたります。

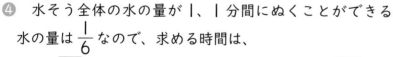

❹ 水そう全体の水の量が１、１分間にぬくことができる水の量は $\dfrac{1}{6}$ なので、求める時間は、

$1\div\boxed{}=\boxed{}$

答え ❶ ❷ ❸ ❹ 分

❶ 姉と妹が、ふうとうのあて名書きをします。姉１人だと５０分、妹１人だと１時間１５分かかります。２人でいっしょにすると、何分かかりますか。

📖 教科書 199ページ ⚠

式

答え（　　　　　　　　）

ポイント 終わるまでに□分かかる仕事があるとき、１分あたりの仕事の量は全体の $\dfrac{1}{\square}$ となります。

 １分間に全体のどれだけ書けるかな。

☆ けんたさんは、家から公園まで行くのに、走れば6分、歩けば15分かかります。
けんたさんは、はじめ4分間走り、そのあと歩いて、家から公園まで行きました。

① けんたさんが1分間に走る道のりは、家から公園までの道のりのどれだけにあたりますか。

② けんたさんが1分間に歩く道のりは、家から公園までの道のりのどれだけにあたりますか。

③ けんたさんが歩いた道のりは、家から公園までの道のりのどれだけにあたりますか。

④ けんたさんが歩いた時間は何分ですか。

とき方 全体の道のりを1として考えます。

① けんたさんが家から公園まで走ると6分かかるので、1分間に走る道のりは、全体の道のりの □ の長さにあたります。

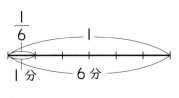

② けんたさんが家から公園まで歩くと15分かかるので、1分間に歩く道のりは、全体の道のりの □ の長さにあたります。

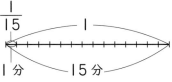

③ けんたさんが4分間走ったときの道のりは、全体の道のりの □ ×4なので、そのあと歩いた道のりは、全体の道のりの、

$$1-\dfrac{1}{\boxed{}}\times4=\boxed{}$$ です。

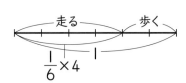

④ ③から、歩いた時間は、

$$\boxed{}\div\dfrac{1}{15}=\boxed{}$$

実際の道のりはわからないけれど、全体を1として割合を使って考えれば、かかった時間が求められるね。

答え ① □ ② □ ③ □ ④ □ 分

2 基本2 で、はじめ10分間歩き、そのあと走って公園まで行きました。走ったのは何分ですか。

式

📖教科書 201ページ ④

答え（　　　　　　）

全体の道のりを1として、走った道のりの割合を考えよう。

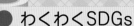

学びのワーク　水害に備えようプロジェクト

教科書 204〜207ページ　　答え 41ページ

基本 1　水害に備えてできることについて考えられますか。

☆ 雨がよく降る地域の降水量について、2013年から2022年までの1日の降水量が100mm以上の日数を調べて、下の折れ線グラフに表しました。

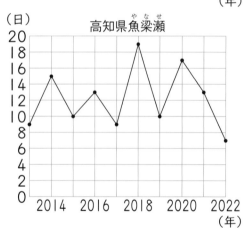

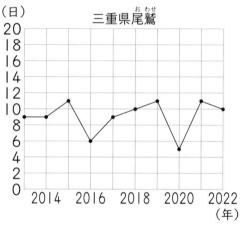

2013年から2022年までで、1日の降水量が100mm以上の日数が増えてきているといえますか。

とき方　どの地域も、右上がりのグラフとは［　　　　　　］ので、1日の降水量が100mm以上の日数が増えてきているとはいえません。　　答え［　　　　　　］

1　基本 1 の資料について、次のあ〜うの文で、正しいものをすべて選びましょう。

📖教科書　205ページ1

あ　2013年から2022年までで、1日の降水量が100mm以上の日数のちらばりのようすは、地域によってちがう。

い　2016年は、どの地域も、1日の降水量が100mm以上の日数が多い。

う　グラフからは、どの年に1日の降水量が100mm以上の日数が多くなるかを予想することはむずかしい。　　　（　　　　　　　　　）

水害は、いつ起きるかわからないね。つねに備えておこう。

 　SDGsは、2030年までに達成すべき目標で、それぞれの目標がおたがいに関係しあっているよ。

勉強した日 月 日

まとめのテスト①

時間 20分

教科書 210〜213ページ　答え 42ページ

得点 /100点

1 0.4 と $\dfrac{8}{5}$ を数直線に↓で表しましょう。　　1つ5〔10点〕

2 次の問題に答えましょう。　　1つ5〔35点〕

① 420 の 100 倍、$\dfrac{1}{100}$ の数をかきましょう。

100倍(　　　　　)、$\dfrac{1}{100}$(　　　　　)

② 830000 は、1000 を何個集めた数ですか。

(　　　　　)

③ 234.56 を四捨五入で、$\dfrac{1}{10}$ の位までの概数で表しましょう。また、上から 2 けたの概数で表しましょう。

$\dfrac{1}{10}$ の位(　　　　)　上から 2 けた(　　　　)

④ 24 と 36 の最小公倍数、最大公約数をそれぞれかきましょう。

最小公倍数(　　　　)　最大公約数(　　　　)

3 □にあてはまる数をかきましょう。　　1つ5〔15点〕

① $\dfrac{4}{9}$ は $\dfrac{1}{9}$ の □ 個分

② $\dfrac{3}{7} = 3 \div □$

③ $1.25 = \dfrac{125}{□}$

4 次の数の大小を、等号や不等号を使って表しましょう。　　1つ10〔20点〕

① $\dfrac{14}{3}$ □ 4.8

② $\dfrac{3}{8}$ □ 0.375

5 次のことがらについて、x と y の関係を式に表しましょう。　　1つ10〔20点〕

① 1 個 150 円のドーナツ x 個を、30 円の箱に入れたときの代金 y 円

(　　　　　)

② 時速 x km の車が 4 時間に進んだ道のり y km

(　　　　　)

チェック☑ 　□ 整数・小数・分数のしくみがわかったかな？
　□ 数量の関係を文字を使った式に表すことができたかな？

115

まとめのテスト ②

教科書 214〜217ページ 答え 42ページ

1 次の計算をしましょう。④、⑤は、わり切れるまで計算しましょう。 1つ5〔60点〕

① 2.9＋3.6

② 3.3－1.8

③ 1.7×0.8

④ 73.5÷6

⑤ 3.4÷0.4

⑥ $\frac{1}{6}+\frac{7}{10}$

⑦ $\frac{5}{6}-\frac{3}{8}$

⑧ $\frac{5}{18}×\frac{9}{10}$

⑨ $\frac{3}{4}÷12$

⑩ 4－0.2×(7－1)

⑪ $\frac{5}{6}÷5÷0.25$

⑫ 56×13＋44×13

2 371÷24 の整数の商と余りを求めましょう。また、答えの確かめをしましょう。 1つ5〔10点〕

商と余り ( )　答えの確かめ ( )

3 970÷37 の商を、四捨五入で、$\frac{1}{100}$ の位まで求めましょう。 〔5点〕

( )

4 45×8＝360 を使って、次の計算をしましょう。 1つ5〔10点〕

① 45億×8万

② 360億÷45万

5 365947＋423893 の和を、一万の位までの概数で求めましょう。 〔5点〕

( )

6 3210×96 の積は、次のどれに近いですか。 〔10点〕

(3万　　30万　　300万　　3000万)

( )

□ 整数や小数、分数の計算が正しくできたかな？
□ 概数を使って答えを見積もることができたかな？

まとめのテスト❸

時間 **20**分

教科書 218〜221ページ　答え 43ページ

1 右の三角形で、あ、いの角の大きさは、それぞれ何度ですか。　　　　　　　　　　　　　　　　1つ10〔20点〕

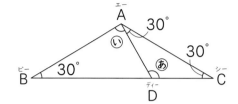

あ（　　　　　　　　） い（　　　　　　　　）

2 次の図形の面積を求めましょう。　　　　　　　　　1つ10〔20点〕

❶ 底辺 8cm、高さ 6cm の三角形　　❷ 半径 4cm の円

（　　　　　　　　）　　　　　　（　　　　　　　　）

3 平行四辺形の中に、2本の対角線をひいて右のような図をかきました。三角形ABOと合同な三角形はどれですか。　　〔10点〕

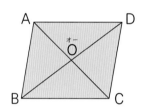

（　　　　　　　　）

4 右のような立方体があります。　　　　　　　　　1つ10〔20点〕

❶ あの面に垂直な辺をすべてかきましょう。

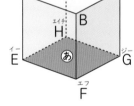

（　　　　　　　　）

❷ あの面に平行な辺をすべてかきましょう。

（　　　　　　　　）

5 次の角柱や円柱の体積を求めましょう。　　　　　　1つ10〔20点〕

❶

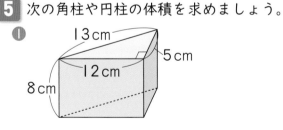

❷

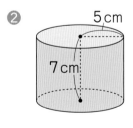

（　　　　　　　　）　　　　　　（　　　　　　　　）

6 □にあてはまる数をかきましょう。　　　　　　　1つ5〔10点〕

❶ 1km² = □ m²

（　　　　　　　　）

❷ 1g = □ mg

（　　　　　　　　）

チェック✔
□ 図形の角度、面積や体積を求めることができたかな？
□ 単位の関係を正しく理解することができたかな？

まとめのテスト④

1 □にあてはまる数をかきましょう。　1つ5〔10点〕

① 400mL は 2L の □ %です。

② 30kg の 13%は □ kg です。

2 次の問題に答えましょう。　1つ10〔40点〕

① 28：35 を簡単にしましょう。

（　　　　　）

② 図書館で借りた本を 120 ページまでよみました。これは、全部のページ数の $\frac{2}{5}$ にあたるそうです。この本のページ数は何ページですか。

（　　　　　）

③ 右の表は、A店とB店で売っているえん筆の本数と値段を表しています。どちらの店のほうが安いといえますか。

	本数（本）	値段（円）
A 店	15	840
B 店	10	550

（　　　　　）

④ 時速 40km で走る自動車は、1時間 45分で何km進みますか。

（　　　　　）

3 次の x と y の関係を式に表しましょう。また、比例するものには○、反比例するものには△、どちらでもないものには×をかきましょう。　1つ5〔30点〕

① 2000m の道のりを歩くときの、分速 x m とかかる時間 y 分

（　　　　　）（　　　　　）

② 15m のひもから切り取る長さ x m と残りの長さ y m

（　　　　　）（　　　　　）

③ 底辺が 7cm の平行四辺形の高さ x cm と面積 y cm²

（　　　　　）（　　　　　）

4 右のグラフは、水そうに水を入れたときの、水を入れはじめてからの時間と水の深さの関係を表したものです。　1つ10〔20点〕

① 水の深さが 24cm になるのに何分かかりましたか。

（　　　　　）

② このまま一定の割合で水を入れ続けるとすると、水の深さが 54cm になるのに何分かかりますか。

（　　　　　）

チェック✔ □割合や比の問題が解けたかな？
□比例や反比例の問題が解けたかな？

まとめのテスト❺

時間 **20**分

得点　　　/100点

教科書 226～227ページ　答え 43ページ

---

1 ⓪、②、④、⑥、⑧のカードが１枚ずつあります。このカードのうち、3枚を並べてできる 3けたの整数は、全部で何とおりありますか。〔10点〕

（　　　　　　　）

---

2 さくらさんの学校の 6 年 1 組 25 人の体重を調べて、ちらばりのようすを下のようなドットプロットに表しました。1つ15〔75点〕

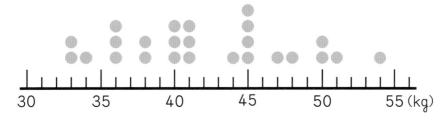

❶ 平均値、中央値、最頻値を、それぞれ求めましょう。

平均値（　　　　　　）　中央値（　　　　　　）　最頻値（　　　　　　）

❷ ちらばりのようすを、下の表とヒストグラムに表しましょう。

6 年 1 組の体重

体重(kg)	人数(人)
以上　未満 30～35	
35～40	
40～45	
45～50	
50～55	
合計	

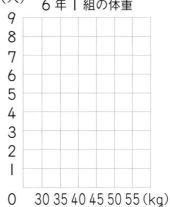

---

3 次のことがらをグラフに表すには、棒グラフ、円グラフ、折れ線グラフのうちのどれがよいですか。1つ5〔15点〕

❶ ある県の年ごとの小学生の人数の移り変わり

（　　　　　　　）

❷ ある年の地域別の最高気温

（　　　　　　　）

❸ あるクラスで週末によんだ本の冊数別の人数の割合

（　　　　　　　）

□ 並べ方を考えることができたかな？
□ データを度数分布表やヒストグラムに整理することができたかな？

119

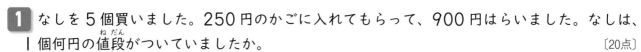

6年のまとめ 問題の見方・考え方

まとめのテスト❻

教科書 228〜229ページ 答え 44ページ

時間 20分

得点 ／100点

1 なしを 5 個買いました。250 円のかごに入れてもらって、900 円はらいました。なしは、1 個何円の値段がついていましたか。 〔20点〕

(   )

2 ふつう列車が A 駅を出発してから 15 分たったとき、急行列車が A 駅を出発して同じ向きに走りはじめました。ふつう列車の速さは時速 80 km で、急行列車の速さは時速 140 km です。急行列車は、A 駅を出発してから何分後にふつう列車に追いつきますか。 〔20点〕

(   )

3 1800 mL のジュースを大きいコップ 2 個と小さいコップ 6 個に分けて入れました。どのコップにもいっぱいにはいってちょうど分けられました。大きいコップには、小さいコップの 2 倍はいります。それぞれのコップ 1 個にはいる量は何 mL ですか。 〔20点〕

大 (   ) 小 (   )

4 右の図のように、正方形の紙を重ねながらピンでとめていきます。紙を 10 枚重ねたときのピンの数を求めましょう。 〔20点〕

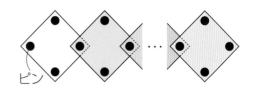

(   )

5 1 本 50 円のえん筆と 1 本 120 円のボールペンをあわせて 40 本買いました。ボールペンの代金のほうが、えん筆の代金よりも 550 円高かったそうです。えん筆は何本買いましたか。えん筆とボールペンを 20 本ずつ買ったときを考え、それからえん筆を 1 本ずつ増やしていって求めましょう。 〔20点〕

(   )

ふろくの「計算練習ノート」28〜29ページをやろう！

□ 問題を解くのに、どの考え方が役に立つかわかったかな？
□ 数量の関係に着目して文章題が解けたかな？

夏休みのテスト① 算数テスト

名前

時間 30分

得点 ／100点

教科書 12〜81ページ　答え 45ページ

おわったら
シールを
はろう

1 次の計算をしましょう。

1つ5 [20点]

① $\dfrac{10}{3} \times 15$

② $\dfrac{2}{5} \times \dfrac{5}{6}$

③ $4 \times \dfrac{7}{12}$

④ $1\dfrac{4}{5} \times 2\dfrac{1}{12}$

2 次の計算をしましょう。

1つ5 [20点]

① $\dfrac{5}{12} \div 10$

② $\dfrac{4}{9} \div \dfrac{2}{3}$

5 次の場面で、x と y の関係を式に表しましょう。

1つ6 [18点]

① 底辺が9cm、高さが x cm の平行四辺形があります。面積は y cm² です。

② 1.2Lのお茶があります。x L 飲みました。残りは y L です。

③ 120gの小麦粉を x 枚の皿に等しく分けたところ、1枚の皿の量が y g になりました。

夏休みのテスト②

時間 30分

名前

教科書 12～81ページ　答え 45ページ

●勉強した日　月　日

得点　／100点

おわったらシールをはろう

1 次の計算をしましょう。　1つ5 [20点]

① $\dfrac{5}{12} \times 4$

② $\dfrac{8}{9} \times \dfrac{3}{10}$

③ $\dfrac{2}{11} \times \dfrac{11}{2}$

④ $2\dfrac{1}{6} \times \dfrac{2}{3} \times \dfrac{9}{13}$

2 次の計算をしましょう。　1つ5 [20点]

① $\dfrac{9}{4} \div 3$

② $\dfrac{15}{7} \div \dfrac{9}{14}$

5 対称な図形をかきましょう。　1つ8 [16点]

① 直線アイが対称の軸となるような線対称な図形

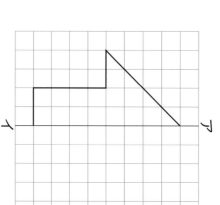

② 点Oが対称の中心となるような点対称な図形

6 下の図形について、表にまとめます。　1つ8 [24点]

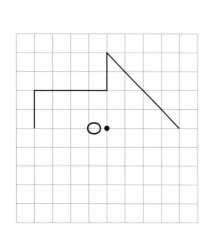

③ $2\dfrac{2}{3} \div \dfrac{6}{5}$

（　　　）

④ $\dfrac{5}{9} \div \dfrac{1}{12} \div 3\dfrac{1}{3}$

（　　　）

---

3 次の計算をしましょう。　1つ5[10点]

① $\dfrac{5}{6} \times 1\dfrac{2}{5} - 0.3$

（　　　）

② $\dfrac{6}{7} \times 8 + \dfrac{6}{7} \times 6$

（　　　）

4 赤と青のテープがあります。赤のテープの長さは $\dfrac{5}{3}$ mで、これは青のテープの長さの $\dfrac{10}{9}$ にあたります。青のテープの長さは何mですか。　1つ5[10点]

式

答え（　　　）

直角三角形　正三角形　平行四辺形　正方形　正五角形

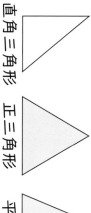

	① 線対称	② 軸の数	③ 点対称
直角三角形			
正三角形			
平行四辺形			
正方形			
正五角形			

1 「線対称」のらんに、線対称な図形には○、そうでない図形には×をかきましょう。

2 それぞれの図形の「軸の数」のらんに、対称の軸の本数をかきましょう。線対称な図形でないときは、0とかきましょう。

3 「点対称」のらんに、点対称な図形には○、そうでない図形には×をかきましょう。

6 次の問題に答えましょう。 1つ8 [24点]

① メダルを続けて4回投げます。このとき、表と裏の出方は全部で何とおりありますか。

（　　　　）

② Aさん、Bさん、Cさん、Dさんの4人で発表会をします。発表する順番は全部で何とおりありますか。

（　　　　）

③ 赤、黄、緑、青のペンが1本ずつあります。このうち、2本を組み合わせて選ぶとき、選び方は全部で何とおりありますか。

（　　　　）

---

③ $18 \div 1\frac{2}{5}$

（　　　　）

④ $1\frac{1}{14} \div 1\frac{3}{7}$

（　　　　）

3 次の計算をしましょう。 1つ5 [10点]

① $\frac{8}{9} \times 0.75 \times \frac{1}{6}$

（　　　　）

② $\left(\frac{3}{8} - \frac{1}{12}\right) \times 24$

（　　　　）

4 縦の長さが $\frac{9}{8}$ cm、横の長さが $1\frac{1}{3}$ cmの長方形の面積は何cm²ですか。 1つ4 [8点]

式

答え

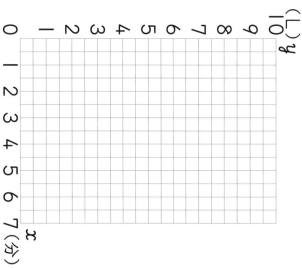

④ 水そうの水の量が9Lになるのにかかった時間は、何分ですか。

（　　　　　）

3 xにあてはまる数をかきましょう。　1つ6 [24点]

① 3:8＝x:72

（　　　　　）

② x:36＝5:3

（　　　　　）

③ $x:\dfrac{2}{3}$＝18:4

（　　　　　）

④ 3:x＝1.2:$\dfrac{4}{5}$

（　　　　　）

4 720mLのジュースをAとBの2つの水とうに分けます。AとBの量が7:9の割合になるように分けるとき、Aには何mLのジュースがはいりますか。 [10点]

（　　　　　）

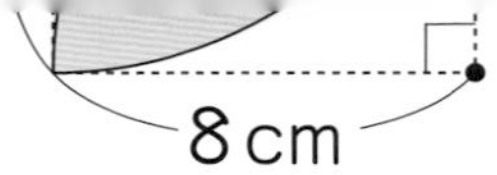

卵の重さ

重さ(g)	個数(個)
40以上～42未満	2
42 ～44	
44 ～46	
46 ～48	
48 ～50	
50 ～52	
合計	

① 平均値を求めましょう。

( )

② 右の度数分布表に、個数をかきましょう。

③ 46g以上48g未満の階級の度数の割合は、全体の度数の合計のおよそ何%ですか。四捨五入して、上から2けたの概数で求めましょう。

( )

④ ヒストグラムに表しましょう。

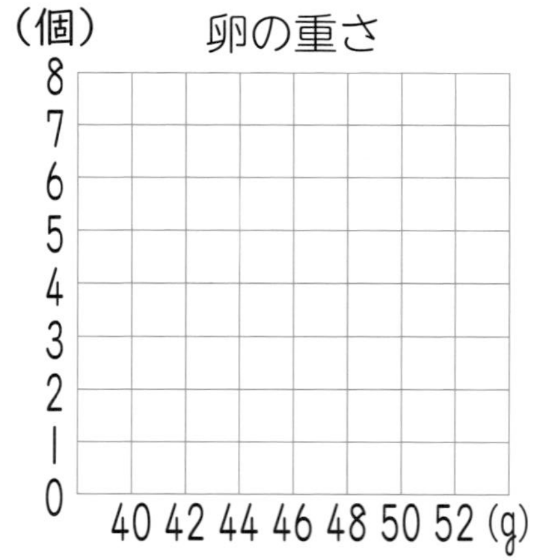

(個)
8
7
6
5
4
3
2
1
0
40 42 44 46 48 50 52 (g)
卵の重さ

8cm

面積 ( )
長さ ( )

2 面積が84cm²の長方形で、縦の長さを x cm、横の長さを y cmとします。
1つ4 [16点]

① x と y の関係を式に表しましょう。

( )

② x の値が10.5のとき、y の値を求めましょう。

( )

③ 横の長さが7.5cmのとき、縦の長さは何cmですか。

( )

④ y は x に比例していますか、反比例していますか。

( )

冬休みのテスト①

卒業判定テスト

名前

時間 30分

1 次の図形の色をぬった部分の面積とまわりの長さを求めましょう。

1つ6 [36点]

①

面積（　　　　　）　長さ（　　　　　）

② 12cm　12cm

面積（　　　　　）　長さ（　　　　　）

③ 8cm

3 次の図のような角柱の体積を求めましょう。

1つ8 [16点]

① 10cm　8cm　6cm

（　　　　　）

② 3cm　5cm　12cm　7cm

（　　　　　）

4 16個の卵の重さについて、次の問題に答えましょう。

1つ8 [32点]

卵の重さ(g)

43	46	41	49	44	46	47	47	49	47
46	50	43	48	45	47	45	49	47	

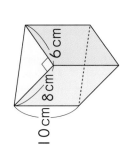

冬休みのテスト②

実力判定テスト

●勉強した日　月　日

名前

教科書　88〜181ページ　答え　46ページ

得点　／100点

おわったら
シールを
はろう

時間 30分

---

1 下の表は、直方体の形をした水そうに水を入れると
き、水を入れる時間 x 分と水そうにたまる水の量
y L の関係を表したものです。

1つ9〔36点〕

時間 x（分）	1	2	3	4	5
水の量 y（L）	1.5	3	4.5	6	7.5

① y は x に比例していますか。

（　　　　　）

② x と y の関係を式に表しましょう。

（　　　　　）

③ x と y の関係をグラフに表しましょう。

---

2 下の図について、次の問題に答えましょう。

1つ10〔30点〕

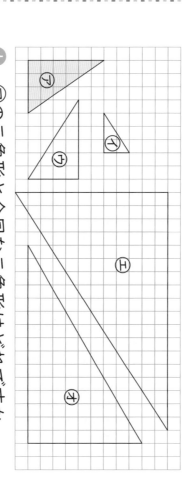

① ⑦の三角形と合同な三角形はどれですか。

（　　　　　）

② ⑦の三角形の拡大図はどれですか。また、それは
何倍の拡大図ですか。

（　　　　　）

③ ⑦の三角形の縮図はどれですか。また、それは何
分の一の縮図ですか。

（　　　　　）

学年末のテスト ①

1 次の計算をしましょう。

1つ5 [30点]

① $\dfrac{7}{12} \times 9$

② $\dfrac{7}{18} \times \dfrac{15}{14}$

（　　　　）　　　　（　　　　）

③ $\dfrac{4}{5} \div \dfrac{2}{3}$

④ $1\dfrac{5}{7} \div \dfrac{10}{21}$

（　　　　）　　　　（　　　　）

⑤ $\dfrac{7}{10} \div \dfrac{11}{5} \div \dfrac{21}{22}$

⑥ $\dfrac{5}{3} \times \left(1.2 - \dfrac{1}{15}\right)$

（　　　　）　　　　（　　　　）

4 次の2つの量で、x と y の関係を式に表しましょう。また、y が x に比例しているものには○、反比例しているものには△、どちらでもないものには×をかきましょう。

1つ8 [24点]

① 1Lが135円のガソリンを買うときの量 x L と代金 y 円

（　　　　）

② 200gの砂糖のうち、使った重さ x g と残りの重さ y g

（　　　　）

③ 80cmのリボンを等分するときの、できる本数 x 本と1本の長さ y cm

（　　　　）

学年末のテスト②

時間 30分

名前

教科書 12～197ページ　答え 47ページ

得点　／100点

おわったら
シールを
はろう

1 次の計算をしましょう。　　　　　　　　　1つ5〔30点〕

① $\dfrac{5}{6} \times \dfrac{8}{15}$

② $1\dfrac{7}{11} \times 2\dfrac{4}{9}$

（　　　　　）　　　　　　　（　　　　　）

③ $6 \div \dfrac{8}{9}$

④ $\dfrac{7}{15} \div 2\dfrac{1}{10}$

（　　　　　）　　　　　　　（　　　　　）

⑤ $\dfrac{4}{9} \times \dfrac{3}{5} \div 0.7$

⑥ $1\dfrac{1}{6} \times \dfrac{7}{4} + 1\dfrac{1}{6} \times \dfrac{5}{4}$

（　　　　　）　　　　　　　（　　　　　）

4 次の2つの量で、x と y の関係を式に表しましょう。
また、y が x に比例しているものには○、反比例して
いるものには△をかきましょう。　　　　　　1つ5〔10点〕

① 1分間に5Lずつ水を入れるときの、水を入れ
る時間 x 分と全体の水の量 y L

（　　　　　　　　　　，　　　　　）

② 100kmの道のりを自動車で走るときの、自動
車の時速 x km とかかる時間 y 時間

（　　　　　　　　　　，　　　　　）

5 右の池を台形とみて、およ
その面積を求めましょう。
　　　　　　　　1つ5〔10点〕

式

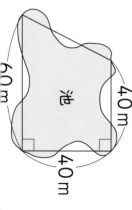

60m

40m

池

40m

2

右の立体は、大きい円柱から小さい円柱をくりぬいたものです。この立体の体積を求めましょう。 [8点]

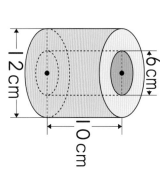

6cm
12cm
10cm

（　　　　　　　）

3

水と食塩を、重さの比が 13：2 になるように混ぜて、食塩水をつくります。 1つ6 [18点]

① 食塩を 40g 使うとき、水は何g 必要ですか。

（　　　　　　　）

② 食塩水を 75g つくるとき、水と食塩はそれぞれ何g 必要ですか。

水　（　　　　　　　）

食塩（　　　　　　　）

答え（　　　　　　　）

6

0, 1, 2, 3, 4 の 5枚のカードのうちの 2枚を並べて、2けたの整数をつくります。 1つ8 [24点]

① 2けたの整数は、全部で何個できますか。

（　　　　　　　）

② 偶数は、全部で何個できますか。

（　　　　　　　）

③ 3の倍数は、全部で何個できますか。

（　　　　　　　）

5

次の表は、ひろとさんが的当てゲームをしたときの得点を表したものです。

1つ8 [24点]

的当てゲームの得点 (点)

3	3	6	8	5	6	1	4	6	9

① 平均値を求めましょう。

② 最頻値を求めましょう。

③ 中央値を求めましょう。

2

次の式で、xにあてはまる数をかきましょう。

1つ5 [10点]

① 42:24 = x:16　② 2:3.2 = 15:x

3

右の図形について、次の問題に答えましょう。

1つ6 [12点]

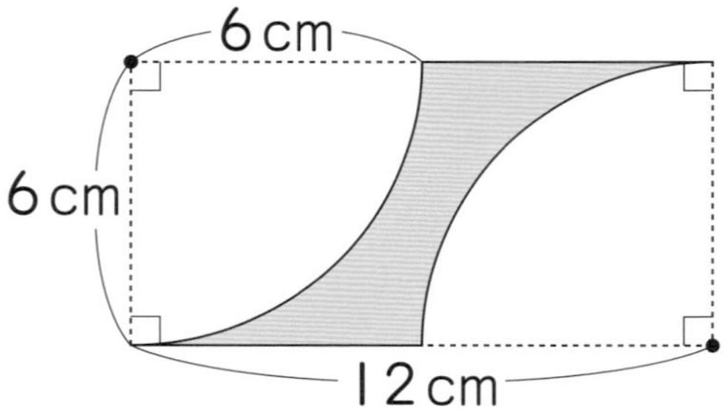

① 色をぬった部分の面積を求めましょう。

② 色をぬった部分のまわりの長さを求めましょう。

4 ある子ども会の6年生の人数は15人で、子ども会全体の人数の $\frac{5}{12}$ にあたります。

1つ5〔20点〕

① この子ども会全体の人数は何人ですか。

式

答え（　　　）

② メガネをかけている人は、子ども会全体の $\frac{2}{9}$ です。子ども会でメガネをかけていない人は何人いますか。

式

答え（　　　）

7 水そうにAの管で水を入れたら20分でいっぱいになりました。Bの管では30分でいっぱいになりました。A、Bの管を同時に使って水を入れると、何分でいっぱいになりますか。

1つ5〔10点〕

式

答え（　　　）

8 0、2、3、7の4枚のカードを並べて、4けたの整数をつくります。

1つ10〔20点〕

① 10の倍数は、全部で何個できますか。

（　　　）

② 偶数は、全部で何個できますか。

（　　　）

7 1個60円のかきと、1個90円のなしを、あわせて26個買ったら、代金が1980円になりました。かきは何個買いましたか。 1つ5〔10点〕

式

答え（　　　　　　）

8 A、B、C、Dの4人が、横に1列に並びます。 1つ10〔20点〕

① 4人の並び方は、全部で何とおりありますか。

（　　　　　　）

② AとBが両はしになる並び方は、全部で何とおりありますか。

（　　　　　　）

でした。この食用油1Lの値段は何円ですか。 1つ5〔10点〕

式

答え（　　　　　　）

4 A、B、C、3つのおもりがあります。それぞれの重さはAが $\frac{2}{3}$ kg、Bが $\frac{7}{9}$ kg、Cが $\frac{8}{15}$ kgです。 1つ5〔20点〕

① Aの重さをもとにすると、Bの重さは何倍ですか。

式

答え（　　　　　　）

② Bの重さをもとにすると、Cの重さは何倍ですか。

式

答え（　　　　　　）

時間 30分

まるごと 文章題テスト①

いろいろな文章題にチャレンジしよう！

1 1mの重さが $\frac{5}{8}$ kgのパイプがあります。このパイプ6mの重さは何kgですか。

1つ5 [10点]

式

答え（　　　　　）

2 底辺が $1\frac{1}{2}$ cm、高さが $1\frac{7}{9}$ cmの三角形の面積は何cm²ですか。

1つ5 [10点]

式

答え（　　　　　）

3 食用油を $\frac{8}{3}$ L 買ったら、代金は 1680 円

5 ミルクティーをつくるのに、紅茶とミルクを 7：3 の割合で混ぜます。ミルクを 120mL 使うとき、紅茶は何mL 必要ですか。

1つ5 [10点]

式

答え（　　　　　）

6 兄はあめ玉を 28 個、弟はあめ玉を 17 個持っています。兄が弟にいくつかあげたら、兄と弟のあめ玉の個数の割合が 5：4 になりました。兄は弟にあめ玉を何個あげましたか。

1つ5 [10点]

式

答え（　　　　　）

●勉強した日　　月　　日

名前

時間 30分

得点　　　/100点

答え　48ページ

いろいろな文章題にチャレンジしよう!

---

1 ジュースが $\frac{12}{5}$ L あります。このジュースを 8 人で等分すると、1 人分は何 L になりますか。

1つ5 [10点]

式

答え（　　　　）

2 1 辺が $1\frac{1}{3}$ cm の立方体の体積は何 cm³ ですか。

1つ5 [10点]

式

答え（　　　　）

3 パイプの重さは $\frac{15}{16}$ kg、棒の重さは $\frac{9}{8}$ kg です。棒の重さはパイプの重さの何倍ですか。

1つ5 [10点]

式

答え（　　　　）

---

5 ジュースが 350mL あります。このジュースを兄と弟が 9：5 の割合で分けて飲みました。弟は何 mL 飲みましたか。

1つ5 [10点]

式

答え（　　　　）

6 ある本を昨日全体の $\frac{1}{3}$ を読み、今日残りの $\frac{3}{4}$ を読んだら、残りが 35 ページになりました。この本は全部で何ページありますか。

1つ5 [10点]

式

答え（　　　　）

基1 点対称、対称の中心、対応、対応、対応

❶ F　　　　　　　　　　　　　　　　　　答え F

❷ HI　　　　　　　　　　　　　　　　　答え HI

1 ❶ 点J　　❷ 直線BC

2 対応する点…点Aと点D、点Bと点E、
　　　　　　　点Cと点F

　対応する線…直線ABと直線DE、
　　　　　　　直線BCと直線EF、
　　　　　　　直線CDと直線FA

　対応する角…角Aと角D、角Bと角E、
　　　　　　　角Cと角F

3 ⓘ、ⓤ

基2 ❶ O　　　　　　　　　　　　　　　答え O

❷ 等しい　　　　　　　答え 等しくなっている。

4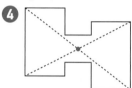

基3 答え

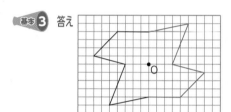

5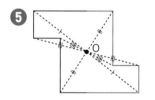

❶❶ 対称の中心Oで180°まわした
とき、点Eと重なる点を答えます。

❷ 対称の中心Oで180°まわしたとき、直線
GHと重なる直線を答えます。

❷ 点Oで180°まわしたとき、重なる点が対応
する点、重なる線が対応する線、重なる角が対
応する角です。

❸ ある点を中心にして180°まわすと、もとの
形にぴったり重なる図形を選びます。

❹ 対応する点どうしを結ぶ直線を2本ひくと、
その交わる点が対称の中心になります。

❺ 点対称な図形の性質をもとにしてかきます。
点Aと点Oを結んだ直
線上に、点Oから点Aま
でと同じ長さだけ、点A
と反対側の位置に点Aと
対応する点Bをとります。
他の点も同じようにとり、順に結びます。

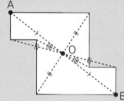

基1 ❶ 答え 4、2、2

❷ 答え あ、ⓘ、ⓤ、ⓔ

1 ❶ ⓘ…3、ⓔ…1

❷ ない。

基2 答え

	線対称	軸の数	点対称
正三角形	○	3	×
正五角形	○	5	×
正七角形	○	7	×
正九角形	○	9	×
正十一角形	○	11	×

2

	線対称	軸の数	点対称
正方形	○	4	○
正六角形	○	6	○
正八角形	○	8	○
正十角形	○	10	○
正十二角形	○	12	○

3 ❶ いえる。対称の軸は何本でもとれる。

❷ いえる。対称の中心は円の中心。

教科書ワーク

答えとてびき

「答えとてびき」は、とりはずすことができます。

啓林館版

算数 6年

1 対称な図形

2・3ページ 基本のワーク

基本1 線対称、対称の軸、対応、対応、対応

❶ M 　　　　　　　　　　　答え M

❷ JI 　　　　　　　　　　　答え JI

❶ ❶ 点L 　　❷ 直線IH

❷ 対応する点…点Bと点G、点Cと点F、
　　　　　　　点Dと点E

　対応する線…直線ABと直線AG、
　　　　　　　直線BCと直線GF、
　　　　　　　直線CDと直線FE

　対応する角…角Bと角G、角Cと角F、
　　　　　　　角Dと角E

❸ 線対称な図形…あ、え

 あ 　　　　　　 え

基本2 ❶ 直角 　　　　　　　答え 垂直

❷ 等しい 　　　答え 等しくなっている。

❹
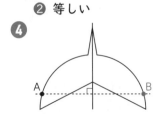

基本3 答え

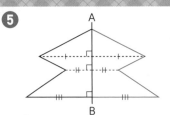

てびき

❶ ❶ 対称の軸で折り重ねたときに、点Bと重なる点を答えます。

❷ 対称の軸で折り重ねたときに、直線EFと重なる直線を答えます。

❷ 点Aや角Aは、対称の軸と重なっているので、対応する点や角はありません。

❸ 1本の直線を折り目にして折ったとき、折り目の両側がぴったり重なる図形を選びます。

❹ 点Bは、点Aから対称の軸にひいた垂直な直線上にあります。

❺ 線対称な図形の性質をもとにしてかきます。

点Cから直線ABにひいた垂直な直線上に、直線ABと交わる点から点Cまでの長さと同じ長さだけ、

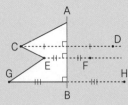

点Cと反対側の位置に点Cと対応する点Dをとります。

点E、点Gに対応する点F、点Hも同じようにとり、順に結びます。

たしかめよう！

いらなくなったとう明なビニール袋やうすい紙などを小さなシート状に切り取って、それに図形を写しとって折ったり、重ねたりしてみると対称な図形に対する理解が深まるので、やってみましょう！

❶ ❶ ⓘ
正三角形　　　二等辺三角形

❷ 正多角形はどれも線対称で、対称の軸の数は頂点の数に等しくなります。また、頂点の数が偶数の正多角形は、点対称でもあります。

❸ ❶ 対称の軸は直径になります。直径はいくらでもあります。

❷ 円の中心を中心にして 180°まわすと、もとの円と重なります。

練習のワーク❶

❶ ❶ 右の図
❷ 点C…点J　点G…点F
❸ 直線AB…直線AK
　直線IH…直線DE

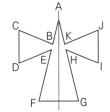

❷ ❶ 右の図
❷ 点B…点H
　点E…点K
❸ 直線AL…直線GF
　直線CD…直線IJ
❹ 角D…角J　角F…角L

❸ ❶

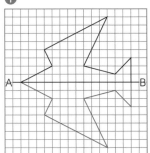

❷

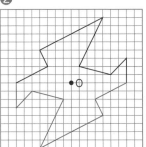

❶ ❷ 点Bと点K、点Cと点J、点Dと点I、点Eと点H、点Fと点Gが対応します。
❸ 直線ABと直線AK、直線BCと直線KJ、直線CDと直線JI、直線DEと直線IH、直線EFと直線HGが対応します。

❷ ❷ 点Aと点G、点Bと点H、点Cと点I、点Dと点J、点Eと点K、点Fと点L が対応します。
❸ 直線ABと直線GH、直線BCと直線HI、直線CDと直線IJ、直線DEと直線JK、直線EFと直線KL、直線ALと直線GF が対応します。

❸ ❶ 線対称な図形の性質をもとに、方眼のます目を使ってかきます。
❷ 点対称な図形の性質をもとに、方眼のます目を使ってかきます。

練習のワーク❷

❶ ❶ ⓐ、ⓘ、ⓤ
❷ ⓤ、ⓔ
❸ ⓞ
❷ ❶ ⓐ、ⓘ、ⓤ、ⓞ
❷ ⓘ
❸ ⓘ、ⓤ、ⓞ、ⓚ
対称の中心は、下の図。

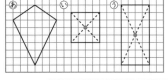

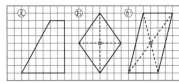

❹ ⓘ、ⓞ

❶ 対称の軸、対称の中心は下のようになります。

❷ ❷❹ 対称の軸は下のようになります。

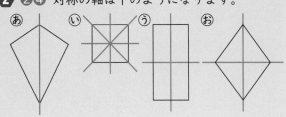

1 ❶ 3、8、山、中
　　❷ 2、8、中

2 直線CI…直線GI
　　直線FJ…直線DJ

3 ❶ あ、い、う、え、お
　　❷ あ、う、お

4
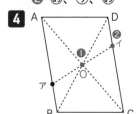

てびき

1 対称の軸、対称の中心は下のようになります。

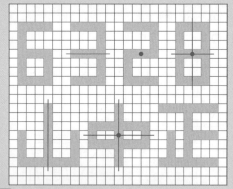

2 線対称な図形では、対応する2つの点を結ぶ直線は対称の軸と垂直に交わり、その交わる点から対応する2つの点までの長さは等しくなっています。

3 正多角形はどれも線対称な図形で、頂点の数が偶数の正多角形は点対称でもあります。

4 ❶ 対角線の交わる点が、対称の中心です。
　　❷ 点アと点Oを通る直線が、辺DCと交わる点が、点イになります。

---

1 ❶
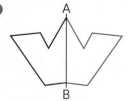
　　❷
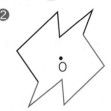

2 ❶
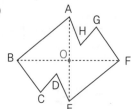
　　❷ 角G

3 ❶ 垂直に交わる。　❷ 辺FE
　　❸ 辺CB　　　　　　❹ 辺FA

4 ❶ 6cm　　　　　　❷ 5本

てびき

2 ❶ 点Aと点Eを結ぶ直線、点Bと点Fを結ぶ直線、点Cと点Gを結ぶ直線、点Dと点Hを結ぶ直線のうち、重ならない2つの直線が交わる点をOとします。

3 ❶ 直線ADを対称の軸とみたとき、点Bと点Fは対応する点だから、直線ADと直線BFは垂直に交わります。
　❷❸ どの直線を対称の軸とみるかで、対応する辺がちがってきます。

4 ❶ 直線AIと直線AEが対応します。
　　❷ 対称の軸は下のようになります。

② 文字と式

基本1 ❶ x、y　　　　答え $x×5=y$

❷ 値、値、70、350、80、400、90、450

答え

x(円)	70	80	90
y(円)	350	400	450

❶ ❶ $60×x=y$　　　　❷ $(y=)360$

❸ $(x=)8$

基本2 ❶ x、180、y　　答え $120×x+180=y$

❷ 4、660

5、780

6、900

6、6

x(本)	4	5	6
y(円)	660	780	900

答え 6

❷ ❶ $300×x+500=y$　　❷ $(x=)7$

❸ ❶ $x×7=y$

❷ $x=4.5\cdots(y=)31.5$

$x=5\ \cdots(y=)35$

$x=5.5\cdots(y=)38.5$

てびき　❶ ❶ 消しゴム１個の値段 × 個数

＝ 代金 より、$60×x=y$

❷ $60×6=360$

❸ $y=480$ のとき、$60×x=480$ だから、

x に順に値をあてはめて、それぞれに対応する

y の値を求めると、

$x=6$ のとき、$60×6=360$

$x=7$ のとき、$60×7=420$

$x=8$ のとき、$60×8=480$

❷ ❶ かんづめ１個の重さ × 個数

＋ 箱の重さ ＝ 全体の重さ だから、

$300×x+500=y$

❷ $x=4$ のとき、$300×4+500=1700$

$x=5$ のとき、$300×5+500=2000$

$x=6$ のとき、$300×6+500=2300$

$x=7$ のとき、$300×7+500=2600$

❸ ❶ 底辺 × 高さ ＝ 平行四辺形の面積

だから、$x×7=y$

❷ $x=4.5$ のとき、$4.5×7=31.5$

$x=5$ のとき、$5×7=35$

$x=5.5$ のとき、$5.5×7=38.5$

基本1 ❶ 箱代　　　　　　答え 箱

❷ 8　　　　　　　　答え 8

❸ 4、1　　　　　　　答え 4、1

❶ ❶ みかんのかんづめ１個を箱に入れたときの代金

❷ みかんのかんづめ５個を箱に入れたときの代金

❸ みかんのかんづめ３個とパイナップルのかん

づめ１個の代金

❷ あ、う

❸ 長方形のまわりの長さ

基本2 ❶ 半分　　　　　　　答え う

❷ 高さ、a　　　　　　答え あ

❸ 底辺　　　　　　　答え い

❹ ❶ い　　　　　　❷ あ

てびき　❷ いは、$x×10+x×25$ または

$x×(10+25)$ と表されます。

❸ $x×2$ は縦の長さの２倍、$10×2$ は横の長

さの２倍なので、$x×2+10×2$ は、この長

方形のまわりの長さを表しています。

❹ あ…合同な台形をもう１つあわせて考える

と、底辺が$(8+3)$cm、高さが$a$cmの平行四

辺形になることを使って考えています。

い…底辺が８cm、高さが$a$cmの平行四辺形

の面積から、底辺が５cm、高さが$a$cmの三

角形の面積をひいて考えています。

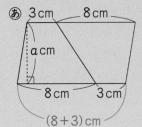
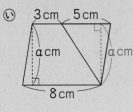

---

❶ ❶ $x+8=y$

❷ $(y=)32$

❷ ❶ $x×3=y$

❷ $x=100\cdots(y=)300$

$x=130\cdots(y=)390$

❸ $(x=)140$

❸ い

❶ ❶ |1ふくろの枚数| + |ばらの枚数|
= |全部の枚数| だから、$x+8=y$

  ❷ $24+8=32$

❷ ❶ |1本の値段| × |本数| = |代金|

  ❷ $x=100$ のとき、$100×3=300$
    $x=130$ のとき、$130×3=390$

  ❸ $x×3=420$ だから、$x=420÷3=140$

❸ あは、$3000-x×4$、⑤は、$x×4+3000$
と表されます。

17ページ 練習のワーク❷

❶ ❶ $90×x+120$

  ❷ $350×x$

  ❸ $x÷4$

❷ ❶ $x×12÷2=y$

  ❷ $x=4.5$ …$(y=)27$
    $x=5$ …$(y=)30$
    $x=5.5$ …$(y=)33$

❸ ❶ あ   ❷ ⑤

❶ ❸ 正方形の辺は4つあり、長さは
等しいから、1辺の長さは、$x÷4$

❷ ❶ |底辺| × |高さ| ÷2 = |三角形の面積| だから、
$x×12÷2=y$

  ❷ $x=4.5$ のとき、$4.5×12÷2=27$
    $x=5$ のとき、$5×12÷2=30$
    $x=5.5$ のとき、$5.5×12÷2=33$

❸ あ…合同な図形をもう1つあわせて考えると、
縦の長さが$(4+4)$cm、横の長さが$(a+6)$cm
の長方形になることを使って考えています。

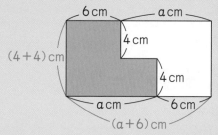

⑤…縦$(4+4)$cm、横6cmの長方形と縦4cm、
横$(a-6)$cmの長方形の面積の和と考えてい
ます。

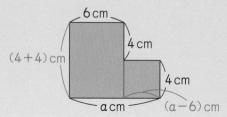

18ページ まとめのテスト①

❶ ❶ $x×12+75$

  ❷ $x×30$

  ❸ $60÷x$

❷ ❶ $x-5=y$ ❷ $(y=)7$

❸ ❶ $110×x+150=y$

  ❷ $x=1$ …$(y=)260$
    $x=2$ …$(y=)370$
    $x=3$ …$(y=)480$

  ❸ $x=9$

❹ ❶ え   ❷ ⑤
  ❸ あ   ❹ ⑤

❶ ❶ ケーキの代金は、$x×12$（円）
箱の代金とあわせて、$x×12+75$（円）

  ❷ |1人分の個数| × |人数| = |全部の個数|
だから、$x×30$（個）

  ❸ |長方形の面積| = |縦| × |横| だから、
|縦| = |長方形の面積| ÷ |横| です。
$60÷x$（cm）

❷ ❶ |はじめの数| - |食べた数| = |残りの数|
だから、$x-5=y$

  ❷ $12-5=7$

❸ ❷ $x=1$ のとき、$110×1+150=260$
    $x=2$ のとき、$110×2+150=370$
    $x=3$ のとき、$110×3+150=480$

  ❸ $x=7$ のとき、$110×7+150=920$
    $x=8$ のとき、$110×8+150=1030$
    $x=9$ のとき、$110×9+150=1140$
だから、y の値が1140になるときの x の値
は9です。

まとめのテスト❷

1 ❶ $80 \times x = y$

　❷ $x=4 \cdots (y=)320$
　　$x=6 \cdots (y=)480$

　❸ $(x=)13$

2 ❶ $50 \times x + 2300 = y$　❷ 6個

3 ❶ 長方形の面積
　❷ 長方形のまわりの長さ

4 ❶ ⓘ　　　❷ ⓤ

てびき

1 ❶ おかし1個の値段 × 個数 ＝ 代金

　❷ $x=4$ のとき、$80 \times 4 = 320$
　　$x=6$ のとき、$80 \times 6 = 480$

2 ❶ 荷物1個の重さ × 個数 ＋ コンテナの重さ ＝ 全体の重さ

　❷ x に数をあてはめて、y が 2600 になるものをさがします。

　　$x=4$ のとき、$50 \times 4 + 2300 = 2500$
　　$x=5$ のとき、$50 \times 5 + 2300 = 2550$
　　$x=6$ のとき、$50 \times 6 + 2300 = 2600$

なので、全体の重さが 2600kg になるのは 6 個入れるときです。

4 あは、$x \times 3 + 15$ と表されます。

---

❸ 分数×整数、分数÷整数

20・21ページ 基本のワーク

基本❶ ❶ $\dfrac{5 \times 3}{8} = \dfrac{15}{8}$

　❷ $\dfrac{5 \times \overset{3}{\cancel{6}}}{\underset{4}{\cancel{8}}} = \dfrac{15}{4}$

　　　　答え ❶ $\dfrac{15}{8}\left(1\dfrac{7}{8}\right)$　❷ $\dfrac{15}{4}\left(3\dfrac{3}{4}\right)$

❶ ❶ $\dfrac{6}{7}$　　❷ $\dfrac{12}{5}\left(2\dfrac{2}{5}\right)$　❸ $\dfrac{9}{2}\left(4\dfrac{1}{2}\right)$

　❹ $\dfrac{14}{3}\left(4\dfrac{2}{3}\right)$　❺ $\dfrac{9}{2}\left(4\dfrac{1}{2}\right)$　❻ 6

基本❷ ❶ 《1》 $\dfrac{4 \div 2}{7} = \dfrac{2}{7}$

　　　《2》 $\dfrac{\overset{2}{\cancel{4}}}{7 \times \underset{1}{\cancel{2}}} = \dfrac{2}{7}$

　❷ 《1》 $\dfrac{5}{12}$

　　　《2》 $\dfrac{5}{6 \times 2} = \dfrac{5}{12}$　　答え ❶ $\dfrac{2}{7}$　❷ $\dfrac{5}{12}$

---

❷ ❶ $\dfrac{3}{10}$　　❷ $\dfrac{1}{11}$　　❸ $\dfrac{3}{28}$

　❹ $\dfrac{1}{28}$　　❺ $\dfrac{4}{27}$　　❻ $\dfrac{3}{20}$

てびき

❶ ❶ $\dfrac{3}{7} \times 2 = \dfrac{3 \times 2}{7} = \dfrac{6}{7}$

　❷ $\dfrac{4}{5} \times 3 = \dfrac{4 \times 3}{5} = \dfrac{12}{5}$

　❸ $\dfrac{9}{10} \times 5 = \dfrac{9 \times \overset{1}{\cancel{5}}}{\underset{2}{\cancel{10}}} = \dfrac{9}{2}$

　❹ $\dfrac{7}{9} \times 6 = \dfrac{7 \times \overset{2}{\cancel{6}}}{\underset{3}{\cancel{9}}} = \dfrac{14}{3}$

　❺ $\dfrac{3}{8} \times 12 = \dfrac{3 \times \overset{3}{\cancel{12}}}{\underset{2}{\cancel{8}}} = \dfrac{9}{2}$

　❻ $\dfrac{2}{3} \times 9 = \dfrac{2 \times \overset{3}{\cancel{9}}}{\underset{1}{\cancel{3}}} = 6$

❷ ❶ $\dfrac{9}{10} \div 3 = \dfrac{\overset{3}{\cancel{9}}}{10 \times \underset{1}{\cancel{3}}} = \dfrac{3}{10}$

　❷ $\dfrac{8}{11} \div 8 = \dfrac{\overset{1}{\cancel{8}}}{11 \times \underset{1}{\cancel{8}}} = \dfrac{1}{11}$

　❸ $\dfrac{3}{7} \div 4 = \dfrac{3}{7 \times 4} = \dfrac{3}{28}$

　❹ $\dfrac{2}{7} \div 8 = \dfrac{\overset{1}{\cancel{2}}}{7 \times \underset{4}{\cancel{8}}} = \dfrac{1}{28}$

　❺ $\dfrac{8}{9} \div 6 = \dfrac{\overset{4}{\cancel{8}}}{9 \times \underset{3}{\cancel{6}}} = \dfrac{4}{27}$

　❻ $\dfrac{9}{5} \div 12 = \dfrac{\overset{3}{\cancel{9}}}{5 \times \underset{4}{\cancel{12}}} = \dfrac{3}{20}$

❶ ① 1

② $\dfrac{5}{4}\left(1\dfrac{1}{4}\right)$

③ $\dfrac{25}{2}\left(12\dfrac{1}{2}\right)$

④ $\dfrac{2}{9}$

⑤ $\dfrac{1}{12}$

⑥ $\dfrac{4}{75}$

❷ 式 $\dfrac{7}{12}\times18=\dfrac{21}{2}$　　答え $\dfrac{21}{2}$m$\left(10\dfrac{1}{2}$m$\right)$

❸ 式 $\dfrac{8}{9}\div3=\dfrac{8}{27}$　　答え $\dfrac{8}{27}$kg

❹ 式 $\dfrac{2}{35}\times15=\dfrac{6}{7}$　　答え $\dfrac{6}{7}$kg

❺ 式 $\dfrac{21}{20}\div6=\dfrac{7}{40}$　　答え $\dfrac{7}{40}$kg

てびき

❶ ① $\dfrac{1}{7}\times7=\dfrac{1\times7}{7}=1$

② $\dfrac{5}{12}\times3=\dfrac{5\times3}{12}=\dfrac{5}{4}$

③ $\dfrac{5}{4}\times10=\dfrac{5\times10}{4}=\dfrac{25}{2}$

④ $\dfrac{8}{9}\div4=\dfrac{8}{9\times4}=\dfrac{2}{9}$

⑤ $\dfrac{3}{4}\div9=\dfrac{3}{4\times9}=\dfrac{1}{12}$

⑥ $\dfrac{8}{15}\div10=\dfrac{8}{15\times10}=\dfrac{4}{75}$

❷ $\dfrac{7}{12}\times18=\dfrac{7\times18}{12}=\dfrac{21}{2}$

❸ $\dfrac{8}{9}\div3=\dfrac{8}{9\times3}=\dfrac{8}{27}$

❹ $\dfrac{2}{35}\times15=\dfrac{2\times15}{35}=\dfrac{6}{7}$

❺ $\dfrac{21}{20}\div6=\dfrac{21}{20\times6}=\dfrac{7}{40}$

❶ ① $\dfrac{8}{5}\left(1\dfrac{3}{5}\right)$　② $\dfrac{20}{3}\left(6\dfrac{2}{3}\right)$　③ 9

④ $\dfrac{16}{5}\left(3\dfrac{1}{5}\right)$　⑤ $\dfrac{1}{20}$　⑥ $\dfrac{2}{13}$

⑦ $\dfrac{3}{56}$　⑧ $\dfrac{3}{55}$　⑨ $\dfrac{3}{80}$

❷ 式 $\dfrac{7}{8}\times6=\dfrac{21}{4}$　　答え $\dfrac{21}{4}$kg$\left(5\dfrac{1}{4}$kg$\right)$

❸ 式 $\dfrac{24}{25}\div16=\dfrac{3}{50}$　　答え $\dfrac{3}{50}$L

❹ ① 式 $\dfrac{2}{3}\times4=\dfrac{8}{3}$　　答え $\dfrac{8}{3}$kg$\left(2\dfrac{2}{3}$kg$\right)$

② 式 $\dfrac{8}{3}\div6=\dfrac{4}{9}$　　答え $\dfrac{4}{9}$kg

てびき

❶ ① $\dfrac{2}{5}\times4=\dfrac{2\times4}{5}=\dfrac{8}{5}$

② $\dfrac{5}{6}\times8=\dfrac{5\times8}{6}=\dfrac{20}{3}$

③ $\dfrac{3}{4}\times12=\dfrac{3\times12}{4}=9$

④ $\dfrac{4}{25}\times20=\dfrac{4\times20}{25}=\dfrac{16}{5}$

⑤ $\dfrac{1}{4}\div5=\dfrac{1}{4\times5}=\dfrac{1}{20}$

⑥ $\dfrac{10}{13}\div5=\dfrac{10}{13\times5}=\dfrac{2}{13}$

⑦ $\dfrac{3}{7}\div8=\dfrac{3}{7\times8}=\dfrac{3}{56}$

⑧ $\dfrac{12}{11}\div20=\dfrac{12}{11\times20}=\dfrac{3}{55}$

⑨ $\dfrac{9}{20}\div12=\dfrac{9}{20\times12}=\dfrac{3}{80}$

❷ $\dfrac{7}{8}\times6=\dfrac{7\times6}{8}=\dfrac{21}{4}$

❸ $\dfrac{24}{25}\div16=\dfrac{24}{25\times16}=\dfrac{3}{50}$

❹ ① $\dfrac{2}{3}\times4=\dfrac{2\times4}{3}=\dfrac{8}{3}$

② $\dfrac{8}{3}\div6=\dfrac{8}{3\times6}=\dfrac{4}{9}$

④ 分数×分数

24·25ページ 基本のワーク

基本① 《1》3

$$\frac{3}{4\times5}=\frac{3}{20}$$

《2》$\frac{3}{4\times5}=\frac{3}{20}$ 答え $\frac{3}{20}$

❶ 式 $\frac{2}{3}\times\frac{1}{3}=\frac{2}{9}$ 答え $\frac{2}{9}$ m²

基本② 《1》$\frac{3}{4\times5}\times3$

$$=\frac{3\times3}{4\times5}=\frac{9}{20}$$

《2》$\frac{3\times3}{4}\div5=\frac{3\times3}{4\times5}=\frac{9}{20}$ 答え $\frac{9}{20}$

❷ ❶ $\frac{21}{32}$ ❷ $\frac{4}{81}$

❸ $\frac{25}{48}$ ❹ $\frac{16}{15}\left(1\frac{1}{15}\right)$

❺ $\frac{10}{21}$ ❻ $\frac{35}{72}$

❼ $\frac{18}{49}$ ❽ $\frac{52}{45}\left(1\frac{7}{45}\right)$

基本③ ❶ $\frac{4\times3}{1\times5}=\frac{12}{5}$ 答え $\frac{12}{5}\left(2\frac{2}{5}\right)$

❷ $\frac{\overset{4}{8}\times5}{1\times\underset{3}{6}}=\frac{20}{3}$ 答え $\frac{20}{3}\left(6\frac{2}{3}\right)$

❸ ❶ $\frac{8}{5}\left(1\frac{3}{5}\right)$ ❷ $\frac{21}{8}\left(2\frac{5}{8}\right)$

❸ $\frac{5}{3}\left(1\frac{2}{3}\right)$ ❹ $\frac{27}{5}\left(5\frac{2}{5}\right)$

❺ $\frac{10}{9}\left(1\frac{1}{9}\right)$ ❻ $\frac{49}{10}\left(4\frac{9}{10}\right)$

❼ $\frac{9}{2}\left(4\frac{1}{2}\right)$ ❽ 8

てびき

❶ $\frac{2}{3}\times\frac{1}{3}=\frac{2}{3\times3}=\frac{2}{9}$

❷ ❶ $\frac{7}{8}\times\frac{3}{4}=\frac{7\times3}{8\times4}=\frac{21}{32}$

❷ $\frac{4}{9}\times\frac{1}{9}=\frac{4\times1}{9\times9}=\frac{4}{81}$

❸ $\frac{5}{6}\times\frac{5}{8}=\frac{5\times5}{6\times8}=\frac{25}{48}$

❹ $\frac{2}{5}\times\frac{8}{3}=\frac{2\times8}{5\times3}=\frac{16}{15}$

❺ $\frac{2}{3}\times\frac{5}{7}=\frac{2\times5}{3\times7}=\frac{10}{21}$

❻ $\frac{5}{8}\times\frac{7}{9}=\frac{5\times7}{8\times9}=\frac{35}{72}$

❼ $\frac{6}{7}\times\frac{3}{7}=\frac{6\times3}{7\times7}=\frac{18}{49}$

❽ $\frac{4}{5}\times\frac{13}{9}=\frac{4\times13}{5\times9}=\frac{52}{45}$

❸ ❶ $2\times\frac{4}{5}=\frac{2}{1}\times\frac{4}{5}=\frac{2\times4}{1\times5}=\frac{8}{5}$

$\left(\text{または、}2\times\frac{4}{5}=\frac{2\times4}{5}=\frac{8}{5}\right)$

❷ $3\times\frac{7}{8}=\frac{3}{1}\times\frac{7}{8}=\frac{3\times7}{1\times8}=\frac{21}{8}$

❸ $4\times\frac{5}{12}=\frac{4}{1}\times\frac{5}{12}=\frac{\overset{1}{4}\times5}{1\times\underset{3}{12}}=\frac{5}{3}$

❹ $6\times\frac{9}{10}=\frac{6}{1}\times\frac{9}{10}=\frac{\overset{3}{6}\times9}{1\times\underset{5}{10}}=\frac{27}{5}$

❺ $\frac{2}{9}\times5=\frac{2}{9}\times\frac{5}{1}=\frac{2\times5}{9\times1}=\frac{10}{9}$

❻ $\frac{7}{10}\times7=\frac{7}{10}\times\frac{7}{1}=\frac{7\times7}{10\times1}=\frac{49}{10}$

❼ $\frac{3}{8}\times12=\frac{3}{8}\times\frac{12}{1}=\frac{3\times\overset{3}{12}}{\underset{2}{8}\times1}=\frac{9}{2}$

❽ $\frac{4}{7}\times14=\frac{4}{7}\times\frac{14}{1}=\frac{4\times\overset{2}{14}}{\underset{1}{7}\times1}=\frac{8}{1}=8$

基本1

❶ $\dfrac{5}{4} \times \dfrac{7}{3} = \dfrac{5 \times 7}{4 \times 3} = \dfrac{35}{12}$

❷ $\dfrac{9}{7} \times \dfrac{13}{6} = \dfrac{9 \times 13}{7 \times 6} = \dfrac{39}{14}$

❸ $\dfrac{24}{5} \times \dfrac{35}{9} = \dfrac{\overset{8}{24} \times \overset{7}{35}}{\underset{1}{5} \times \underset{3}{9}} = \dfrac{56}{3}$

答え ❶ $\dfrac{35}{12}\left(2\dfrac{11}{12}\right)$ ❷ $\dfrac{39}{14}\left(2\dfrac{11}{14}\right)$ ❸ $\dfrac{56}{3}\left(18\dfrac{2}{3}\right)$

❶ ❶ $\dfrac{16}{21}$　　　　❷ $\dfrac{190}{63}\left(3\dfrac{1}{63}\right)$

　❸ $\dfrac{3}{8}$　　　　❹ $\dfrac{33}{7}\left(4\dfrac{5}{7}\right)$

　❺ 6　　　　❻ 8

❷ ❶ 式 $2\dfrac{3}{5} \times \dfrac{4}{9} = \dfrac{52}{45}$　　答え $\dfrac{52}{45}$kg$\left(1\dfrac{7}{45}$kg$\right)$

　❷ 式 $2\dfrac{3}{5} \times 4\dfrac{1}{6} = \dfrac{65}{6}$　　答え $\dfrac{65}{6}$kg$\left(10\dfrac{5}{6}$kg$\right)$

基本2

❶ $0.9 = \dfrac{9}{10}$

$\dfrac{9}{10} \times \dfrac{1}{4} = \dfrac{9 \times 1}{10 \times 4} = \dfrac{9}{40}$　　　　答え $\dfrac{9}{40}$

❷ $1.6 = \dfrac{\overset{8}{16}}{\underset{5}{10}} = \dfrac{8}{5}$

$\dfrac{5}{7} \times \dfrac{8}{5} = \dfrac{\overset{1}{5} \times 8}{7 \times \underset{1}{5}} = \dfrac{8}{7}$　　　　答え $\dfrac{8}{7}\left(1\dfrac{1}{7}\right)$

❸ ❶ $\dfrac{19}{12}\left(1\dfrac{7}{12}\right)$　　❷ $\dfrac{25}{8}\left(3\dfrac{1}{8}\right)$

　❸ $\dfrac{13}{20}$

基本3

$1.7 = \dfrac{17}{10}$、$6 = \dfrac{6}{1}$

$\dfrac{17}{10} \times \dfrac{5}{8} \times \dfrac{6}{1} = \dfrac{17 \times 5 \times \overset{3}{6}}{\underset{2}{10} \times \underset{4}{8} \times 1} = \dfrac{51}{8}$

答え $\dfrac{51}{8}\left(6\dfrac{3}{8}\right)$

❹ ❶ $\dfrac{3}{100}$　　　❷ 2

❶ ❶ $1\dfrac{1}{3} \times \dfrac{4}{7} = \dfrac{4}{3} \times \dfrac{4}{7} = \dfrac{4 \times 4}{3 \times 7} = \dfrac{16}{21}$

❷ $1\dfrac{1}{9} \times 2\dfrac{5}{7} = \dfrac{10}{9} \times \dfrac{19}{7} = \dfrac{10 \times 19}{9 \times 7} = \dfrac{190}{63}$

❸ $1\dfrac{1}{4} \times \dfrac{3}{10} = \dfrac{5}{4} \times \dfrac{3}{10} = \dfrac{5 \times 3}{4 \times \underset{2}{10}} = \dfrac{3}{8}$

❹ $3\dfrac{3}{7} \times 1\dfrac{3}{8} = \dfrac{24}{7} \times \dfrac{11}{8} = \dfrac{24 \times 11}{7 \times 8} = \dfrac{33}{7}$

❺ $4\dfrac{1}{5} \times 1\dfrac{3}{7} = \dfrac{21}{5} \times \dfrac{10}{7} = \dfrac{\overset{3}{21} \times \overset{2}{10}}{\underset{1}{5} \times \underset{1}{7}} = 6$

❻ $3\dfrac{3}{5} \times 2\dfrac{2}{9} = \dfrac{18}{5} \times \dfrac{20}{9} = \dfrac{\overset{2}{18} \times \overset{4}{20}}{\underset{1}{5} \times \underset{1}{9}} = 8$

❷ ❶ $2\dfrac{3}{5} \times \dfrac{4}{9} = \dfrac{13}{5} \times \dfrac{4}{9} = \dfrac{13 \times 4}{5 \times 9} = \dfrac{52}{45}$

❷ $2\dfrac{3}{5} \times 4\dfrac{1}{6} = \dfrac{13}{5} \times \dfrac{25}{6} = \dfrac{13 \times \overset{5}{25}}{\underset{1}{5} \times 6} = \dfrac{65}{6}$

❸ ❶ $1.9 = \dfrac{19}{10}$ だから、

$1.9 \times \dfrac{5}{6} = \dfrac{19}{10} \times \dfrac{5}{6} = \dfrac{19 \times \overset{1}{5}}{\underset{2}{10} \times 6} = \dfrac{19}{12}$

❷ $2.5 = \dfrac{\overset{5}{25}}{\underset{2}{10}} = \dfrac{5}{2}$ だから、

$1\dfrac{1}{4} \times 2.5 = \dfrac{5}{4} \times \dfrac{5}{2} = \dfrac{5 \times 5}{4 \times 2} = \dfrac{25}{8}$

❸ $0.6 = \dfrac{\overset{3}{6}}{\underset{5}{10}} = \dfrac{3}{5}$ だから、

$0.6 \times 1\dfrac{1}{12} = \dfrac{3}{5} \times \dfrac{13}{12} = \dfrac{\overset{1}{3} \times 13}{5 \times \underset{4}{12}} = \dfrac{13}{20}$

❹ ❶ $0.4 = \dfrac{\overset{2}{4}}{\underset{5}{10}} = \dfrac{2}{5}$ だから、

$\dfrac{3}{8} \times \dfrac{1}{5} \times 0.4 = \dfrac{3}{8} \times \dfrac{1}{5} \times \dfrac{2}{5}$

$= \dfrac{3 \times 1 \times \overset{1}{2}}{\underset{4}{8} \times 5 \times 5} = \dfrac{3}{100}$

❷ $3.5 = \dfrac{\overset{7}{35}}{\underset{2}{10}} = \dfrac{7}{2}$、$4 = \dfrac{4}{1}$ だから、

$3.5 \times 4 \times \dfrac{1}{7} = \dfrac{7}{2} \times \dfrac{4}{1} \times \dfrac{1}{7}$

$= \dfrac{\overset{1}{7} \times \overset{2}{4} \times 1}{\underset{1}{2} \times 1 \times \underset{1}{7}} = 2$

基本1 ❶ 大きい　❷ 小さい

答え ❶ う、え　❷ い、お

❶ い、う、あ、え

基本2 $\dfrac{5\times 3}{8\times 4}=\dfrac{15}{32}$　　　　答え $\dfrac{15}{32}$

❷ ❶ 式 $\dfrac{3}{7}\times\dfrac{3}{7}=\dfrac{9}{49}$　　答え $\dfrac{9}{49}$ cm²

　❷ 式 $\dfrac{5}{6}\times\dfrac{7}{10}\times\dfrac{3}{14}=\dfrac{1}{8}$　答え $\dfrac{1}{8}$ m³

基本3 $\dfrac{2}{3}$、40　　　　答え 40

❸ ❶ 30分　　❷ 80分

基本4 ❶ 60、$\dfrac{1}{4}$　　❷ $\dfrac{1}{4}$、4

答え ❶ $\dfrac{1}{4}$　❷ 4

　❹ 式 $4\times\dfrac{3}{4}=3$　　答え 3km

　❺ 式 $30\times\dfrac{5}{6}=25$　　答え 25 m³

てびき

❶ かける数の大きい順になります。

❷ ❶ | 正方形の面積 |＝| 1辺 |×| 1辺 | だから、

$\dfrac{3}{7}\times\dfrac{3}{7}=\dfrac{3\times 3}{7\times 7}=\dfrac{9}{49}$

❷ | 直方体の体積 |＝| 縦 |×| 横 |×| 高さ | だから、

$\dfrac{5}{6}\times\dfrac{7}{10}\times\dfrac{3}{14}=\dfrac{\overset{1}{5}\times\overset{1}{7}\times\overset{1}{3}}{\underset{2}{6}\times\underset{2}{10}\times\underset{2}{14}}=\dfrac{1}{8}$

❸ ❶ $60\times\dfrac{1}{2}=30$

❷ $60\times\dfrac{4}{3}=80$

❹ 45分は、$\dfrac{45}{60}=\dfrac{3}{4}$（時間）だから、

$4\times\dfrac{3}{4}=\dfrac{4}{1}\times\dfrac{3}{4}=\dfrac{4\times 3}{1\times\underset{1}{4}}=3$

❺ 50分は、$\dfrac{50}{60}=\dfrac{5}{6}$（時間）だから、

$30\times\dfrac{5}{6}=\dfrac{30}{1}\times\dfrac{5}{6}=\dfrac{\overset{5}{30}\times 5}{1\times\underset{1}{6}}=25$

基本1 逆数、分子

❶ 5、3、$\dfrac{5}{3}$　　❷ 1、$\dfrac{1}{2}$

❸ 10、$\dfrac{10}{9}$

答え ❶ $\dfrac{5}{3}\left(1\dfrac{2}{3}\right)$　❷ $\dfrac{1}{2}$　❸ $\dfrac{10}{9}\left(1\dfrac{1}{9}\right)$

❶ ❶ $\dfrac{7}{2}\left(3\dfrac{1}{2}\right)$　　❷ $\dfrac{2}{9}$

❸ $\dfrac{9}{5}\left(1\dfrac{4}{5}\right)$　　❹ 6

❷ ❶ $\dfrac{1}{4}$　　❷ $\dfrac{10}{9}\left(1\dfrac{1}{9}\right)$

❸ 50　　❹ $\dfrac{4}{3}\left(1\dfrac{1}{3}\right)$

基本2 ❶ $\dfrac{1}{12}$、$\dfrac{1}{12}$　　答え 成り立つ

❷ $\dfrac{1}{12}$、$\dfrac{1}{72}$、$\dfrac{1}{24}$、$\dfrac{1}{72}$　答え 成り立つ

❸ ❶ $a+b=\dfrac{1}{3}+\dfrac{1}{4}=\dfrac{7}{12}$ だから、

$(a+b)+c=\dfrac{7}{12}+\dfrac{1}{6}=\dfrac{3}{4}$

$b+c=\dfrac{1}{4}+\dfrac{1}{6}=\dfrac{5}{12}$ だから、

$a+(b+c)=\dfrac{1}{3}+\dfrac{5}{12}=\dfrac{3}{4}$

$(a+b)+c=a+(b+c)$ は、分数のときにも成り立つ。

❷ $(a+b)\times c=\left(\dfrac{1}{3}+\dfrac{1}{4}\right)\times\dfrac{1}{6}=\dfrac{7}{12}\times\dfrac{1}{6}=\dfrac{7}{72}$

$a\times c+b\times c=\dfrac{1}{3}\times\dfrac{1}{6}+\dfrac{1}{4}\times\dfrac{1}{6}$

$=\dfrac{1}{18}+\dfrac{1}{24}=\dfrac{7}{72}$

$(a+b)\times c=a\times c+b\times c$ は、分数のときにも成り立つ。

❹ ❶ $2\dfrac{1}{7}\left(\dfrac{15}{7}\right)$　　❷ $\dfrac{3}{4}$

❸ $\dfrac{1}{10}$　　❹ $\dfrac{1}{3}$

てびき

❶ ❶ 分母と分子を入れかえて、$\dfrac{7}{2}$

❷ 分母と分子を入れかえて、$\dfrac{2}{9}$

❸ 分母と分子を入れかえて、$\dfrac{9}{5}$

❹ 分母と分子を入れかえて、$\dfrac{6}{1}=6$

❷ ❶ $4=\dfrac{4}{1}$ だから、分母と分子を入れかえて、

$\dfrac{1}{4}$

❷ $0.9=\dfrac{9}{10}$ だから、分母と分子を入れかえて、

$\dfrac{10}{9}$

❸ $0.02=\dfrac{\overset{1}{2}}{\underset{50}{100}}=\dfrac{1}{50}$ だから、分母と分子を入

れかえて、$\dfrac{50}{1}=50$

④ $0.75 = \dfrac{\overset{3}{\cancel{75}}}{\underset{4}{\cancel{100}}} = \dfrac{3}{4}$ だから、分母と分子を入

れかえて、$\dfrac{4}{3}$

❹ ① $\dfrac{1}{6} + \dfrac{1}{7} + \dfrac{11}{6} = \dfrac{1}{6} + \dfrac{11}{6} + \dfrac{1}{7}$

$= \left(\dfrac{1}{6} + \dfrac{11}{6}\right) + \dfrac{1}{7} = 2 + \dfrac{1}{7} = 2\dfrac{1}{7}$

② $\dfrac{5}{7} \times \dfrac{3}{4} \times \dfrac{7}{5} = \dfrac{3}{4} \times \dfrac{5}{7} \times \dfrac{7}{5}$

$= \dfrac{3}{4} \times \left(\dfrac{5}{7} \times \dfrac{7}{5}\right) = \dfrac{3}{4} \times 1 = \dfrac{3}{4}$

③ $\dfrac{1}{10} \times \dfrac{1}{7} + \dfrac{3}{5} \times \dfrac{1}{7} = \left(\dfrac{1}{10} + \dfrac{3}{5}\right) \times \dfrac{1}{7}$

$= \dfrac{7}{10} \times \dfrac{1}{7} = \dfrac{1}{10}$

④ $1\dfrac{1}{9} \times \dfrac{3}{4} - \dfrac{2}{3} \times \dfrac{3}{4} = \left(1\dfrac{1}{9} - \dfrac{2}{3}\right) \times \dfrac{3}{4}$

$= \dfrac{4}{9} \times \dfrac{3}{4} = \dfrac{1}{3}$

32 ページ　練習のワーク❶

❶ ① $\dfrac{1}{36}$　② $\dfrac{12}{7}\left(1\dfrac{5}{7}\right)$　③ $\dfrac{27}{32}$

　④ $\dfrac{5}{14}$　⑤ 1　⑥ $\dfrac{3}{10}$

❷ ① $\dfrac{1}{3}$　② $\dfrac{5}{48}$

❸ 式 $\dfrac{5}{7} \times 2\dfrac{1}{10} = \dfrac{3}{2}$　　答え $\dfrac{3}{2}\text{m}^2\left(1\dfrac{1}{2}\text{m}^2\right)$

❹ ① 100 秒　② $\dfrac{13}{12}$ 時間 $\left(1\dfrac{1}{12}\right.$ 時間 $)$

❺ ① 式 $5 \times \dfrac{10}{60} = \dfrac{5}{6}$　　答え $\dfrac{5}{6}\text{km}$

　② 式 $5 \times \dfrac{25}{60} = \dfrac{25}{12}$　　答え $\dfrac{25}{12}\text{km}\left(2\dfrac{1}{12}\text{km}\right)$

❻ ① $\dfrac{8}{7}\left(1\dfrac{1}{7}\right)$　② 8

てびき

❶ ① $\dfrac{1}{4} \times \dfrac{1}{9} = \dfrac{1 \times 1}{4 \times 9} = \dfrac{1}{36}$

② $3 \times \dfrac{4}{7} = \dfrac{3 \times 4}{1 \times 7} = \dfrac{12}{7}$

③ $1\dfrac{1}{8} \times \dfrac{3}{4} = \dfrac{9 \times 3}{8 \times 4} = \dfrac{27}{32}$

④ $\dfrac{3}{7} \times \dfrac{5}{6} = \dfrac{3 \times 5}{7 \times \underset{2}{\cancel{6}}} = \dfrac{5}{14}$

⑤ $\dfrac{5}{8} \times \dfrac{8}{5} = \dfrac{\cancel{5} \times \cancel{8}}{\cancel{8} \times \cancel{5}} = 1$

⑥ $2\dfrac{1}{4} \times \dfrac{2}{15} = \dfrac{\overset{3}{\cancel{9}} \times \overset{1}{\cancel{2}}}{\underset{2}{\cancel{4}} \times \underset{5}{\cancel{15}}} = \dfrac{3}{10}$

❷ ① $1.2 = \dfrac{\overset{6}{\cancel{12}}}{\underset{5}{\cancel{10}}} = \dfrac{6}{5}$ だから、

$1.2 \times \dfrac{5}{18} = \dfrac{6}{5} \times \dfrac{5}{18} = \dfrac{\overset{1}{\cancel{6}} \times \overset{1}{\cancel{5}}}{\underset{1}{\cancel{5}} \times \underset{3}{\cancel{18}}} = \dfrac{1}{3}$

② $0.75 = \dfrac{\overset{3}{\cancel{75}}}{\underset{4}{\cancel{100}}} = \dfrac{3}{4}$ だから、

$\dfrac{3}{8} \times \dfrac{10}{27} \times 0.75 = \dfrac{3}{8} \times \dfrac{10}{27} \times \dfrac{3}{4}$

$= \dfrac{\cancel{3} \times \overset{5}{\cancel{10}} \times 3}{\underset{4}{\cancel{8}} \times \underset{9}{\cancel{27}} \times 4} = \dfrac{5}{48}$

❸ $\dfrac{5}{7} \times 2\dfrac{1}{10} = \dfrac{5}{7} \times \dfrac{21}{10} = \dfrac{\cancel{5} \times \overset{3}{\cancel{21}}}{\cancel{7} \times \underset{2}{\cancel{10}}} = \dfrac{3}{2}$

❹ ① $60 \times \dfrac{5}{3} = 100$

② $65 \div 60 = \dfrac{65}{60} = \dfrac{13}{12}$

❺ ① $10 \div 60 = \dfrac{10}{60} = \dfrac{1}{6}$ だから、

$5 \times \dfrac{1}{6} = \dfrac{5}{6}$

② $25 \div 60 = \dfrac{25}{60} = \dfrac{5}{12}$ だから、

$5 \times \dfrac{5}{12} = \dfrac{25}{12}$

❻ ① 分母と分子を入れかえて、$\dfrac{8}{7}$

② $0.125 = \dfrac{\overset{1}{\cancel{125}}}{\underset{8}{\cancel{1000}}} = \dfrac{1}{8}$ だから、分母と分子を

入れかえて、$\dfrac{8}{1} = 8$

33 ページ　練習のワーク❷

❶ ① $\dfrac{8}{45}$　② $\dfrac{54}{5}\left(10\dfrac{4}{5}\right)$　③ $\dfrac{15}{2}\left(7\dfrac{1}{2}\right)$

　④ $\dfrac{3}{8}$　⑤ $\dfrac{35}{6}\left(5\dfrac{5}{6}\right)$　⑥ $\dfrac{35}{4}\left(8\dfrac{3}{4}\right)$

❷ ① $\dfrac{1}{4}$　② 1

❸ ⓐ

❹ ① 35 分　② $\dfrac{3}{4}$ 分

❺ 式 $540 \times \dfrac{5}{12} = 225$　　答え 225g

❻ ① $\dfrac{10}{11}$　② $\dfrac{5}{12}$

まとめのテスト❶

❶ ① $\dfrac{7}{27}$ ② $\dfrac{24}{5}\left(4\dfrac{4}{5}\right)$

③ $\dfrac{77}{36}\left(2\dfrac{5}{36}\right)$ ④ $\dfrac{9}{5}\left(1\dfrac{4}{5}\right)$

⑤ 2 ⑥ 3 ⑦ 2

❷ ① $2\dfrac{5}{7}\left(\dfrac{19}{7}\right)$ ② 1

❸ ① 24分 ② $\dfrac{8}{15}$ 時間

❹ 式 $\dfrac{4}{5}\times\dfrac{4}{5}\times\dfrac{4}{5}=\dfrac{64}{125}$ 答え $\dfrac{64}{125}$ cm³

❺ 式 $\dfrac{19}{20}\times2\dfrac{2}{3}=\dfrac{38}{15}$ 答え $\dfrac{38}{15}$ kg $\left(2\dfrac{8}{15}$ kg$\right)$

❻ 式 $1\dfrac{1}{8}\times4\dfrac{4}{5}=\dfrac{27}{5}$ 答え $\dfrac{27}{5}$ m² $\left(5\dfrac{2}{5}$ m²$\right)$

てびき（左）

❶ ① $\dfrac{2}{5}\times\dfrac{4}{9}=\dfrac{2\times4}{5\times9}=\dfrac{8}{45}$

② $\dfrac{6}{5}\times9=\dfrac{6\times9}{5\times1}=\dfrac{54}{5}$

③ $20\times\dfrac{3}{8}=\dfrac{20\times3}{1\times8}=\dfrac{15}{2}$

④ $\dfrac{7}{12}\times\dfrac{9}{14}=\dfrac{7\times9}{12\times14}=\dfrac{3}{8}$

⑤ $1\dfrac{2}{3}\times3\dfrac{1}{2}=\dfrac{5}{3}\times\dfrac{7}{2}=\dfrac{5\times7}{3\times2}=\dfrac{35}{6}$

⑥ $4\dfrac{1}{6}\times2\dfrac{1}{10}=\dfrac{25}{6}\times\dfrac{21}{10}=\dfrac{25\times21}{6\times10}=\dfrac{35}{4}$

❷ ① $3\times\dfrac{1}{10}\times\dfrac{5}{6}=\dfrac{3\times1\times5}{1\times10\times6}=\dfrac{1}{4}$

② $\dfrac{4}{5}\times\dfrac{7}{8}\times1\dfrac{3}{7}=\dfrac{4\times7\times10}{5\times8\times7}=1$

❸ かける数が1より小さいものを選びます。

❹ ① $60\times\dfrac{7}{12}=35$

② $45\div60=\dfrac{45}{60}=\dfrac{3}{4}$

❺ $540\times\dfrac{5}{12}=\dfrac{540\times5}{1\times12}=225$

❻ ① $\dfrac{8}{9}\times\dfrac{5}{11}\times\dfrac{9}{4}=\dfrac{5}{11}\times\dfrac{8}{9}\times\dfrac{9}{4}$
$=\dfrac{5}{11}\times\left(\dfrac{8}{9}\times\dfrac{9}{4}\right)=\dfrac{5}{11}\times2=\dfrac{10}{11}$

② $\dfrac{5}{12}\times\dfrac{5}{7}+\dfrac{1}{6}\times\dfrac{5}{7}=\left(\dfrac{5}{12}+\dfrac{1}{6}\right)\times\dfrac{5}{7}$
$=\dfrac{7}{12}\times\dfrac{5}{7}=\dfrac{5}{12}$

てびき（右）

❶ ① $\dfrac{1}{3}\times\dfrac{7}{9}=\dfrac{1\times7}{3\times9}=\dfrac{7}{27}$

② $8\times\dfrac{3}{5}=\dfrac{8\times3}{1\times5}=\dfrac{24}{5}$

③ $1\dfrac{1}{6}\times1\dfrac{5}{6}=\dfrac{7\times11}{6\times6}=\dfrac{77}{36}$

④ $\dfrac{3}{10}\times6=\dfrac{3\times6}{10\times1}=\dfrac{9}{5}$

⑤ $3.2=\dfrac{32}{10}=\dfrac{16}{5}$ だから、
$\dfrac{5}{8}\times3.2=\dfrac{5}{8}\times\dfrac{16}{5}=\dfrac{5\times16}{8\times5}=2$

⑥ $5=\dfrac{5}{1}$、$0.7=\dfrac{7}{10}$ だから、
$5\times0.7\times\dfrac{6}{7}=\dfrac{5}{1}\times\dfrac{7}{10}\times\dfrac{6}{7}=\dfrac{5\times7\times6}{1\times10\times7}=3$

⑦ $3\dfrac{3}{4}\times\dfrac{16}{21}\times\dfrac{7}{10}=\dfrac{15}{4}\times\dfrac{16}{21}\times\dfrac{7}{10}$
$=\dfrac{15\times16\times7}{4\times21\times10}=2$

❷ ① $\dfrac{2}{9}+\dfrac{5}{7}+\dfrac{16}{9}=\dfrac{2}{9}+\dfrac{16}{9}+\dfrac{5}{7}$
$=\left(\dfrac{2}{9}+\dfrac{16}{9}\right)+\dfrac{5}{7}=2+\dfrac{5}{7}=2\dfrac{5}{7}$

② $1\dfrac{1}{20}\times\dfrac{10}{3}-\dfrac{3}{4}\times\dfrac{10}{3}=\left(1\dfrac{1}{20}-\dfrac{3}{4}\right)\times\dfrac{10}{3}$
$=\left(\dfrac{21}{20}-\dfrac{15}{20}\right)\times\dfrac{10}{3}=\dfrac{3}{10}\times\dfrac{10}{3}=1$

❸ ① $60\times\dfrac{2}{5}=24$

② $32\div60=\dfrac{32}{60}=\dfrac{8}{15}$

4 $\boxed{\text{立方体の体積}}=\boxed{1\text{辺}}\times\boxed{1\text{辺}}\times\boxed{1\text{辺}}$ だから、

$$\frac{4}{5}\times\frac{4}{5}\times\frac{4}{5}=\frac{4\times4\times4}{5\times5\times5}=\frac{64}{125}$$

5 $\frac{19}{20}\times2\frac{2}{3}=\frac{19}{20}\times\frac{8}{3}=\frac{19\times\overset{2}{\cancel{8}}}{\underset{5}{\cancel{20}}\times3}=\frac{38}{15}$

6 $\boxed{1\text{L でぬれる面積}}\times\boxed{\text{ペンキの量}}$

$=\boxed{\text{ぬれる面積}}$ だから、

$$1\frac{1}{8}\times4\frac{4}{5}=\frac{9}{8}\times\frac{24}{5}=\frac{9\times\overset{3}{\cancel{24}}}{\underset{1}{\cancel{8}}\times5}=\frac{27}{5}$$

35ページ まとめのテスト❷

1 ① $\frac{7}{16}$　　② $\frac{9}{2}\left(4\frac{1}{2}\right)$

③ $\frac{55}{24}\left(2\frac{7}{24}\right)$　　④ $\frac{8}{3}\left(2\frac{2}{3}\right)$

⑤ $\frac{2}{21}$　　⑥ $\frac{16}{3}\left(5\frac{1}{3}\right)$

2 ① 式 $\frac{3}{5}\times\frac{5}{6}=\frac{1}{2}$　　答え $\frac{1}{2}$ kg

② 式 $\frac{3}{5}\times2\frac{2}{3}=\frac{8}{5}$　　答え $\frac{8}{5}$ kg $\left(1\frac{3}{5}\text{kg}\right)$

3 式 $\frac{15}{8}\times\frac{9}{10}\times\frac{16}{3}=9$　　答え 9 cm³

4 式 $25\times\frac{72}{60}=30$　　答え 30 m³

5 式 $\frac{1}{14}\times24\frac{1}{2}=\frac{7}{4}$　　答え $\frac{7}{4}$ L $\left(1\frac{3}{4}\text{L}\right)$

6 式 $1\frac{9}{16}\times3\frac{1}{2}+\frac{7}{16}\times3\frac{1}{2}=7$　　答え 7 m²

てびき

1 ① $\frac{7}{10}\times\frac{5}{8}=\frac{7\times\overset{1}{\cancel{5}}}{\underset{2}{\cancel{10}}\times8}=\frac{7}{16}$

② $12\times\frac{3}{8}=\frac{\overset{3}{\cancel{12}}\times3}{1\times\underset{2}{\cancel{8}}}=\frac{9}{2}$

③ $1\frac{2}{3}\times1\frac{3}{8}=\frac{5}{3}\times\frac{11}{8}=\frac{5\times11}{3\times8}=\frac{55}{24}$

④ $2.4=\frac{\overset{12}{\cancel{24}}}{\underset{5}{\cancel{10}}}=\frac{12}{5}$ だから、

$2.4\times1\frac{1}{9}=\frac{12}{5}\times\frac{10}{9}=\frac{\overset{4}{\cancel{12}}\times\overset{2}{\cancel{10}}}{\underset{1}{\cancel{5}}\times\underset{3}{\cancel{9}}}=\frac{8}{3}$

⑤ $\frac{1}{4}\times\frac{5}{7}\times\frac{8}{15}=\frac{1\times\overset{1}{\cancel{5}}\times\overset{2}{\cancel{8}}}{\underset{1}{\cancel{4}}\times7\times\underset{3}{\cancel{15}}}=\frac{2}{21}$

⑥ $0.8=\frac{\overset{4}{\cancel{8}}}{\underset{5}{\cancel{10}}}=\frac{4}{5}$ だから、

$2\frac{2}{9}\times0.8\times3=\frac{20}{9}\times\frac{4}{5}\times\frac{3}{1}$

$$=\frac{\overset{4}{\cancel{20}}\times4\times\overset{1}{\cancel{3}}}{\underset{3}{\cancel{9}}\times\underset{1}{\cancel{5}}\times1}=\frac{16}{3}$$

2 ① $\frac{3}{5}\times\frac{5}{6}=\frac{3\times\overset{1}{\cancel{5}}}{\underset{1}{\cancel{5}}\times\underset{2}{\cancel{6}}}=\frac{1}{2}$

② $\frac{3}{5}\times2\frac{2}{3}=\frac{3}{5}\times\frac{8}{3}=\frac{\overset{1}{\cancel{3}}\times8}{5\times\underset{1}{\cancel{3}}}=\frac{8}{5}$

3 $\boxed{\text{直方体の体積}}=\boxed{\text{縦}}\times\boxed{\text{横}}\times\boxed{\text{高さ}}$ だから、

$$\frac{15}{8}\times\frac{9}{10}\times\frac{16}{3}=\frac{\overset{3}{\cancel{15}}\times\overset{3}{\cancel{9}}\times\overset{2}{\cancel{16}}}{\underset{1}{\cancel{8}}\times\underset{2}{\cancel{10}}\times\underset{1}{\cancel{3}}}=9$$

4 72 分は、$\frac{72}{60}=\frac{6}{5}$（時間）だから、

$$25\times\frac{6}{5}=\frac{25\times6}{1\times\underset{5}{\cancel{5}}}=30$$

5 $\boxed{\begin{array}{c}1\text{km 走るのに必要な}\\\text{ガソリンの量}\end{array}}\times\boxed{\text{走る道のり}}$

$=\boxed{\text{必要なガソリンの量}}$ だから、

$$\frac{1}{14}\times24\frac{1}{2}=\frac{1}{14}\times\frac{49}{2}=\frac{1\times\overset{7}{\cancel{49}}}{\underset{2}{\cancel{14}}\times2}=\frac{7}{4}$$

6 $a\times c+b\times c=(a+b)\times c$ を使って、くふうして計算しましょう。

$1\frac{9}{16}\times3\frac{1}{2}+\frac{7}{16}\times3\frac{1}{2}=\left(1\frac{9}{16}+\frac{7}{16}\right)\times3\frac{1}{2}$

$=2\times3\frac{1}{2}=2\times\frac{7}{2}=7$

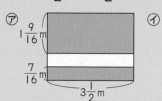

⑦の色をぬった部分の面積は、

$$1\frac{9}{16}\times3\frac{1}{2}+\frac{7}{16}\times3\frac{1}{2}\text{（m}^2\text{）}$$

⑦の図形の 2 つの長方形を⑦のようにあわせると、⑦の図形の面積は、

$$\left(1\frac{9}{16}+\frac{7}{16}\right)\times3\frac{1}{2}\text{（m}^2\text{）}$$

です。このことから、

$$1\frac{9}{16}\times3\frac{1}{2}+\frac{7}{16}\times3\frac{1}{2}=\left(1\frac{9}{16}+\frac{7}{16}\right)\times3\frac{1}{2}$$

が成り立つことがわかります。

36・37ページ 基本のワーク

基本❶ 《1》 $\frac{2}{5} \times \boxed{4} = \frac{2 \times \boxed{4}}{5} = \frac{\boxed{8}}{5}$

《2》 4、$\frac{2}{5} \times \boxed{4} = \frac{\boxed{8}}{5}$　　　答え $\frac{8}{5}\left(1\frac{3}{5}\right)$

❶ ① $\frac{10}{7}\left(1\frac{3}{7}\right)$　　② $\frac{15}{8}\left(1\frac{7}{8}\right)$

③ $\frac{36}{5}\left(7\frac{1}{5}\right)$

❷ 式 $\frac{4}{7} \div \frac{1}{3} = \frac{12}{7}$　　　答え $\frac{12}{7}$ m²$\left(1\frac{5}{7}$ m²$\right)$

基本❷ 《1》 $\frac{3 \times \boxed{5}}{4 \times \boxed{2}} = \frac{15}{8}$

《2》 $\frac{3 \times \boxed{5}}{4 \times \boxed{2}} = \frac{15}{8}$　　　答え $\frac{15}{8}\left(1\frac{7}{8}\right)$

❸ ① $\frac{16}{21}$　　② $\frac{9}{14}$　　③ $\frac{40}{27}\left(1\frac{13}{27}\right)$

④ $\frac{2}{3}$　　⑤ $\frac{1}{6}$　　⑥ $\frac{8}{7}\left(1\frac{1}{7}\right)$

❹ 式 $\frac{3}{7} \div \frac{5}{8} = \frac{24}{35}$　　　答え $\frac{24}{35}$ m²

てびき

❶ ① $\frac{5}{7} \div \frac{1}{2} = \frac{5}{7} \times 2 = \frac{10}{7}$

② $\frac{3}{8} \div \frac{1}{5} = \frac{3}{8} \times 5 = \frac{15}{8}$

③ $\frac{4}{5} \div \frac{1}{9} = \frac{4}{5} \times 9 = \frac{36}{5}$

❷ $\frac{4}{7} \div \frac{1}{3} = \frac{4}{7} \times 3 = \frac{4 \times 3}{7} = \frac{12}{7}$

❸ ① $\frac{2}{3} \div \frac{7}{8} = \frac{2}{3} \times \frac{8}{7} = \frac{16}{21}$

② $\frac{3}{7} \div \frac{2}{3} = \frac{3}{7} \times \frac{3}{2} = \frac{9}{14}$

③ $\frac{8}{9} \div \frac{3}{5} = \frac{8}{9} \times \frac{5}{3} = \frac{40}{27}$

④ $\frac{1}{2} \div \frac{3}{4} = \frac{1}{2} \times \frac{4}{3} = \frac{1 \times \overset{2}{\cancel{4}}}{\cancel{2} \times 3} = \frac{2}{3}$

⑤ $\frac{4}{9} \div \frac{8}{3} = \frac{4}{9} \times \frac{3}{8} = \frac{\overset{1}{\cancel{4}} \times \overset{1}{\cancel{3}}}{\cancel{9} \times \cancel{8}} = \frac{1}{6}$

⑥ $\frac{10}{21} \div \frac{5}{12} = \frac{10}{21} \times \frac{12}{5} = \frac{\overset{2}{\cancel{10}} \times \overset{4}{\cancel{12}}}{\cancel{21} \times \cancel{5}} = \frac{8}{7}$

❹ $\frac{3}{7} \div \frac{5}{8} = \frac{3}{7} \times \frac{8}{5} = \frac{3 \times 8}{7 \times 5} = \frac{24}{35}$

38・39ページ 基本のワーク

基本❶ 16、16、5、4　　　答え 4

❶ ① $\frac{35}{24}\left(1\frac{11}{24}\right)$　　② $\frac{5}{32}$

③ $\frac{1}{2}$　　④ 3

基本❷ ① $\frac{2}{1} \times \frac{8}{3} = \frac{16}{3}$　　答え $\frac{16}{3}\left(5\frac{1}{3}\right)$

② $\frac{7}{9} \times \frac{1}{4} = \frac{7}{36}$　　答え $\frac{7}{36}$

❷ ① $\frac{21}{2}\left(10\frac{1}{2}\right)$　　② $\frac{9}{2}\left(4\frac{1}{2}\right)$

③ $\frac{2}{25}$　　④ $\frac{2}{7}$

❸ 式 $2\frac{4}{5} \div 1\frac{1}{6} = \frac{12}{5}$　　答え $\frac{12}{5}$ m$\left(2\frac{2}{5}$ m$\right)$

基本❸ ① $0.7 = \frac{7}{10}$

$\frac{7}{10} \div \frac{5}{9} = \frac{7}{10} \times \frac{9}{5} = \frac{63}{50}$　　答え $\frac{63}{50}\left(1\frac{13}{50}\right)$

② $1.4 = \frac{7}{5}$

$\frac{2}{5} \div \frac{7}{5} = \frac{2}{5} \times \frac{5}{7} = \frac{2}{7}$　　答え $\frac{2}{7}$

❹ ① $\frac{13}{8}\left(1\frac{5}{8}\right)$　　② $\frac{15}{7}\left(2\frac{1}{7}\right)$

③ $\frac{8}{13}$

基本❹ $4 = \frac{4}{1}$、$3.2 = \frac{16}{5}$

$\frac{4}{1} \times \frac{5}{9} \div \frac{16}{5} = \frac{4}{1} \times \frac{5}{9} \times \frac{5}{16} = \frac{25}{36}$　　答え $\frac{25}{36}$

❺ ① $\frac{1}{8}$　　② $\frac{25}{8}\left(3\frac{1}{8}\right)$

③ 2　　④ 14

てびき

❶ ① $1\frac{1}{4} \div \frac{6}{7} = \frac{5}{4} \times \frac{7}{6} = \frac{5 \times 7}{4 \times 6} = \frac{35}{24}$

② $\frac{3}{8} \div 2\frac{2}{5} = \frac{3}{8} \div \frac{12}{5} = \frac{3}{8} \times \frac{5}{12}$

$= \frac{3 \times 5}{8 \times \underset{4}{\cancel{12}}} = \frac{5}{32}$

③ $1\frac{5}{6} \div 3\frac{2}{3} = \frac{11}{6} \div \frac{11}{3} = \frac{11}{6} \times \frac{3}{11}$

$= \frac{\cancel{11} \times \overset{1}{\cancel{3}}}{\underset{2}{\cancel{6}} \times \cancel{11}} = \frac{1}{2}$

④ $3\frac{3}{10} \div 1\frac{1}{10} = \frac{33}{10} \div \frac{11}{10} = \frac{33}{10} \times \frac{10}{11}$

$= \frac{\overset{3}{\cancel{33}} \times \overset{1}{\cancel{10}}}{\underset{1}{\cancel{10}} \times \underset{1}{\cancel{11}}} = 3$

❷ ❶ $3 \div \dfrac{2}{7} = \dfrac{3}{1} \times \dfrac{7}{2} = \dfrac{3 \times 7}{1 \times 2} = \dfrac{21}{2}$

❷ $2 \div \dfrac{4}{9} = \dfrac{2}{1} \times \dfrac{9}{4} = \dfrac{2 \times 9}{1 \times 4} = \dfrac{9}{2}$

❸ $\dfrac{2}{5} \div 5 = \dfrac{2}{5} \times \dfrac{1}{5} = \dfrac{2 \times 1}{5 \times 5} = \dfrac{2}{25}$

❹ $1\dfrac{5}{7} \div 6 = \dfrac{12}{7} \times \dfrac{1}{6} = \dfrac{12 \times 1}{7 \times 6} = \dfrac{2}{7}$

❸ 全体の重さ ÷ 1mあたりの重さ ＝ 長さ
だから、

$2\dfrac{4}{5} \div 1\dfrac{1}{6} = \dfrac{14}{5} \div \dfrac{7}{6} = \dfrac{14}{5} \times \dfrac{6}{7}$

$= \dfrac{14 \times 6}{5 \times 7} = \dfrac{12}{5}$

❹ ❶ $1.3 = \dfrac{13}{10}$ だから、

$1.3 \div \dfrac{4}{5} = \dfrac{13}{10} \div \dfrac{4}{5} = \dfrac{13}{10} \times \dfrac{5}{4}$

$= \dfrac{13 \times 5}{10 \times 4} = \dfrac{13}{8}$

❷ $0.2 = \dfrac{2}{10} = \dfrac{1}{5}$ だから、

$\dfrac{3}{7} \div 0.2 = \dfrac{3}{7} \div \dfrac{1}{5} = \dfrac{3}{7} \times \dfrac{5}{1}$

$= \dfrac{3 \times 5}{7 \times 1} = \dfrac{15}{7}$

❸ $2.6 = \dfrac{26}{10} = \dfrac{13}{5}$ だから、

$1\dfrac{3}{5} \div 2.6 = 1\dfrac{3}{5} \div \dfrac{13}{5} = \dfrac{8}{5} \times \dfrac{5}{13}$

$= \dfrac{8 \times 5}{5 \times 13} = \dfrac{8}{13}$

❺ ❶ $\dfrac{3}{10} \times \dfrac{3}{8} \div 0.9 = \dfrac{3}{10} \times \dfrac{3}{8} \div \dfrac{9}{10}$

$= \dfrac{3}{10} \times \dfrac{3}{8} \times \dfrac{10}{9} = \dfrac{3 \times 3 \times 10}{10 \times 8 \times 9} = \dfrac{1}{8}$

❷ $0.8 = \dfrac{8}{10} = \dfrac{4}{5}$ だから、

$2 \div 0.8 \div \dfrac{4}{5} = \dfrac{2}{1} \div \dfrac{4}{5} \div \dfrac{4}{5}$

$= \dfrac{2}{1} \times \dfrac{5}{4} \times \dfrac{5}{4} = \dfrac{2 \times 5 \times 5}{1 \times 4 \times 4} = \dfrac{25}{8}$

❸ $0.75 = \dfrac{75}{100} = \dfrac{3}{4}$ 、 $2.25 = \dfrac{225}{100} = \dfrac{9}{4}$
だから、

$0.75 \times 6 \div 2.25 = \dfrac{3}{4} \times 6 \div \dfrac{9}{4}$

$= \dfrac{3}{4} \times \dfrac{6}{1} \times \dfrac{4}{9} = \dfrac{3 \times 6 \times 4}{4 \times 1 \times 9} = 2$

❹ $8 \div 28 \times 49 = \dfrac{8}{1} \times \dfrac{1}{28} \times \dfrac{49}{1}$

$= \dfrac{8 \times 1 \times 49}{1 \times 28 \times 1} = 14$

40・41 ページ 基本のワーク

基本❶ **❶** 小さい **❷** 大きい

　　　　答え **❶** あ、う **❷** え、お

❶ い、う、あ、え

基本❷ $\dfrac{3}{4}$ 、 15　　　　　　　　答え 15

❷ 式 $16 \times \dfrac{9}{8} = 18$　　　　　　答え 18m

基本❸ $\dfrac{6}{5}$ 、 $\dfrac{1}{3}$　　　　　　　答え $\dfrac{1}{3}$

❸ 式 $\dfrac{9}{7} \div 3 = \dfrac{3}{7}$　　　　　答え $\dfrac{3}{7}$

基本❹ $\dfrac{4}{5}$ 、 1000　　　　　　答え 1000

❹ 式 $\dfrac{5}{2} \div \dfrac{5}{6} = 3$　　　　　答え 3m

❺ **❶** 540　　　　　**❷** $\dfrac{2}{3}$

てびき **❶** わる数の小さい順になります。

❷
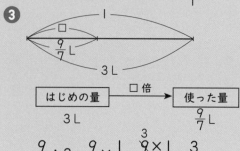

$16 \times \dfrac{9}{8} = \dfrac{16}{1} \times \dfrac{9}{8} = \dfrac{16 \times 9}{1 \times 8} = 18$

❸

| はじめの量 | □倍 | 使った量 |
| 3L | → | $\dfrac{9}{7}$ L |

$\dfrac{9}{7} \div 3 = \dfrac{9}{7} \times \dfrac{1}{3} = \dfrac{9 \times 1}{7 \times 3} = \dfrac{3}{7}$

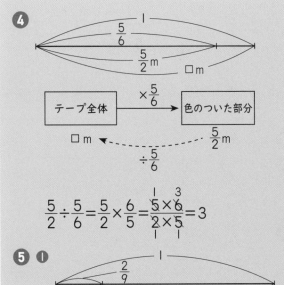

④

テープ全体 $\times \dfrac{5}{6}$ → 色のついた部分

$\dfrac{5}{2}$m ← $\square$m　$\div \dfrac{5}{6}$

$$\dfrac{5}{2} \div \dfrac{5}{6} = \dfrac{5}{2} \times \dfrac{6}{5} = \dfrac{\overset{1}{5} \times \overset{3}{6}}{\underset{1}{2} \times \underset{1}{5}} = 3$$

⑤ ①

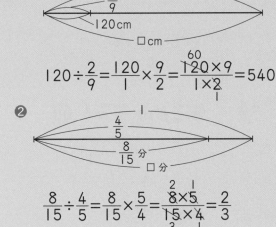

$$120 \div \dfrac{2}{9} = \dfrac{120}{1} \times \dfrac{9}{2} = \dfrac{\overset{60}{120} \times 9}{1 \times \underset{1}{2}} = 540$$

②

$$\dfrac{8}{15} \div \dfrac{4}{5} = \dfrac{8}{15} \times \dfrac{5}{4} = \dfrac{\overset{2}{8} \times \overset{1}{5}}{\underset{3}{15} \times \underset{1}{4}} = \dfrac{2}{3}$$

42ページ 練習のワーク①

❶ ① $\dfrac{7}{6}\left(1\dfrac{1}{6}\right)$　② $\dfrac{14}{9}\left(1\dfrac{5}{9}\right)$　③ $\dfrac{10}{9}\left(1\dfrac{1}{9}\right)$

　④ $\dfrac{3}{5}$　⑤ 4　⑥ $\dfrac{5}{12}$

❷ ① $\dfrac{7}{3}\left(2\dfrac{1}{3}\right)$　② $\dfrac{1}{2}$　③ $\dfrac{12}{7}\left(1\dfrac{5}{7}\right)$

❸ ① $\dfrac{21}{5}\left(4\dfrac{1}{5}\right)$　② 72　③ $\dfrac{5}{24}$

❹ ① $\dfrac{9}{4}\left(2\dfrac{1}{4}\right)$　② $\dfrac{8}{15}$

❺ ① 210　② 25

❻ 式 $14 \times \dfrac{2}{7} = 4$　　　　答え $4\,\mathrm{km}^2$

てびき

❶① $\dfrac{1}{6} \div \dfrac{1}{7} = \dfrac{1}{6} \times \dfrac{7}{1} = \dfrac{1 \times 7}{6 \times 1} = \dfrac{7}{6}$

② $\dfrac{2}{3} \div \dfrac{3}{7} = \dfrac{2}{3} \times \dfrac{7}{3} = \dfrac{2 \times 7}{3 \times 3} = \dfrac{14}{9}$

③ $\dfrac{4}{9} \div \dfrac{2}{5} = \dfrac{4}{9} \times \dfrac{5}{2} = \dfrac{\overset{2}{4} \times 5}{9 \times \underset{1}{2}} = \dfrac{10}{9}$

④ $\dfrac{3}{8} \div \dfrac{5}{8} = \dfrac{3}{8} \times \dfrac{8}{5} = \dfrac{3 \times \overset{1}{8}}{\underset{1}{8} \times 5} = \dfrac{3}{5}$

---

⑤ $\dfrac{6}{5} \div \dfrac{3}{10} = \dfrac{6}{5} \times \dfrac{10}{3} = \dfrac{\overset{2}{6} \times \overset{2}{10}}{\underset{1}{5} \times \underset{1}{3}} = 4$

⑥ $\dfrac{2}{9} \div \dfrac{8}{15} = \dfrac{2}{9} \times \dfrac{15}{8} = \dfrac{2 \times \overset{5}{15}}{\underset{3}{9} \times \underset{4}{8}} = \dfrac{5}{12}$

❷ ① $1\dfrac{1}{3} \div \dfrac{4}{7} = \dfrac{4}{3} \div \dfrac{4}{7} = \dfrac{4}{3} \times \dfrac{7}{4} = \dfrac{\overset{1}{4} \times 7}{3 \times \underset{1}{4}} = \dfrac{7}{3}$

② $\dfrac{4}{5} \div 1\dfrac{3}{5} = \dfrac{4}{5} \div \dfrac{8}{5} = \dfrac{4}{5} \times \dfrac{5}{8} = \dfrac{\overset{1}{4} \times \overset{1}{5}}{\underset{1}{5} \times \underset{2}{8}} = \dfrac{1}{2}$

③ $4\dfrac{1}{2} \div 2\dfrac{5}{8} = \dfrac{9}{2} \div \dfrac{21}{8} = \dfrac{9}{2} \times \dfrac{8}{21}$

$= \dfrac{\overset{3}{9} \times \overset{4}{8}}{\underset{1}{2} \times \underset{7}{21}} = \dfrac{12}{7}$

❸ ① $6 \div \dfrac{10}{7} = \dfrac{6}{1} \times \dfrac{7}{10} = \dfrac{\overset{3}{6} \times 7}{1 \times \underset{5}{10}} = \dfrac{21}{5}$

❹ ① $0.9 = \dfrac{9}{10}$ だから、

$0.9 \times 2 \div \dfrac{4}{5} = \dfrac{9}{10} \times \dfrac{2}{1} \times \dfrac{5}{4}$

$= \dfrac{9 \times \overset{1}{2} \times \overset{1}{5}}{\underset{2}{10} \times 1 \times \underset{2}{4}} = \dfrac{9}{4}$

② $0.6 = \dfrac{6}{10} = \dfrac{3}{5}$ だから、

$\dfrac{4}{7} \div \dfrac{9}{14} \times 0.6 = \dfrac{4}{7} \times \dfrac{14}{9} \times \dfrac{3}{5}$

$= \dfrac{4 \times \overset{2}{14} \times \overset{1}{3}}{\underset{1}{7} \times \underset{3}{9} \times 5} = \dfrac{8}{15}$

❺ ①

180kg　$\square$kg

$180 \div \dfrac{6}{7} = \dfrac{180}{1} \times \dfrac{7}{6} = \dfrac{\overset{30}{180} \times 7}{1 \times \underset{1}{6}} = 210$

②

15人　$\square$人

$15 \div \dfrac{3}{5} = \dfrac{15}{1} \times \dfrac{5}{3} = \dfrac{\overset{5}{15} \times 5}{1 \times \underset{1}{3}} = 25$

❻

畑全体 14km² ── $\dfrac{2}{7}$倍 → 花畑 $\square$km²

$14 \times \dfrac{2}{7} = \dfrac{14}{1} \times \dfrac{2}{7} = \dfrac{\overset{2}{14} \times 2}{1 \times \underset{1}{7}} = 4$

❶ ① $\frac{21}{8}\left(2\frac{5}{8}\right)$ ② $\frac{2}{3}$ ③ $\frac{1}{12}$

④ $\frac{7}{5}\left(1\frac{2}{5}\right)$ ⑤ $\frac{6}{5}\left(1\frac{1}{5}\right)$ ⑥ $\frac{7}{2}\left(3\frac{1}{2}\right)$

❷ ① 4 ② $\frac{5}{24}$

③ $\frac{14}{5}\left(2\frac{4}{5}\right)$ ④ $\frac{42}{5}\left(8\frac{2}{5}\right)$

❸ ③

❹ 式 $24\div4\frac{4}{5}=5$ 答え 5cm

❺ 式 $640\div\frac{8}{9}=720$ 答え 720円

てびき

❶ ① $\frac{3}{4}\div\frac{2}{7}=\frac{3}{4}\times\frac{7}{2}=\frac{3\times7}{4\times2}=\frac{21}{8}$

② $\frac{1}{5}\div\frac{3}{10}=\frac{1}{5}\times\frac{10}{3}=\frac{1\times10}{5\times3}=\frac{2}{3}$

③ $\frac{5}{8}\div\frac{15}{2}=\frac{5}{8}\times\frac{2}{15}=\frac{5\times2}{8\times15}=\frac{1}{12}$

④ $1\frac{1}{6}\div\frac{5}{6}=\frac{7}{6}\div\frac{5}{6}=\frac{7}{6}\times\frac{6}{5}=\frac{7\times6}{6\times5}=\frac{7}{5}$

⑤ $2\frac{1}{7}\div1\frac{11}{14}=\frac{15}{7}\div\frac{25}{14}=\frac{15}{7}\times\frac{14}{25}$

$=\frac{15\times14}{7\times25}=\frac{6}{5}$

⑥ $12\div3\frac{3}{7}=12\div\frac{24}{7}=\frac{12}{1}\times\frac{7}{24}$

$=\frac{12\times7}{1\times24}=\frac{7}{2}$

❷ ① $1\frac{5}{9}\times2\frac{2}{5}\div\frac{14}{15}=\frac{14}{9}\times\frac{12}{5}\div\frac{14}{15}$

$=\frac{14}{9}\times\frac{12}{5}\times\frac{15}{14}=\frac{14\times12\times15}{9\times5\times14}=4$

② $0.2=\frac{2}{10}=\frac{1}{5}$ だから、

$\frac{5}{12}\div10\div0.2=\frac{5}{12}\div\frac{10}{1}\div\frac{1}{5}$

$=\frac{5}{12}\times\frac{1}{10}\times\frac{5}{1}=\frac{5\times1\times5}{12\times10\times1}=\frac{5}{24}$

③ $7\div25\times10=\frac{7}{1}\times\frac{1}{25}\times\frac{10}{1}$

$=\frac{7\times1\times10}{1\times25\times1}=\frac{14}{5}$

④ $1.75=\frac{175}{100}=\frac{7}{4}$、$1.25=\frac{125}{100}=\frac{5}{4}$ だから、

$1.75\div1.25\times6=\frac{7}{4}\div\frac{5}{4}\times\frac{6}{1}$

$=\frac{7\times4\times6}{4\times5\times1}=\frac{42}{5}$

❸ わる数が1より小さいものを選びます。

❹ 底辺＝平行四辺形の面積÷高さ だから、

$24\div4\frac{4}{5}=24\div\frac{24}{5}=\frac{24}{1}\times\frac{5}{24}=\frac{24\times5}{1\times24}=5$

❺

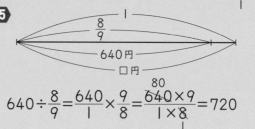

$640\div\frac{8}{9}=\frac{640}{1}\times\frac{9}{8}=\frac{640\times9}{1\times8}=720$

❶ ① $\frac{2}{3}$ ② $\frac{14}{3}\left(4\frac{2}{3}\right)$

③ $\frac{5}{6}$ ④ $\frac{39}{2}\left(19\frac{1}{2}\right)$

⑤ $\frac{16}{21}$ ⑥ $\frac{1}{9}$

❷ 式 $\frac{8}{15}\div\frac{3}{10}=\frac{16}{9}$ 答え $\frac{16}{9}$ kg $\left(1\frac{7}{9}$ kg$\right)$

❸ 式 $2600\div\frac{2}{5}=6500$ 答え 6500円

❹ 式 $140\div\frac{7}{9}=180$ 答え 180cm

❺ ① 式 $36\div\frac{2}{9}=162$ 答え 162人

② 式 $27\div162=\frac{1}{6}$ 答え $\frac{1}{6}$ 倍

てびき

❶ ① $\frac{1}{4}\div\frac{3}{8}=\frac{1}{4}\times\frac{8}{3}=\frac{1\times8}{4\times3}=\frac{2}{3}$

② $3\frac{1}{3}\div\frac{5}{7}=\frac{10}{3}\div\frac{5}{7}=\frac{10}{3}\times\frac{7}{5}=\frac{10\times7}{3\times5}=\frac{14}{3}$

③ $1\frac{1}{2}\div1\frac{4}{5}=\frac{3}{2}\div\frac{9}{5}=\frac{3}{2}\times\frac{5}{9}=\frac{3\times5}{2\times9}=\frac{5}{6}$

④ $26\div\frac{4}{3}=\frac{26}{1}\times\frac{3}{4}=\frac{26\times3}{1\times4}=\frac{39}{2}$

⑤ $\frac{5}{9}\times\frac{6}{7}\div\frac{5}{8}=\frac{5}{9}\times\frac{6}{7}\times\frac{8}{5}=\frac{5\times6\times8}{9\times7\times5}=\frac{16}{21}$

⑥ $0.3 = \dfrac{3}{10}$ だから、

$$\dfrac{8}{15} \div 16 \div 0.3 = \dfrac{8}{15} \div \dfrac{16}{1} \div \dfrac{3}{10}$$

$$= \dfrac{8}{15} \times \dfrac{1}{16} \times \dfrac{10}{3} = \dfrac{8 \times 1 \times \overset{2}{\cancel{10}}}{\underset{3}{\cancel{15}} \times \underset{2}{\cancel{16}} \times 3} = \dfrac{1}{9}$$

2 $\dfrac{8}{15} \div \dfrac{3}{10} = \dfrac{8}{15} \times \dfrac{10}{3} = \dfrac{8 \times \overset{2}{\cancel{10}}}{15 \times 3} = \dfrac{16}{9}$

3 $2600 \div \dfrac{2}{5} = \dfrac{2600}{1} \times \dfrac{5}{2} = \dfrac{\overset{1300}{\cancel{2600}} \times 5}{1 \times \underset{1}{\cancel{2}}} = 6500$

4

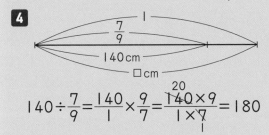

140 cm
□ cm
$\dfrac{7}{9}$
1

$$140 \div \dfrac{7}{9} = \dfrac{140}{1} \times \dfrac{9}{7} = \dfrac{\overset{20}{\cancel{140}} \times 9}{1 \times \underset{1}{\cancel{7}}} = 180$$

5 ❶ $36 \div \dfrac{2}{9} = \dfrac{36}{1} \times \dfrac{9}{2} = \dfrac{\overset{18}{\cancel{36}} \times 9}{1 \times \underset{1}{\cancel{2}}} = 162$

❷ $27 \div 162 = \dfrac{\overset{1}{\cancel{27}}}{\underset{6}{\cancel{162}}} = \dfrac{1}{6}$

---

45 ページ 　まとめのテスト❷

1 ❶ $\dfrac{9}{4}\left(2\dfrac{1}{4}\right)$ 　　❷ $\dfrac{9}{2}\left(4\dfrac{1}{2}\right)$

❸ 72 　　❹ $\dfrac{6}{5}\left(1\dfrac{1}{5}\right)$

❺ $\dfrac{9}{10}$ 　　❻ $\dfrac{1}{6}$

2 ❶ 70 　　❷ 20

3 式 $6\dfrac{1}{4} \div \dfrac{5}{16} = 20$ 　　答え 20本

4 式 $2\dfrac{7}{10} \div 1\dfrac{1}{8} = \dfrac{12}{5}$ 　　答え $\dfrac{12}{5}$ m $\left(2\dfrac{2}{5}$ m$\right)$

5 ❶ 式 $1\dfrac{4}{5} \div \dfrac{1}{8} = \dfrac{72}{5}$ 　　答え $\dfrac{72}{5}$ km $\left(14\dfrac{2}{5}$ km$\right)$

❷ 式 $\dfrac{1}{8} \div 1\dfrac{4}{5} = \dfrac{5}{72}$ 　　答え $\dfrac{5}{72}$ L

てびき

1 ❶ $\dfrac{3}{5} \div \dfrac{4}{15} = \dfrac{3}{5} \times \dfrac{15}{4} = \dfrac{3 \times \overset{3}{\cancel{15}}}{\underset{1}{\cancel{5}} \times 4} = \dfrac{9}{4}$

❷ $2\dfrac{5}{8} \div \dfrac{7}{12} = \dfrac{21}{8} \div \dfrac{7}{12} = \dfrac{21}{8} \times \dfrac{12}{7}$

$$= \dfrac{\overset{3}{\cancel{21}} \times \overset{3}{\cancel{12}}}{\underset{2}{\cancel{8}} \times \underset{1}{\cancel{7}}} = \dfrac{9}{2}$$

---

❸ $32 \div \dfrac{4}{9} = \dfrac{32}{1} \times \dfrac{9}{4} = \dfrac{\overset{8}{\cancel{32}} \times 9}{1 \times \underset{1}{\cancel{4}}} = 72$

❹ $3\dfrac{1}{3} \div 2\dfrac{7}{9} = \dfrac{10}{3} \div \dfrac{25}{9} = \dfrac{10}{3} \times \dfrac{9}{25}$

$$= \dfrac{\overset{2}{\cancel{10}} \times \overset{3}{\cancel{9}}}{\underset{1}{\cancel{3}} \times \underset{5}{\cancel{25}}} = \dfrac{6}{5}$$

❺ $2\dfrac{5}{8} \times \dfrac{5}{7} \div 2\dfrac{1}{12} = \dfrac{21}{8} \times \dfrac{5}{7} \div \dfrac{25}{12}$

$$= \dfrac{21}{8} \times \dfrac{5}{7} \times \dfrac{12}{25} = \dfrac{\overset{3}{\cancel{21}} \times \overset{1}{\cancel{5}} \times \overset{3}{\cancel{12}}}{\underset{2}{\cancel{8}} \times \underset{1}{\cancel{7}} \times \underset{5}{\cancel{25}}} = \dfrac{9}{10}$

❻ $0.7 = \dfrac{7}{10}$、 $1.4 = \dfrac{\overset{7}{\cancel{14}}}{\underset{5}{\cancel{10}}} = \dfrac{7}{5}$ だから、

$$0.7 \div 3 \div 1.4 = \dfrac{7}{10} \div \dfrac{3}{1} \div \dfrac{7}{5}$$

$$= \dfrac{7}{10} \times \dfrac{1}{3} \times \dfrac{5}{7} = \dfrac{\overset{1}{\cancel{7}} \times 1 \times \overset{1}{\cancel{5}}}{\underset{2}{\cancel{10}} \times 3 \times \underset{1}{\cancel{7}}} = \dfrac{1}{6}$$

2 ❶ $42 \times \dfrac{5}{3} = \dfrac{42}{1} \times \dfrac{5}{3} = \dfrac{\overset{14}{\cancel{42}} \times 5}{1 \times \underset{1}{\cancel{3}}} = 70$

❷ $16 \div \dfrac{4}{5} = \dfrac{16}{1} \times \dfrac{5}{4} = \dfrac{\overset{4}{\cancel{16}} \times 5}{1 \times \underset{1}{\cancel{4}}} = 20$

3 | 全体の長さ | ÷ | 1本分の長さ | = | 本数 | だから、

$$6\dfrac{1}{4} \div \dfrac{5}{16} = \dfrac{25}{4} \times \dfrac{16}{5} = \dfrac{\overset{5}{\cancel{25}} \times \overset{4}{\cancel{16}}}{\underset{1}{\cancel{4}} \times \underset{1}{\cancel{5}}} = 20$$

4 $2\dfrac{7}{10} \div 1\dfrac{1}{8} = \dfrac{27}{10} \div \dfrac{9}{8} = \dfrac{27}{10} \times \dfrac{8}{9}$

$$= \dfrac{\overset{3}{\cancel{27}} \times \overset{4}{\cancel{8}}}{\underset{5}{\cancel{10}} \times \underset{1}{\cancel{9}}} = \dfrac{12}{5}$$

5 ガソリン □ L で、△ km 走るとき、

❶ ガソリン 1 L で走る道のりは、△÷□(km) となります。

$$1\dfrac{4}{5} \div \dfrac{1}{8} = \dfrac{9}{5} \div \dfrac{1}{8} = \dfrac{9}{5} \times \dfrac{8}{1} = \dfrac{9 \times 8}{5 \times 1} = \dfrac{72}{5}$$

❷ 1 km 走るのに必要なガソリンの量は、□÷△(L) となります。

$$\dfrac{1}{8} \div 1\dfrac{4}{5} = \dfrac{1}{8} \div \dfrac{9}{5} = \dfrac{1}{8} \times \dfrac{5}{9} = \dfrac{1 \times 5}{8 \times 9} = \dfrac{5}{72}$$

46·47 ページ 基本のワーク

📢① 6　　　　　　　答え たくや、さくら、たくや

❶ A−B、A−C、A−D、A−E、A−F、B−C、
B−D、B−E、B−F、C−D、C−E、C−F、
D−E、D−F、E−F

📢② 4　　　　　　　答え 西、南、北、4

❷ 6とおり

📢③ 2、2、6　　　　　　答え 6

❸ 345、354、435、453、534、543

📢④ オ、白、赤、黄　　　　　答え 20

❹ ❶ 10、12、13、14、20、21、23、24、
30、31、32、34、40、41、42、43

　❷ 48個

てびき

❷ 5つを選んで乗るのは、乗らない1つを選ぶのと同じです。乗らない1つの選び方は、A、B、C、D、E、Fの6とおりです。

❸ 下のような図をかいて考えます。

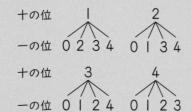

❹ ❶ 十の位に0はおけないので、十の位が1の場合、2の場合、……のように順に考えます。

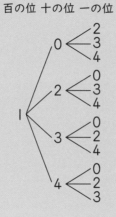

❷ 百の位が1の整数は、右の図のように12個できます。百の位が2、3、4の場合もかき出してみると、それぞれ12個で、あわせて48個できます。

48·49 ページ 基本のワーク

📢① 6

A町→B町	B町→C町	時間(分)	費用(円)
電車	電車	60	510
電車	路面電車	65	480
電車	地下鉄	50	530
バス	電車	65	440
バス	路面電車	70	410
バス	地下鉄	55	460

❶ 地下鉄、バス、地下鉄
　　　　　　答え 地下鉄、バス、地下鉄

❷ バス、地下鉄　　　　答え バス、地下鉄

❶ O→A→B→C→O
または、O→C→B→A→O

📢② 13、5、8、8、11、5、6、6、8、21、6、
17　　　　　　　答え 21、17

❷ ❶ 22人　❷ 99人　❸ 16830円

てびき

❶ 行き方は全部で6とおりあります。それぞれの行き方の道のりを考えます。
O→A→B→C→O
　70+135+140+80=425
O→A→C→B→O
　70+130+140+90=430
O→B→A→C→O
　90+135+130+80=435
O→B→C→A→O
　90+140+130+70=430
O→C→A→B→O
　80+130+135+90=435
O→C→B→A→O
　80+140+135+70=425
となります。

❷ ❶ 午前の75人と午後の68人は、それぞれ両方参加する人をふくんでいます。

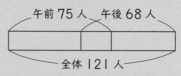

75+68−121=22
❷ 121−22=99
❸ 180×22+130×99=16830

❶ いちろう ー じろう、いちろう ー さぶろう、じろう ー さぶろう

❷ ❶

月	○	○	○	○	○	○				
火	○	○	○				○	○	○	
水	○			○	○		○	○		○
木		○		○		○	○		○	○
金			○		○	○		○	○	○

10とおり

❷ 5とおり

❸ ❶ 24個   ❷ 24個

❹ 16とおり

てびき

❷❷ 通う4日を選ぶのは、通わない1日を選ぶのと同じです。通わない1日の選び方は、月、火、水、木、金の5とおりです。

❸❶ 千の位が2の整数は、右の図のように6個できます。千の位が3、4、5の場合もかき出してみると、それぞれ6個で、あわせて24個できます。

❷ 百の位が2の整数は、右の図のように6個できます。百の位が3、4、5の場合もかき出してみると、それぞれ6個で、あわせて24個できます。

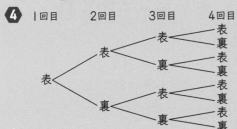

❹

1回目が表の場合は、上の図のように8とおり。1回目が裏の場合もかき出してみると、8とおりあります。表と裏の出方はあわせて16とおりあります。

❶ ❶ 10とおり   ❷ 5とおり

❷ ❶ 18個   ❷ 8個

❸ A→B→E→D→C→A

てびき

❶❶ A…アイスクリーム、B…チョコレート、C…ガム、D…あめ、E…クッキー として図をかいて考えます。

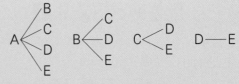

図から、10とおりとなります。

❷ 買わない1種類の選び方は、A、B、C、D、Eの5とおりです。

❷❶ 下のような図をかいて考えます。千の位に0をおくことはできないから、まず、千の位が1の場合を考えると、下の図より、6個あることがわかります。

同じように考えて、千の位が3、4の場合もそれぞれ6個あるから、全部で18個の整数ができます。

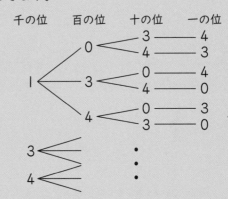

❷ 一の位は1または3となります。103、143、301、341、401、403、413、431の8個です。

❸ 行き方は全部で8とおりあります。

それぞれの行き方の道のりを考えます。

㋐ A→B→C→D→E→A
100+160+130+110+120=620(m)

㋑ A→B→E→D→C→A
100+140+110+130+80=560(m)

㋒ A→C→D→E→B→A
道のりの長さは㋑と同じ

㋓ A→C→B→E→D→A
80+160+140+110+90=580(m)

㋔ A→D→E→B→C→A
道のりの長さは㋓と同じ

㋕ A→D→C→B→E→A
90+130+160+140+120=640(m)

㋖ A→E→B→C→D→A
道のりの長さは㋕と同じ

㋗ A→E→D→C→B→A
道のりの長さは㋐と同じ

いちばん短くなるのは㋑、㋒で、「A→ □ → □ →C→A」にあてはまるのは㋑です。

まとめのテスト❶

1 6とおり
2 ❶ 6とおり　　❷ 24とおり
3 6円、11円、15円、51円、55円、60円
4 ❶ 20個　　❷ 45　　　❸ 10とおり
5 ❶ 20とおり　❷ 15とおり　❸ 30とおり

てびき

1 選ばないボールの選び方は、赤、青、黄、緑、金、銀の6とおりです。

2 ❶ 下の図のように、6とおりあります。

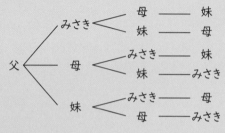

❷ みさきさん、お母さん、妹がいちばん左に並ぶときもかき出してみると、それぞれ6とおりで、あわせて24とおりあります。

3 できる組み合わせは、下の6通りあります。

```
          5円玉  →   6円
1円玉 ┌ 10円玉 →  11円
      └ 50円玉 →  51円
      ┌ 10円玉 →  15円
5円玉 └ 50円玉 →  55円
10円玉─50円玉 →  60円
```

4 ❶ できる整数は、12、13、14、15、21、23、24、25、31、32、34、35、41、42、43、45、51、52、53、54の20個あります。

❷ 大きいほうから、54、53、52、51、45、…となります。

❸ 3枚を取り出すのは、取り出さない2枚を選ぶのと同じです。取り出さない2枚の選び方は、次の10とおりあります。

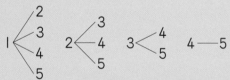

5 ❶ み…みかん、ぶ…ぶどう、も…もも、な…なし、り…りんご、バ…バナナとして図をかいて考えます。選び方を調べると、次のように20とおりあります。

み	○	○	○	○	○	○	○	○	○	○
ぶ	○	○	○	○						
も	○					○	○	○		
な		○						○	○	○
り			○			○			○	○
バ				○			○		○	○

み										
ぶ	○	○	○	○			○	○		
も	○	○	○			○	○	○		
な	○			○	○		○			○
り		○		○		○		○	○	
バ			○		○		○	○	○	○

❷ かごに入れる2つの選び方は、下の表のように15とおりあります。

	み	ぶ	も	な	り	バ
み		○	○	○	○	○
ぶ			○	○	○	○
も				○	○	○
な					○	○
り						○
バ						

❸ Aさんにみかんをあげるとき、Bさんにあげるくだものは、ぶどう、もも、なし、りんご、バナナの5とおりあります。
Aさんに他のくだものをあげるときもそれぞれかき出してみると、5とおりずつあるから、全部で30とおりあります。

まとめのテスト❷

1 15試合
2 ❶ 6とおり　　❷ 3とおり
3 ❶ 6とおり　　❷ 24とおり
4 8人
5 2とおり

てびき

1 下のような図や表を使って考えます。

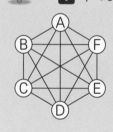

	A	B	C	D	E	F
A		①	②	③	④	⑤
B			⑥	⑦	⑧	⑨
C				⑩	⑪	⑫
D					⑬	⑭
E						⑮
F						

2 ❶ 4つの箱を左か
ら1、2、3、4とし、
おはじきを入れる箱に
○をかくと、右の表の
ように6とおりありま
す。

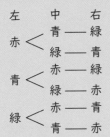

1	2	3	4
○	○		
○		○	
○			○
	○	○	
	○		○
		○	○

❷ となりあうような入れ方は、
・1の箱と2の箱に入れたとき
・2の箱と3の箱に入れたとき
・3の箱と4の箱に入れたとき
の3とおりになります。

3 ❶ 色をぬる部分を左から順に左、中、右とし
て、ぬり方を図に表すと、下のようになります。

```
  左    中    右
         青 ── 緑
  赤 <
         緑 ── 青
         赤 ── 緑
  青 <
         緑 ── 赤
         赤 ── 青
  緑 <
         青 ── 赤
```

❷ 4色のうちから使う3色を選ぶのは、使わ
ない1色を選ぶのと同じなので、選び方は4
とおりあります。また、使う色がきまったとき、
そのぬり分け方は、❶から6とおりです。

4 そばだけが好きな人は、17−12＝5(人)
うどんだけが好きな人は、21−12＝9(人)
どちらもきらいな人は、34−12−5−9＝8(人)

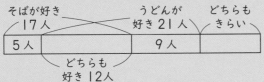

そばが好き　　　うどんが　　どちらも
17人　　　　　　好き21人　　きらい
| 5人 | | 9人 | |
　　　どちらも
　　　好き12人

5 組み合わせと、そのときの代金を図に表すと、
次のようになります。

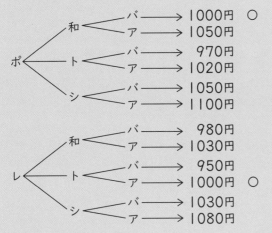

```
           ┌ バ ──→ 1000円 ○
      ┌ 和 ┤
      │    └ ア ──→ 1050円
      │    ┌ バ ──→  970円
  ポ ─┼ ト ┤
      │    └ ア ──→ 1020円
      │    ┌ バ ──→ 1050円
      └ シ ┤
           └ ア ──→ 1100円

           ┌ バ ──→  980円
      ┌ 和 ┤
      │    └ ア ──→ 1030円
      │    ┌ バ ──→  950円
  レ ─┼ ト ┤
      │    └ ア ──→ 1000円 ○
      │    ┌ バ ──→ 1030円
      └ シ ┤
           └ ア ──→ 1080円
```

代金が1000円になるのは、○をつけた2と
おりです。

---

❼ 円の面積

54・55ページ 基本のワーク

ふくしゅう ❶ 15.7cm　　❷ 3cm

基本❶ 2、2、4　　　　　　　　　答え 2、4

❶ 2倍より大きく、4倍より小さい。

基本❷ ❶ 22、22　　　　　　　　答え 22
　　　❷ 5.5　　　　　　　　　　答え 5.5
　　　❸ 22、5.5、27.5　　　　答え 27.5
　　　❹ 27.5、110　　　　　　　答え 110

❷ 約3.1倍

❸ 約3.2倍

てびき ❷ 110÷(6×6)＝110÷36
　　　　　　＝3.05…→3.1

❸ の底辺は2.4cm、高さは6cmだか
ら、この三角形の面積は、
2.4×6÷2＝7.2
円全体の面積は、
7.2×16＝115.2
115.2÷(6×6)＝115.2÷36
　　　　　　　＝3.2

56・57ページ 基本のワーク

基本❶ 直径、半径、6、6、113.04　答え 113.04

❶ ❶ 12.56cm²　　❷ 78.5cm²

❷ ❶ 314cm²　　　❷ 6.28cm²
　　❸ 0.785cm²

基本❷ 《1》28.26、28.26、7.74
　　　　　7.74、7.74、20.52
　　　　《2》28.26、18、28.26、18、10.26
　　　　　10.26、20.52　　　　答え 20.52

❸ 20.52cm²

❹ 20.52cm²

てびき ❶ ❶ 2×2×3.14＝12.56
　　　　❷ 5×5×3.14＝78.5
❷ ❶ 10×10×3.14＝314
　　❷ 2×2×3.14÷2＝6.28
　　❸ 1×1×3.14÷4＝0.785
❸ 36−28.26＝7.74
　　あ　　い　　　う
28.26−7.74＝20.52
　い　　　う
❹ 28.26＋28.26−36＝20.52
　　い　　　　い　　　あ

❶ ❶ 200.96 cm²　❷ 379.94 cm²
　❸ 153.86 cm²
❷ ❶ 103.62 cm²　❷ 56.52 cm²
　❸ 6.28 cm²　　❹ 114 cm²
❸ どちらも、1辺が 10cm の正方形の面積から、
　半径 5cm の円の面積をひいたものだから。

てびき　❶ ❶ 8×8×3.14＝200.96
　❷ 半径は、22÷2＝11
　　11×11×3.14＝379.94
　❸ この円の直径は、43.96÷3.14＝14
　　半径は、14÷2＝7
　　面積は、7×7×3.14＝153.86
　❷ ❶ 大きい円の半径は、3＋4＝7
　半径 7cm の円の面積から、半径 4cm の円の
　面積をひいて求めます。
　7×7×3.14－4×4×3.14
　＝(7×7－4×4)×3.14＝103.62
　❷ 右の図のように移動して考える
　と、この図形の面積は、半径 6cm
　の円の面積の半分になります。
　6×6×3.14÷2＝56.52
　❸ 半径 4cm の円の面積の $\frac{1}{4}$ から半径 2cm
　の円の $\frac{1}{2}$ の面積をひきます。
　4×4×3.14÷4－2×2×3.14÷2＝6.28
　❹ 中の正方形を 45°ま
　わすと、直径 20cm の
　円の面積から、2本の対
　角線が 20cm の正方形
　(ひし形)の面積をひけばよいことがわかります。
　10×10×3.14－20×20÷2＝114
　❸ あの図形で、半円 2つの上下を入れかえると、
　1つの円になります。

 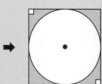

　①の図形で、円を $\frac{1}{4}$ にした 4つの形を入れか
　えると、1つの円になります。

 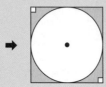

　あ、①の図形の面積はどちらも、
　10×10－5×5×3.14＝21.5 です。

1 3.14(円周率)、3.14(円周率)、半径、
　3.14(円周率)
2 ❶ 254.34 cm²　❷ 0.785 cm²
3 ❶ 4倍　❷ 円が 270.04 cm² 大きい。
4 ❶ 102.78 cm²　❷ 2.28 cm²

てびき　2 ❶ 9×9×3.14＝254.34
　❷ 半径は、1÷2＝0.5
　　面積は、0.5×0.5×3.14＝0.785
3 ❶ 半径 2cm の円の面積は、
　2×2×3.14＝12.56　半径 1cm の円の面積
　は、1×1×3.14＝3.14
　12.56÷3.14＝4
　❷ 円の直径は、125.6÷3.14＝40
　面積は、20×20×3.14＝1256
　正方形の 1辺は、125.6÷4＝31.4
　面積は、31.4×31.4＝985.96
　1256－985.96＝270.04
4 ❶ 半径 6cm の円の面積の $\frac{1}{4}$ の 3個分と、
　直角をはさむ 2辺が 6cm である直角二等辺
　三角形の面積との和になります。
　6×6×3.14÷4×3＋6×6÷2＝102.78
　❷ 次のような方法があります。
　《1》

　　あの面積　2×2＝4
　　①の面積　2×2×3.14÷4＝3.14
　　③の面積　4－3.14＝0.86
　　この形の面積は、
　　4－0.86－0.86＝2.28
　《2》
　　①の面積　3.14
　　えの面積　2×2÷2＝2
　　おの面積　3.14－2＝1.14
　　この形の面積は、1.14×2＝2.28
　《3》

　　①の面積は 3.14、③の面積は 0.86
　　3.14－0.86＝2.28
　《4》
　　①の面積は 3.14、あの面積は 4
　　この形の面積は、3.14＋3.14－4＝2.28

60・61 ページ 基本のワーク

基 ① ❶ 《I》5、6、120
《2》5、120
❷ 《I》120、60
《2》5、60

答え ❶ 120 ❷ 60

① 100cm³
基 ② 105　　　　　　　　答え 105
② ❶ 315cm³　　❷ 264m³
基 ③ 10、10、2512　　　　答え 2512
③ ❶ 50.24cm³　　❷ 4019.2m³
基 ④ 4、48、48、288　　　答え 288
④ 508.68cm³

てびき
① 《I》縦8cm、横5cm、高さ5cm
の直方体の体積の半分なので、
$8×5×5×\frac{1}{2}=100$
《2》直角三角形の面を底面とすると、
$(5×8÷2)×5=100$
② 角柱の体積＝底面積×高さ
❶ 底面を2つの三角形に分けて考えます。
$(10×5÷2+10×4÷2)×7=315$
❷ 底辺が8mで高さが6mの三角形を底面と
する三角柱です。
$(8×6÷2)×11=264$
③ 円柱の体積＝底面積×高さ
❶ $(2×2×3.14)×4=50.24$
❷ 底面の半径は、16÷2＝8
$(8×8×3.14)×20=4019.2$
④ ○を底面とみて、底面積×高さ を使います。
底面積は、直径12cm（半径6cm）の円の面積
から直径6cm（半径3cm）の円の面積をひけ
ば求められます。
$6×6×3.14−3×3×3.14$
$=(6×6−3×3)×3.14=84.78$
体積は、$84.78×6=508.68$

62 ページ 練習のワーク

❶ ❶ 36cm³　　❷ 800cm³
❸ 420cm³　　❹ 960cm³
❷ ❶ 282.6cm³　　❷ 615.44cm³
❸ ○が6.2cm³大きい。

てびき
❶ ❶ $(3×4÷2)×6=36$
❷ $100×8=800$
❸ 台形の面を底面とみると、底面積は、
$(4+10)×5÷2=35$
体積は、$35×12=420$
❹ 三角形の面を底面とみると、体積は、
$(16×6÷2)×20=960$
❷ ❶ $(3×3×3.14)×10=282.6$
❷ 底面の半径は、14÷2＝7
体積は、$(7×7×3.14)×4=615.44$
❸ ㋐の体積は、$(7×7)×5=245$
○の底面の半径は、8÷2＝4
体積は、$(4×4×3.14)×5=251.2$
体積の差は、$251.2−245=6.2$

63 ページ まとめのテスト

① ❶ 底面積　　❷ 18840
② ❶ 550cm³　　❷ 270cm³
❸ 476cm³　　❹ 392.5cm³
③ 502.4cm³
④ 12cm

てびき
① ❷ $(10×10×3.14)×60$
$=18840$
② ❶ $(11×10÷2)×10=550$
❷ 直角三角形の面を底面とみると、体積は、
$(5×9÷2)×12=270$
❸ 底面は、2つの三角形を組み合わせた形に
なります。体積は、
$(8×4÷2+8×13÷2)×7=476$
❹ 底面は円になります。
底面の半径は、5÷2＝2.5
体積は、$(2.5×2.5×3.14)×20=392.5$

3 底面積は、直径12cm(半径6cm)の円の面積から直径4cm(半径2cm)の円の面積をひけば求められます。
$6×6×3.14−2×2×3.14$
$=(6×6−2×2)×3.14$
$=100.48$
体積は、$100.48×5=502.4$

4 底面の円の直径が30cmで体積が8478cm³の円柱の高さを求める、と考えます。
底面の円の半径は、$30÷2=15$なので、
$8478÷(15×15×3.14)=12$

⑨ データの整理と活用

64・65ページ 基本のワーク

基本1 ❶ 855、855、57
❷ 69　　❸ 49
❹ 69、49、20

答え ❶ 57 ❷ 69 ❸ 49 ❹ 20

❺❻
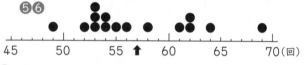
45　　50　　55↑　60　　65　　70(回)

1 ❶ 57回　　❷ 15回

2 ❶❷
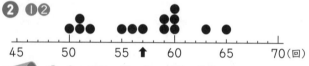
45　　50　　55↑　60　　65　　70(回)

基本2 ❶ 8、55、7、8、59、58
❷ 53、60

答え ❶ 55、58 ❷ 53、60

3 ❶ 57回　　❷ 57回

てびき **1** ❶ $56+52+50+59+60+57$
$+63+55+51+59+65+60+51+60$
$=798$
平均値は、$798÷14=57$(回)
❷ いちばん多い回数は65回、いちばん少ない回数は50回です。
$65−50=15$(回)

3 ❶ 表から、黄チームの回数を少ない順に並べると、
50、51、52、52、54、55、56、57、
57、57、59、60、63、64、65、68
中央値は、8番目と9番目の値の平均だから、
$(57+57)÷2=57$(回)
❷ 黄チームの記録で、いちばん多く出てくる回数は57回です。

66・67ページ 基本のワーク

基本1 ❶ 1、6、3、4、1　❷ 50、55
答え ❶

赤チームの回数

回数(回)		日数(日)
45 以上 ～ 50 未満		1
50 ～ 55		6
55 ～ 60		3
60 ～ 65		4
65 ～ 70		1
合計		15

❷ 50、55

1 青チームの回数

回数(回)		日数(日)
45 以上 ～ 50 未満		0
50 ～ 55		4
55 ～ 60		5
60 ～ 65		4
65 ～ 70		1
合計		14

2 ❶ 赤チーム…10日、青チーム…9日
❷ 赤チーム…67%、青チーム…64%

基本2 ヒストグラム、柱状

赤チームの回数
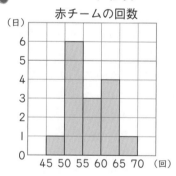

3 青チームの回数
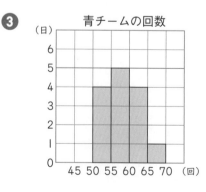

26

❶ 数えたデータの値はえん筆でチェックしながら「正」の字をかいていくとよいでしょう。

❷ ❶ 赤チームでは、55 回以上 60 回未満の日数は 3 日、50 回以上 55 回未満の日数は 6 日、45 回以上 50 回未満の日数は 1 日だから、
3+6+1=10（日）
青チームでは、55 回以上 60 回未満の日数は 5 日、50 回以上 55 回未満の日数は 4 日、45 回以上 50 回未満の日数は 0 日だから、
5+4+0=9（日）
　　❷ 赤チーム…10÷15=0.666…　→67％
　　青チーム…9÷14=0.642…　→64％

たしかめよう！

赤チームと青チームの回数の平均値は同じですが、赤チームは「50 回以上 55 回未満」に多く集まっているのに対して、青チームは、「55 回以上 60 回未満」に多く集まっています。このように、ちらばりのようすを度数分布表やヒストグラムに表すと、平均値だけではわからなかったデータの特ちょうがわかります。

68・69ページ　基本のワーク

基本❶ ❶ 大きい　　❷ 多い
　　　答え ❶ 平均値…2 組
　　　　　　中央値…3 組
　　　　　　最頻値…2 組
　　　❷ 1 組…35cm 以上 40cm 未満
　　　　2 組…40cm 以上 45cm 未満
　　　　3 組…40cm 以上 45cm 未満

❶ ❶ 3 組　　❷ 1 組
　❸ 平均値、最頻値がいちばん大きい。
　　また、35cm 以上の記録が多く、30cm 未満の記録が少ない。

基本❷ ❶ 高い
　❷ 500、7(69)、7350(7250)
　❸ 多い、多い、できません
　　　　　答え ❶ 2010
　　　　　　❷ 7350(7250)
　　　　　❸ Ⓐ 正しくない
　　　　　　Ⓑ このグラフからはわからない
❷ Ⓐ 正しい　Ⓑ このグラフからはわからない
　Ⓒ 正しくない

❶ ❶ 45cm 以上の人数は、
1 組が 3+0=3（人）
2 組が 5+2=7（人）
3 組が 4+4=8（人）
いちばん多いのは 3 組です。
　❷ 35cm 未満の人数は、
1 組が 2+5+8=15（人）
2 組が 0+3+6=9（人）
3 組が 3+5+6=14（人）
いちばん多いのは 1 組です。
❷ Ⓐ…9500 万×0.3=2850 万
1960 年の日本の人口は、グラフでは 9500 万人より少ないから、15 才未満の人口は、2850 万人より少ないです。
　Ⓑ…15〜64 才の割合は、1950 年も 2020 年も変わりません。しかし、15〜64 才と 65 才以上で、それぞれ仕事に就いている人口の割合は、与えられたグラフからよみとることはできません。
　Ⓒ…グラフをみると、2010 年では 65 才以上の人口は 15 才未満の人口の 2 倍よりも少ないです。

70ページ　練習のワーク❶

❶ ❶ 60.5 分
　❷ 中央値…60 分、最頻値…60 分
　❸ テレビを見ていた時間

時間（分）	人数（人）
0 以上〜 30 未満	3
30 〜 60	6
60 〜 90	5
90 〜120	3
120 〜150	2
150 〜180	1
合計	20

　❹ 30％
　❺ （人）テレビを見ていた時間

⑤ 30分以上60分未満

てびき ❶ ❶ 60＋30＋30＋50＋0＋90＋
60＋60＋120＋30＋50＋20＋160＋120
＋60＋90＋0＋30＋60＋90＝1210
1210÷20＝60.5

❷ テレビを見ていた時間を短い順に並べると、
0、0、20、30、30、30、30、50、50、
60、60、60、60、60、90、90、90、
120、120、160となります。
中央値は、10番目の値と11番目の値の平均
なので、
(60＋60)÷2＝60(分)
また、いちばん多く出てくる値は60分です。

④ 6÷20＝0.3から、30％

⑥ 時間が長いほうから15番目の人は、時間
が短いほうから6番目になります。
3、3＋6＝9から、30分以上60分未満の
階級にはいっています。

練習のワーク❷

❶ ❶ 平均値…26.5m、中央値…26.5m、
最頻値…25m

❷   ソフトボール投げ

きょり(m)		人数(人)
10以上 ～ 15未満		1
15 ～ 20		2
20 ～ 25		3
25 ～ 30		7
30 ～ 35		5
35 ～ 40		2
合計		20

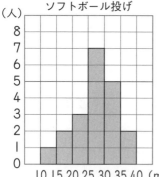

ソフトボール投げ

❷ ❶ 145cm以上150cm未満   ❷ 30％

てびき ❶ ❶ 20人のデータの値の合計は
530mなので、平均値は、
530÷20＝26.5(m)
また、データの値を小さい順に並べると、
13、16、17、20、21、23、25、25、
25、26、27、27、28、30、32、32、

33、34、37、39となります。
中央値は、10番目の値と11番目の値の平均
なので、
(26＋27)÷2＝26.5(m)
また、いちばん多く出てくる値は25mです。

❷ ❷ 1組全員の人数は、
3＋4＋5＋9＋7＋2＝30(人)
で、150cm以上の人の合計は、7＋2＝9(人)
だから、9÷30＝0.3より、30％

まとめのテスト❶

❶ ❶ 6.1足
❷ 中央値…6.5足、最頻値…7足
❸   1班のくつの数

くつの数(足)		人数(人)
2以上～ 4未満		1
4 ～ 6		3
6 ～ 8		4
8 ～10		1
10 ～12		1
合計		10

④ 80％

⑤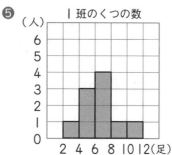

1班のくつの数

⑥ 6足以上8足未満

❷ ❶ 2班   ❷ 1班   ❸ 2班

てびき ❶ ❶ (7＋4＋6＋3＋10＋5＋7＋
4＋8＋7)÷10＝6.1

❷ くつの数を少ないほうから順に並べると、
3、4、4、5、6、7、7、7、8、10
中央値は、5番目の値と6番目の値の平均な
ので、(6＋7)÷2＝6.5(足)
また、いちばん多く出てくる値は7足です。

④ 8足未満の人数は、表より計算して、
1＋3＋4＝8(人)です。
その割合は、全員の人数が10人なので、
8÷10＝0.8より、80％

⑥ 1、1＋3＝4、1＋3＋4＝8から、
6足以上8足未満の階級にはいっています。

② 8足未満の割合は、1班が **1** ④より、80％で、2班が、(2+3)÷12＝0.416…より、41.6…％ なので、1班のほうが大きいです。（グラフから、2班の人数は、2＋3＋5＋2＝12(人)です。）

③ 6足以上10足未満の割合は、1班が、(4+1)÷10＝0.5で、2班が、(3+5)÷12＝0.66… なので、2班のほうが大きいです。

73 ページ まとめのテスト❷

1 ① 1組…9.5秒以上10.0秒未満
2組…9.0秒以上9.5秒未満

② 1組

2 ① 13人 ② 30点以上40点未満

③ 5番目から9番目まで

3 ① 60点以上69点以下

② 25.5％

てびき

1 ② 1組は、7.0秒以上11.0秒未満の範囲に、2組は、7.5秒以上10.5秒未満の範囲にちらばっているので、1組のほうがちらばりが大きいといえます。

2 ② 3、3+2＝5から、30点以上40点未満の階級にはいっています。

③ 80点以上の人は2+2＝4(人)います。70点以上80点未満の人は5人いるので、5番目から9番目までにはいっています。

3 ① A県とB県の割合をたした値がいちばん多い階級になります。

② 70点以上79点以下の階級と80点以上の階級の割合の和になります。
9.1＋7.3＋5.5＋3.6＝25.5(%)

⑩ 比とその利用

74・75 ページ 基本のワーク

基本1 8、比 答え 8

1 ① 110：180 ② 50：45

基本2 値、4、2 答え $\frac{1}{2}$(0.5)

2 ① $\frac{1}{5}$(0.2) ② 3 ③ $\frac{3}{8}$(0.375)

④ $\frac{13}{20}$(0.65) ⑤ $\frac{7}{5}\left(1\frac{2}{5}, 1.4\right)$ ⑥ $\frac{5}{3}\left(1\frac{2}{3}\right)$

基本3 $\frac{5}{6}$、$\frac{5}{6}$、＝ 答え 等しい。

3 ① 等しい。 ② 等しい。

③ 等しくない。 ④ 等しい。

⑤ 等しくない。 ⑥ 等しい。

基本4 ① 5、5、35

② 3、3、27 答え ① 35 ② 27

4 ① 4 ② 42 ③ 4 ④ 18

てびき

2 ③ $9÷24＝\frac{9}{24}＝\frac{3}{8}$

⑤ $84÷60＝\frac{84}{60}＝\frac{7}{5}$

⑥ $75÷45＝\frac{75}{45}＝\frac{5}{3}$

3 ① 4：10の比の値は、$4÷10＝\frac{2}{5}$

6：15の比の値は、$6÷15＝\frac{2}{5}$

したがって、2つの比は等しいといえます。

② 比の値はどちらも $\frac{3}{7}$ です。

③ 9：10の比の値は $\frac{9}{10}$、10：90の比の値は $\frac{1}{9}$ です。

④ 比の値はどちらも $\frac{8}{7}$ です。

⑤ 5：8の比の値は $\frac{5}{8}$、45：60の比の値は $\frac{3}{4}$ です。

⑥ 比の値はどちらも $\frac{6}{5}$ です。

4 ①

$$20 : 16 = 5 : x \qquad x=16÷4=4$$
（÷4）

②

$$6 : 4 = x : 28 \qquad x=6×7=42$$
（×7）

③

$$32 : 24 = x : 3 \qquad x=32÷8=4$$
（÷8）

④

$$5 : 2 = 45 : x \qquad x=2×9=18$$
（×9）

基本1 簡単

《1》5、5、5、3、4

《2》$\frac{3}{4}$、3、4　　　　　　　　答え 3、4

① **❶** 9：1　　**❷** 1：2　　**❸** 7：9

　　❹ 2：7　　**❺** 8：3

② **❶** 5：2　　　　　**❷** 3：2

基本2 6、1.5　　　　　　　　答え 6、1.5

③ $\frac{3}{8}$：$\frac{2}{5}$

基本3 **❶** 10、10、9、4　　　　　答え 9、4

　　❷ 12、12、12、9、8　　　答え 9、8

④ **❶** 2：3　　**❷** 6：1　　**❸** 2：9

　　❹ 8：5　　**❺** 1：4　　**❻** 3：4

　　❼ 35：12　**❽** 7：18

てびき

① **❶** 18：2＝(18÷2)：(2÷2)

　　　　　　＝9：1

　　❷ 23：46＝(23÷23)：(46÷23)＝1：2

　　❸ 35：45＝(35÷5)：(45÷5)＝7：9

　　❹ 160：560＝(160÷80)：(560÷80)

　　　　　　＝2：7

　　❺ 200：75＝(200÷25)：(75÷25)

　　　　　　＝8：3

② **❶** 25：10＝(25÷5)：(10÷5)＝5：2

　　❷ 750：500＝(750÷250)：(500÷250)

　　　　　　＝3：2

④ まず、整数の比になおします。

　　❶ 1.4：2.1＝(1.4×10)：(2.1×10)

　　　　＝14：21＝(14÷7)：(21÷7)＝2：3

　　❷ 5.4：0.9＝(5.4×10)：(0.9×10)

　　　　＝54：9＝(54÷9)：(9÷9)＝6：1

　　❸ 3：13.5＝(3×10)：(13.5×10)

　　　　＝30：135＝(30÷15)：(135÷15)

　　　　＝2：9

　　❹ 9.6：6＝(9.6×10)：(6×10)

　　　　＝96：60＝(96÷12)：(60÷12)

　　　　＝8：5

　　❺ $\frac{1}{8}$：$\frac{1}{2}$＝$\left(\frac{1}{8}×8\right)$：$\left(\frac{1}{2}×8\right)$＝1：4

　　❻ $\frac{3}{4}$：1＝$\left(\frac{3}{4}×4\right)$：(1×4)＝3：4

　　❼ $\frac{7}{3}$：$\frac{4}{5}$＝$\left(\frac{7}{3}×15\right)$：$\left(\frac{4}{5}×15\right)$＝35：12

　　❽ $\frac{2}{9}$：$\frac{4}{7}$＝$\left(\frac{2}{9}×63\right)$：$\left(\frac{4}{7}×63\right)$

　　　　＝14：36＝(14÷2)：(36÷2)＝7：18

基本1 《1》50、50、50、150

　　　　《2》$\frac{3}{5}$、$\frac{3}{5}$、$\frac{3}{5}$、$\frac{3}{5}$、150　　　答え 150

① **❶** 式 3×4＝12　　　　　　答え 12cm

　　❷ 式 2×8＝16　　　　　　答え 16cm

基本2 **❶** 9、5、1　　　　　　　答え 1

　　❷ 4、0.8　　　　　　　答え 0.8

② **❶** 式 35×$\frac{4}{7}$＝20　　35×$\frac{3}{7}$＝15

　　　　答え 大きい箱…20個、小さい箱…15個

　　❷ 式 3300×$\frac{6}{11}$＝1800

　　　　　　3300×$\frac{5}{11}$＝1500

　　　　答え しょうた…1800円、弟…1500円

　　❸ 式 16.8×$\frac{5}{12}$＝7　　16.8×$\frac{7}{12}$＝9.8

　　　　答え コスモス…7m²、ヒガンバナ…9.8m²

てびき

① **❶** 3：2＝x：8　　x＝3×4＝12

　　　　　（4倍）

　〈別の考え方〉

　　　3：2＝x：8　　x＝8×$\frac{3}{2}$＝12

　　　　（$\frac{3}{2}$倍）

　　❷ 3：2＝24：x　　x＝2×8＝16

　　　　　（8倍）

　〈別の考え方〉

　　　3：2＝24：x　　x＝24×$\frac{2}{3}$＝16

　　　　（$\frac{2}{3}$倍）

② **❶** 大きい箱に入れる個数を4、小さい箱に入れる個数を3とすると、全体の個数は7になります。大きい箱に入れる個数は、全体の$\frac{4}{7}$倍です。また、小さい箱に入れる個数は、全体の$\frac{3}{7}$倍です。

　　　　大　　全体

　　　　（$\frac{4}{7}$倍）

　　　　4　：　7

　　　　x個　35個

　　　　（$\frac{4}{7}$倍）

　　❷ しょうたさんの出す分を6、弟の出す分を5とすると、全体の金額は11になります。しょうたさんの出す分は、全体の$\frac{6}{11}$倍です。また、弟の出す分は、全体の$\frac{5}{11}$倍です。

　　　　しょうた　全体

　　　　（$\frac{6}{11}$倍）

　　　　6　：　11

　　　　x円　3300円

　　　　（$\frac{6}{11}$倍）

③ コスモスを植える部分を
5、ヒガンバナを植える部分
を7とすると、全体の面積
は12になります。コスモス
を植える部分は、全体の$\frac{5}{12}$
倍です。また、ヒガンバナを
植える部分は、全体の$\frac{7}{12}$倍です。

コスモス　　全体

$\overset{\frac{5}{12}倍}{\curvearrowright}$

5　：　12

$x\,\text{m}^2$　16.8m²

$\underset{\frac{5}{12}倍}{\curvearrowright}$

$16.8 \times \frac{7}{12} = 16.8 \div 12 \times 7$
$\qquad\qquad = 1.4 \times 7 = 9.8$

80ページ　練習のワーク❶

❶ ❶ $\frac{6}{13}$　　　❷ $\frac{4}{3}\left(1\frac{1}{3}\right)$

❷ ❶ 100　　　❷ 20

❸ ❶ 4:9　　　❷ 8:9

❹ ❶ 2:1　❷ 3:5　❸ 5:2　❹ 25:24

❺ 式 7×5=35　　　答え 35mL

❻ 式 $70 \times \frac{5}{14} = 25$　　$70 \times \frac{9}{14} = 45$

答え す…25mL、オリーブオイル…45mL

てびき

❶ ❷ $\frac{14}{15} \div \frac{7}{10} = \frac{14}{15} \times \frac{10}{7} = \frac{4}{3}$

❷ ❶ $\overset{\times 10}{\curvearrowright}$
3:10=30:x　　$x=10 \times 10 = 100$
$\underset{\times 10}{\curvearrowright}$

❷ $\overset{\div 4}{\curvearrowright}$
80:144=x:36　　$x=80 \div 4 = 20$
$\underset{\div 4}{\curvearrowright}$

❸ ❶ 28:63=(28÷7):(63÷7)=4:9
❷ 400:450=(400÷50):(450÷50)
$\qquad\qquad$=8:9

❹ ❶ 9.2:4.6=92:46=2:1
❷ 1.2:2=12:20=3:5
❸ $1:\frac{2}{5}=(1 \times 5):\left(\frac{2}{5} \times 5\right)=5:2$
❹ $\frac{5}{4}:\frac{6}{5}=\left(\frac{5}{4} \times 20\right):\left(\frac{6}{5} \times 20\right)=25:24$

❺ $\overset{5倍}{\curvearrowright}$
6 : 7=30 : x　　$x=7 \times 5=35$
$\underset{5倍}{\curvearrowright}$

❻ すの量を5、オリーブオイルの量を9とすると、ドレッシングの量は14になります。すの量は、ドレッシングの量の$\frac{5}{14}$倍です。オリーブオイルの量は、ドレッシングの量から、すの量をひいて求めることもできます。
70－25=45(mL)

81ページ　練習のワーク❷

❶ ❶ $\frac{1}{5}$(0.2)　　　❷ $\frac{4}{3}\left(1\frac{1}{3}\right)$

❷ ⓘ、ⓤ

❸ ❶ 3　　　❷ 4

❹ ❶ 4:5　　　❷ 4:9

❺ 式 8×12=96　　　答え 96cm

❻ 式 $60 \times \frac{13}{20} = 39$　　$60 \times \frac{7}{20} = 21$

答え 銅…39g、亜鉛…21g

てびき

❶ ❶ $0.8 \div 4 = 8 \div 40 = \frac{1}{5}$

❷ $\frac{1}{5} \div \frac{3}{20} = \frac{1}{5} \times \frac{20}{3} = \frac{4}{3}$

❷ それぞれの比の値を求めます。
ⓐ $3 \div 5 = \frac{3}{5}$
ⓘ $12 \div 30 = \frac{2}{5}$
ⓤ $2 \div 5 = \frac{2}{5}$
ⓔ $45 \div 18 = \frac{5}{2}$

比の値が、6:15の比の値$\frac{2}{5}$と等しいのは、ⓘ、ⓤです。

比を簡単にする方法もあります。
6:15=(6÷3):(15÷3)=2:5
ⓘは、12:30=(12÷6):(30÷6)=2:5
ⓔは、45:18=(45÷9):(18÷9)=5:2

❸ ❶ $\overset{\times \frac{5}{3}}{\curvearrowright}$
1.8:3=x:5　　$x=1.8 \times \frac{5}{3}=3$
$\underset{\times \frac{5}{3}}{\curvearrowright}$

1.8:3=18:30=3:5だから、$x=3$と考えてもよいです。

❷ $\frac{1}{4}:\frac{1}{6}=\left(\frac{1}{4} \times 12\right):\left(\frac{1}{6} \times 12\right)=3:2$
$\overset{\times 2}{\curvearrowright}$
3:2=6:x　　$x=2 \times 2=4$
$\underset{\times 2}{\curvearrowright}$

❹ ❶ 16:20=(16÷4):(20÷4)=4:5
❷ 16:(16+20)=16:36
=(16÷4):(36÷4)=4:9

❺ $\overset{\times 12}{\curvearrowright}$
8 : 5=x : 60　　$x=8 \times 12=96$
$\underset{\times 12}{\curvearrowright}$

31

6 銅の重さを13、亜鉛の重さを7とすると、真ちゅうの重さは20になります。
銅の重さは、真ちゅうの重さの$\frac{13}{20}$倍です。
亜鉛の重さは、真ちゅうの重さから、銅の重さをひいて求めることもできます。
$60-39=21$（g）

銅　　真ちゅう
$\overset{\frac{13}{20}倍}{\searrow}$
$13\ :\ 20$
$xg\qquad 60g$
$\overset{\frac{13}{20}倍}{\searrow}$

82ページ　まとめのテスト①

1 ⓘ、ⓤ、ⓚ

2 ❶ 27　　❷ 11

3 ❶ 7：1　　❷ 9：2

4 8：15

5 ❶ 式 $3:10=12:x$
$x=10\times4=40$　　　答え 40才

❷ 1：2

6 ❶ $\frac{9}{4}$倍$\left(2\frac{1}{4}倍\right)$

❷ 式 $130\div2=65$　$65\times\frac{4}{13}=20$
　　　答え 20cm

てびき

1 それぞれの比の値を求めます。

ⓐ $23\div32=\frac{23}{32}$

ⓘ $200\div300=\frac{200}{300}=\frac{2}{3}$

ⓤ $1\div1.5=10\div15=\frac{2}{3}$

ⓔ $0.3\div0.2=3\div2=\frac{3}{2}$

ⓞ $\frac{1}{2}\div\frac{1}{3}=\frac{1}{2}\times\frac{3}{1}=\frac{3}{2}$

ⓚ $\frac{1}{3}\div\frac{1}{2}=\frac{1}{3}\times\frac{2}{1}=\frac{2}{3}$

比の値が、2：3の比の値$\frac{2}{3}$と等しいのは、ⓘ、ⓤ、ⓚです。

2 ❶
$2:9=6:x\qquad x=9\times3=27$
（×3）

❷
$55:40=x:8\qquad x=55\div5=11$
（÷5）

3 ❶ $8.4:1.2=(8.4\times10):(1.2\times10)$
$=84:12=(84\div12):(12\div12)$
$=7:1$

❷ $\frac{15}{4}:\frac{5}{6}=\left(\frac{15}{4}\times12\right):\left(\frac{5}{6}\times12\right)$
$=45:10=9:2$

---

4 $16:(16+14)=16:30=8:15$

5 ❶
$3\ :\ 10=12\ :\ x$
（×4）
$x=10\times4=40$

❷ 16年後は、まりさんが $12+16=28$（才）
お父さんが $40+16=56$（才）
$28:56=1:2$

6 ❶ $9\div4=\frac{9}{4}$

❷ 縦の長さと横の長さをあわせた長さは、
$130\div2=65$（cm）
縦の長さは、あわせた長さの$\frac{4}{13}$倍です。
$65\times\frac{4}{13}=20$（cm）

縦　　あわせた長さ
$\overset{\frac{4}{13}倍}{\searrow}$
$4\ :\ 13$
$x\,cm\qquad 65cm$
$\overset{\frac{4}{13}倍}{\searrow}$

83ページ　まとめのテスト②

1 ❶ 3：10　　❷ 8：5　　❸ 1：4
❹ 5：4　　❺ 1：3　　❻ 4：1

2 ❶ 2　　❷ 7

3 ❶ 5：14、比の値…$\frac{5}{14}$

❷ 12：5、比の値…$\frac{12}{5}\left(2\frac{2}{5},\ 2.4\right)$

4 式 $3\times72=216$　　　答え 216mL

5 ❶ 1：5
❷ 式 $192\times\frac{5}{6}=160$　　　答え 160ページ

てびき

1 ❷ $1.6:1=(1.6\times10):(1\times10)$
$=16:10=8:5$

❸ $0.3:1.2=(0.3\times10):(1.2\times10)$
$=3:12=1:4$

❹ $1:\frac{4}{5}=(1\times5):\left(\frac{4}{5}\times5\right)=5:4$

❺ $\frac{1}{4}:\frac{3}{4}=\left(\frac{1}{4}\times4\right):\left(\frac{3}{4}\times4\right)=1:3$

❻ $\frac{6}{5}:\frac{3}{10}=\left(\frac{6}{5}\times10\right):\left(\frac{3}{10}\times10\right)$
$=12:3=4:1$

2 ❶
$26:39=x:3\qquad x=26\div13=2$
（÷13）

❷ $\frac{8}{3}:\frac{7}{6}=\left(\frac{8}{3}\times6\right):\left(\frac{7}{6}\times6\right)=16:7$
$16:7=16:x$ より、$x=7$

3 ① $\dfrac{5}{8} : \dfrac{7}{4} = \left(\dfrac{5}{8} \times 8\right) : \left(\dfrac{7}{4} \times 8\right) = 5 : 14$

比の値は、$5 \div 14 = \dfrac{5}{14}$

② 横の長さを 1 とすると、縦の長さは 2.4 となるので、

$2.4 : 1 = (2.4 \times 10) : (1 \times 10)$

$= 24 : 10 = 12 : 5$

比の値は、$12 \div 5 = \dfrac{12}{5}$

4
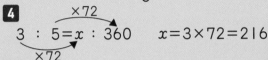

$3 : 5 = x : 360 \qquad x = 3 \times 72 = 216$

5 ① これまでによんだページ数を 1 とすると、残りのページ数は 5 にあたるので、1:5 と表されます。

② これまでによんだページ数を 1、残りのページ数を 5 とすると、全体のページ数は 6 となります。残りのページ数は、全体のページ数の $\dfrac{5}{6}$ 倍です。

残り　　全体

$5 : 6$

$x \qquad 192$

↗ $\dfrac{5}{6}$ 倍 ↘

↖ $\dfrac{5}{6}$ 倍 ↙

⑪ 図形の拡大と縮小

84・85 ページ 基本のワーク

基本1 拡大、縮小、拡大図、縮図

① 答え G、H、E　　② 答え FG、H

③ 6、6、2　答え 2　　④ 答え 135

⑤ 2　　　　答え 2

① ① 辺GH　② 角D　③ $\dfrac{1}{2}$

基本2 2、$\dfrac{1}{2}$、6、2、4、12、4、8、3、1、2

答え

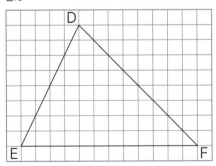

②

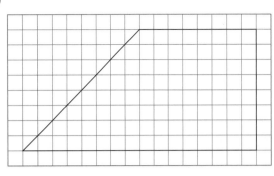

てびき ① 点A と点G、点B と点H、点C と点I、点D と点J、点E と点K、点F と点L が対応します。

③ AF：GL＝2：4

　　　　　＝1：2

$1 \div 2 = \dfrac{1}{2}$

だから、あはいの $\dfrac{1}{2}$ の縮図です。

② 四角形ABCD では、辺BC は 8 ますで、頂点A は、頂点B から右に 4 ます、上に 4 ますのところにあります。また、頂点D は、頂点C から上に 4 ますのところにあります。

2 倍の拡大図では、それぞれのます目の数が 2 倍になるように、$\dfrac{1}{2}$ の縮図では、それぞれのます目の数が $\dfrac{1}{2}$ になるようにかきます。

86・87 ページ 基本のワーク

基本1 《1》4　　《2》53　　《3》5

答え

①

基本2 1.5、ACD　　答え

❷

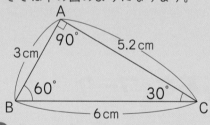

基本3 3、4.5

答え

A B C （図）

❸

A B C D （図）

てびき

❶ もとの三角形の辺の長さや角の大きさは下の図のようになります。

A 90° 3cm 5.2cm 60° 30° B —6cm— C

❷ もとの四角形の辺の長さや角の大きさは下の図のようになります。もとの四角形とくらべて、2倍の拡大図では、辺の長さはそれぞれ2倍に、角の大きさはすべて等しくなります。対角線で2つの三角形に分けて、それぞれの三角形の拡大図をかきます。

A 1.3cm D 2.5cm 1.5cm 45° B —3.5cm— C

❸ もとの四角形で、辺ADの長さは2.6cm、直線DBの長さは4cm、辺DCの長さは3cm

です。2倍の拡大図では、辺だけでなく、対角線の長さも2倍になります。

88・89 ページ **基本のワーク**

基本1 5000
　❶ 5000、15000、15000
　❷ 5000、22500、22500
❶ **❶** $\dfrac{1}{1000}$
　❷ 約67m
　❸ 約54m
基本2 **❶** 5、40

答え

D E F （図）

　❷ 1000、4200、1.3、43.3　　答え 43.3
❷ **❶**

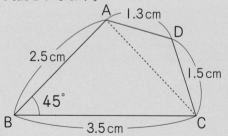

　❷ 約15.4m

てびき

❶ **❶** 辺BCの実際の長さは45m＝4500cmです。縮図上で辺BCの長さをはかると約4.5cmなので、4500÷4.5＝1000より、$\dfrac{1}{1000}$の縮図です。
　❷ 縮図上で直線AEの長さをはかると約6.7cmです。実際の直線きょりは、
6.7×1000＝6700　6700cm＝67m
　❸ 縮図上で直線ADの長さをはかると約5.4cmです。実際の直線きょりは、
5.4×1000＝5400　5400cm＝54m
❷ **❷** 縮図上で三角形の高さをはかると約2.8cmです。実際の高さは、
2.8×500＝1400　1400cm＝14m
電柱の高さは、14＋1.4＝15.4（m）

練習のワーク

❶ ❶ 120°　　❷ 6cm　　❸ 2.5cm

❷

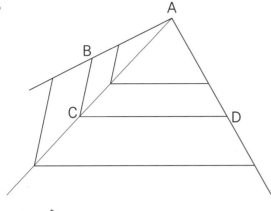

❸

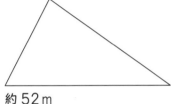

約52m

てびき ❶ ❶ 角Fに対応する角は角Bなので 70°です。

$360° - (80° + 70° + 90°) = 120°$

❷ 辺EFに対応する辺は辺ABです。

$3 × 2 = 6$

❸ 辺BCに対応する辺は辺FGです。

$5 × \dfrac{1}{2} = 2.5$

❷ 直線AB、AC、ADの長さをはかると、それぞれ2.4cm、3.6cm、3cmです。

直線AB、AC、ADの長さをそれぞれ1.5倍にした拡大図、$\dfrac{2}{3}$倍にした縮図をかきます。

❸ 縮図上でABに対応する辺の長さをはかると約2.6cmです。実際のきょりは、

$2.6 × 2000 = 5200$　　$5200\,cm = 52\,m$

まとめのテスト

1 ❶ $\dfrac{1}{2}$　　❷ 6cm　　❸ 5.1cm

2 ㋐、㋓

3 ❶ 7cm　　❷ 2.5km

4 6m

てびき **1** ❶ 辺ADに対応する辺は辺ABです。対応する辺の長さが $\dfrac{1}{2}$ になっているので、$\dfrac{1}{2}$の縮図です。

❷ 辺AEに対応する辺は辺ACです。

$12 × \dfrac{1}{2} = 6$

❸ 辺DEに対応する辺は辺BCです。

$10.2 × \dfrac{1}{2} = 5.1$

2 ㋑ 長方形の縦と横の長さの比は一定ではないので、必ず拡大図と縮図の関係になるとはいえません。

㋒ ひし形の角の大きさはいつも同じではないので、必ず拡大図と縮図の関係になるとはいえません。

3 ❶ $700\,m = 70000\,cm$

$70000 × \dfrac{1}{10000} = 7$

❷ $5 × 50000 = 250000$

$250000\,cm = 2500\,m = 2.5\,km$

4 街灯がつくる三角形DECが、人とかげがつくる三角形ABCの拡大図になっていることを使います。

辺ECの長さは、

$3.9 + 1.3 = 5.2$

辺ECに対応する辺は辺BCです。

$5.2 ÷ 1.3 = 4$

対応する辺の長さが4倍になっているので、三角形DECは三角形ABCの4倍の拡大図です。

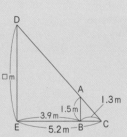

街灯の高さを表すのは辺DEで、辺DEに対応する辺は辺ABです。

$1.5 × 4 = 6$

⑫ 比例と反比例

基本 1 2、3、比例　　　　　　　答え 比例

❶ $\frac{1}{2}$ 倍、$\frac{1}{3}$ 倍、……になる。

基本 2 3、3、3、3　　　　　　　答え 3

❷ ❶

横の長さ x (cm)	1	2	3	4	5	6
面 積 y (cm²)	3.5	7	10.5	14	17.5	21

❷ 3.5 倍

基本 3 3、3　　　　　　　　　答え 3

❸ ❶ $y=5×x$

時 間 x (時間)	1	2	3	4
道のり y (km)	5	10	15	20

❷ $y=9×x$

横の長さ x (cm)	1	2	3	4
面 積 y (cm²)	9	18	27	36

てびき

❶ 時間が 6 分 → 3 分で $\frac{1}{2}$ 倍になると、

水の深さは 18 cm → 9 cm で $\frac{1}{2}$ 倍になります。

また、時間が 6 分 → 2 分で $\frac{1}{3}$ 倍になると、

水の深さは 18 cm → 6 cm で $\frac{1}{3}$ 倍になります。

❷ ❷ 面積を横の長さでわると、3.5÷1=3.5、
7÷2=3.5、10.5÷3=3.5、14÷4=3.5、
17.5÷5=3.5、21÷6=3.5、……のように、
商はいつも 3.5 になります。

❸ 比例する x と y の関係は、$y=\boxed{きまった数}×x$
と表すことができます。

❶ 5×1=5、5×2=10、5×3=15、
5×4=20

❷ 9×1=9、9×2=18、9×3=27、
9×4=36

基本 1 0

答え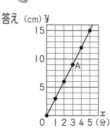

---

1 ❶ $y=4×x$

❷ 4

❸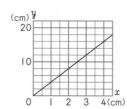

基本 2 ❶ 2、3、比例　　　　　答え 比例

❷ 比例　　　　　　　　　答え 比例

❸ 比例　　　　　　　　　答え 比例

❷ ❶ y、x、4　　　❷ 4

てびき

❶ ❶ $\boxed{まわりの長さ}=\boxed{1辺の長さ}×4$

❷ $y=4×1=4$

❸ (x の値 0、y の値 0)の点と、
(x の値 1、y の値 4)の点を通る直線になります。

基本 1 ❶ ⑦ 1.2　　　　　　答え 1.2

　　　　　④ 5　　　　　　　答え 5

❷ 1.2、7.2　　　　　　　答え 7.2

1 ❶ ⑦ 2.4 kg　　④ 2 L

❷ $y=0.8×x$　　❸ 4 kg

基本 2 ❶ 240、240、160　　　答え 160

❷ 5、5、2　　　　　　　答え 2

2 8 分

基本 3 比例、15、15、15、150　　答え 150

3 ❶ 式 2100÷42=50
　　　　10×50=500　　答え 約 500 枚

❷ 式 200÷10=20
　　　1.2×20=24　　　答え 24 mm

てびき

❶ y は x に比例しています。

❶ ⑦ x の値が 3 のときの y の値をよみとる
　　と、2.4 です。

　④ y の値が 1.6 のときの x の値をよみと
　　ると、2 です。

❷ x の値が 1 増えると y の値が 0.8 増える
ので、$y=0.8×x$

❸ $y=0.8×x$ に $x=5$ をあてはめて、
$y=0.8×5=4$

❷ グラフより、スタートしてから1分後には、兄は200m、弟は120m進んだので、兄の速さは分速200m、弟の速さは分速120mです。2.4km（2400m）走るのにかかる時間は、
兄…2400÷200=12（分）
弟…2400÷120=20（分）
かかる時間の差は、20−12=8より、兄は弟より8分早くゴールしたことになります。

❸ ① 2.1kg=2100g
2100÷42=50より、全体の重さは10枚の重さの50倍になっています。

×50

枚数 x（枚）	10	□
重さ y（g）	42	2100

×50

だから、コピー用紙の枚数は、
10×50=500（枚）

② 200÷10=20より、200枚の厚さは10枚の厚さの20倍になります。

×20

枚数 x（枚）	10	200
厚さ y（mm）	1.2	□

×20

だから、200枚の厚さは、1.2×20=24（mm）

98・99 ページ 基本のワーク

基❶ $\frac{1}{2}$、$\frac{1}{3}$、$\frac{1}{2}$、$\frac{1}{3}$、$\frac{1}{2}$、$\frac{1}{3}$、反比例　答え 反比例

❶ 18

❷ 2倍、3倍、……になる。

基❷ 《1》$\frac{1}{2}$、$\frac{1}{3}$、反比例

《2》36、反比例　　　　答え 反比例

❸ 反比例していない。

てびき
❶ 縦の長さと横の長さの積は、
4×4.5=18、5×3.6=18、6×3=18、……のように、いつも18になっています。

❷ 縦の長さが6cm→3cmで$\frac{1}{2}$倍になると、横の長さは3cm→6cmで2倍になります。
また、縦の長さが6cm→2cmで$\frac{1}{3}$倍になると、横の長さは3cm→9cmで3倍になります。

❸ 使った量が2倍、3倍、……になっても、残りの量は$\frac{1}{2}$倍、$\frac{1}{3}$倍、……になりません。

100・101 ページ 基本のワーク

基❶ 18、18、x　　　　　　　　答え 18、x

❶ ① $y=48÷x$（$x×y=48$）
② 反比例している。

❷ ① $y=800÷x$（$x×y=800$）
② $y=50÷x$（$x×y=50$）

基❷

x（cm）	1	2	3	4	5	6	7	8	9
y（cm）	18	9	6	4.5	3.6	3	2.6	2.3	2

10	11	12	13	14	15	16	17	18
1.8	1.6	1.5	1.4	1.3	1.2	1.1	1.1	1

答え

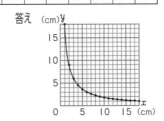

❸ ①

x（cm）	1	1.5	2	2.5	3	3.5
y（cm）	6	4	3	2.4	2	1.7

4	4.5	5	5.5	6
1.5	1.3	1.2	1.1	1

② $y=6÷x$
（$x×y=6$）

③

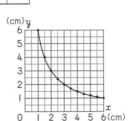

てびき
❶ ① | 1分間に入れる水の量 | × | かかる時間 |
= | 全体の水の量 |
xとyの関係を式に表すと、
$x×y=48$
yの値を求める式にかきなおすと、
$y=48÷x$
② $y=$ | きまった数 | $÷x$で表されるから、反比例しています。

❷ ① | 速さ | × | 時間 | = | 道のり | より、
$x×y=800$　$y=800÷x$
② | 1時間にぬれる面積 | × | 時間 | = | 全体の面積 |
より、$x×y=50$　$y=50÷x$

❸ ① 6÷1.5=4、6÷2=3、6÷2.5=2.4、
6÷3=2、6÷4=1.5、6÷5=1.2、
6÷6=1
② 平行四辺形の面積は6cm²なので、
$x×y=6$　$y=6÷x$

練習のワーク❶

❶ 比例している。

❷ ❶ $y=130×x$　❷ $y=0.9×x$

❸ ❶

高さ x(cm)	1	2	3	4	5
面積 y(cm²)	2.5	5	7.5	10	12.5

❷ $y=2.5×x$

❸ 右の図

❹ ❶ $y=60÷x$
$(x×y=60)$

❷ $y=40÷x$
$(x×y=40)$

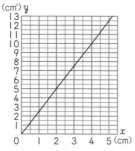
(cm²) y

てびき

❶ 円周 ÷ 直径 はいつもきまった数
3.14になるので、比例しています。また、
直径 が2倍、3倍、……になると、円周 も
2倍、3倍、……になるので、比例しています。

❷ ❶ 代金 ＝ 1Lの値段 × 買う量 より、
$y=130×x$

❷ 全体の重さ ＝ 1cm²の重さ × 面積 より、
$y=0.9×x$

❸ ❶ $7.5÷3=2.5$
$2.5×1=2.5$、$2.5×2=5$、$2.5×4=10$、
$2.5×5=12.5$

❷ $x=1$のときのyの値がきまった数です。

❸ （xの値0，yの値0）の点と、
（xの値1，yの値2.5）の点を通る直線になります。

❹ ❶ 1分間に入れる水の量 × 時間
＝ 全体の水の量
より、$x×y=60$　$y=60÷x$

❷ 底辺 × 高さ ÷2＝ 三角形の面積 より、
$x×y÷2=20$　$x×y=40$　$y=40÷x$

練習のワーク❷

❶ ❶ 〇　❷ ×　❸ △

❷ ⓘ

❸ $y=12÷x(x×y=12)$

❹ $(y=)24$

てびき

❶ ❶ xの値が2倍、3倍、……にな
ると、yの値も2倍、3倍、……になっています。

❷ xの値が2倍、3倍、……になっても、
yの値は2倍、3倍、……にならず、また、
$\frac{1}{2}$倍、$\frac{1}{3}$倍、……にもなっていないので、
比例でも反比例でもありません。

❸ xの値が2倍、3倍、……になると、yの

値は$\frac{1}{2}$倍、$\frac{1}{3}$倍、……になっています。

❷ 横軸と縦軸の交わる点を通っている直線が比
例のグラフです。

❸ $x×y=12$　$y=12÷x$

❹ 平行四辺形の面積 ＝ 底辺 × 高さ より、
きまった数 ＝$x×y$
点Aから、きまった数 ＝$10×2.4=24$
xの値が1のときのyの値がきまった数なの
で、yの値は24です。

まとめのテスト❶

❶ 比例…ⓔ、反比例…ⓘ

❷ ❶

リボンの長さ x （m）	1	2	3	5
代　金 y （円）	40	80	120	200

❷

等　分 x(等分)	1	2	4	28
1切れの重さy （g）	280	140	70	10

❸ ❶ 8g　❷ $y=1.5×x$

❹ ❶ 4時間　❷ 時速12km

❸ $y=24÷x(x×y=24)$

てびき

❶ 2つの数量の関係は、

ⓐ 兄が出す金額 ＋ 弟が出す金額
＝ ゲームソフトの代金

ⓘ 1人あたりのジュースの量 × 人数
＝ ジュース全部の量

ⓤ 1辺 × 1辺＝ 正方形の面積

ⓔ 速さ × 時間＝ 道のり

❷ ❶ きまった数は、$80÷2=40$なので、
比例の式は$y=40×x$となります。
$40×1=40$、$40×3=120$、$200÷40=5$

❷ きまった数は、$2×140=280$なので、
反比例の式は$y=280÷x$となります。
$280÷1=280$、$280÷4=70$、$280÷10=28$

❸ ❷ $x=10$のとき$y=15$なので、きまった
数は、$15÷10=1.5$

❹ 速さと時間は反比例します。
❶ 速さが時速3kmから時速6kmと2倍に
なるので、かかる時間は$\frac{1}{2}$倍になります。
$8×\frac{1}{2}=4$

❷ 時間が8時間から2時間と$\frac{1}{4}$倍になるの
で、速さは4倍になります。$3×4=12$

❸ A町からB町までの道のりは、
$3×8=24$(km)　$y=24÷x$

まとめのテスト❷

1 ❶ $y=200×x$　❷ 400円　❸ 2.5m

2 ❶ 150km　❷ 5時間
　　❸ 30分後　❹ 80km

3 ❶ $y=56÷x(x×y=56)$
　　❷ 8日　❸ 14人

てびき

1 ❶ グラフから、xの値が1のときyの値が200だから、$y=200×x$
❷ $y=200×2=400$
❸ $500=200×x$
$x=500÷200=2.5$

2 ❶ Aのグラフで、横軸のxの値が2.5のときのyの値をよみとると、150になります。
❷ Bのグラフで、縦軸のyの値が250のときのxの値をよみとると、5になります。
❸ Aのグラフ、Bのグラフで、縦軸のyの値が150のときのxの値をよみとると、それぞれ2.5、3となります。150km地点を通過するのは、Aは2.5時間後、Bは3時間後となるので、$3-2.5=0.5$　0.5時間$=30$分より、30分後です。
❹ グラフより、Aは時速60km、Bは時速50kmで走ります。8時間後には、
A…$60×8=480$（km）
B…$50×8=400$（km）
走るので、$480-400=80$（km）より、AとBは80kmはなれていることになります。

3 ❶ 1人で1日にできる作業量を1とすると、作業全体の分量は56となります。その作業をx人でするとy日かかるので、$x×y=56$となります。これより、$y=56÷x$と表せます。
❷ $y=56÷7=8$
❸ $x=56÷4=14$

● 見方・考え方を深めよう

学びのワーク

基本1 1500、50、450、450、450、50、9、9、6
　　　　　　　　　　　　答え 9、6

❶ カーネーション…12本、バラ…18本

❷ ❶ 600円　❷ 220円
　　❸ おにぎり…21個、パン…9個

てびき

1 もし、30本全部がバラだとしたら、代金は、$200×30=6000$（円）です。
カーネーションの数を1本、2本、……と増やして、代金がどう変わるかを表にかくと、次のようになります。

カーネーション(本)	0	1	2	3	〰	?
バ ラ（本）	30	29	28	27	〰	?
代 金（円）	6000	5960	5920	5880	〰	5520

40減る 40減る 40減る
480減る

カーネーションが1本増えると、代金は40円減ります。代金を5520円にするには、
$6000-5520=480$より、あと480円減らす必要があります。
だから、$480÷40=12$より、カーネーションの本数は12本になります。
このとき、バラの本数は、$30-12=18$（本）です。

2 ❶ どちらも15個ずつ買ったとすると、代金の差は、$130×15-90×15=600$（円）です。
❷ おにぎりの個数を1個ずつ増やして、代金の差がどう変わるかを表にかくと、次のようになります。

おにぎり(個)	15	16	17	18	〰	?
パ ン（個）	15	14	13	12	〰	?
代金の差（円）	600	820	1040	1260	〰	1920

220増える 220増える 220増える
1320増える

おにぎりが1個増えると、代金の差は220円増えます。
❸ 代金の差を1920円にするには、
$1920-600=1320$より、あと1320円増やす必要があります。
だから、$1320÷220=6$より、おにぎりの個数は$15+6=21$（個）になります。
このとき、パンの個数は、$30-21=9$（個）です。

107 ページ **学びのワーク**

基本❶ 4、4、80　　　　答え 4、4、80、80、4
❶ 50、6

てびき

❶ 6の倍数かどうかを調べるので、まず、いまの数を6でわったあまりが0かどうかを調べます。6でわり切れるなら色をぬり、6でわり切れないなら色をぬりません。

次に、いま調べた数より1大きい数が6でわり切れるかどうかを調べます。

これを50回くり返すと、1から50までの整数の中で、6の倍数のますに色をぬることができます。

1	2	3	4	5	6	7	8	9	10
11	12	13	14	15	16	17	18	19	20
21	22	23	24	25	26	27	28	29	30
31	32	33	34	35	36	37	38	39	40
41	42	43	44	45	46	47	48	49	50

⑬ およその形と大きさ

108・109 ページ **基本のワーク**

基本❶ 5、40　　　　　　答え 40
❶ 約36 m^2
基本❷ 20、12、20、12、2400　　答え 2400
❷ 約603 cm^3
基本❸ ❶ 100、100、10000、1000000、1000000、100

答え ㋐…1000000、㋑…100、㋒…100

❷ 1000、1000、1000000、1000、1000000

答え ㋓…1000、㋔…1000、㋕…1000000

❸ 1辺の長さが1cmの立方体の体積…1 cm^3

1辺の長さが10cmの立方体の体積…1000 cm^3

1辺の長さが1mの立方体の体積…1kL

1辺の長さが10mの正方形の面積…100 m^2

1辺の長さが100mの正方形の面積…1ha

てびき

❶ 縦が4m、横が9mの長方形とみます。4×9＝36
❷ 底面の直径が8cm、高さが12cmの円柱とみます。

底面の半径は、8÷2＝4

4×4×3.14×12＝602.88 → 603

❸ 1辺の長さが10cmの立方体の体積は、

10×10×10＝1000(cm^3)

1000 cm^3＝1L です。

また、1辺の長さが1mの立方体の体積は、

100×100×100＝1000000(cm^3)です。

1000000÷1000＝1000 より、1辺の長さが1mの立方体の体積は、

1000L＝1kL です。

110 ページ **練習のワーク**

❶ 約30 m^2
❷ 約6358.5 km^2
❸ 約224 m^3
❹ ❶ 120000　❷ 0.37　❸ 5.4　❹ 0.26
❺ ❶ 430　　　　　　❷ 8000000
　 ❸ 0.25　　　　　　❹ 40000

てびき

❶ 底辺が10m、高さが6mの三角形とみて計算します。10×6÷2＝30
❷ 45×45×3.14＝6358.5
❸ 縦20m、横2.8m、高さ4mの直方体とみて計算します。20×2.8×4＝224
❹ ❶ 100×100＝10000 より、

1 m^2＝10000 cm^2 です。

12×10000＝120000

❷ 1000×1000＝1000000 より、

1 km^2＝1000000 m^2 です。

370000÷1000000＝0.37

❸ 10×10＝100 より、1a＝100 m^2 です。

100×100＝10000 より、

1ha＝10000 m^2 です。

10000÷100＝100 より、

1ha＝100a です。

540÷100＝5.4

❹ 1000000÷100＝10000

より、1 km^2＝10000a です。

2600÷10000＝0.26

❺ ❶ 1 cm^3＝1mL です。

❷ 100×100×100＝1000000 より、

1 m^3＝1000000 cm^3 です。

8×1000000＝8000000

③ $1L = 1000mL = 1000cm^3$ です。
$250 \div 1000 = 0.25$
④ $1kL = 1000L$、$1L = 1000cm^3$
より、$1kL = 1000000cm^3$ です。
$0.04 \times 1000000 = 40000$

まとめのテスト

1 約 $32km^2$
2 約 $1004.8cm^3$
3 約 $3.3m^3$
4 ❶ 830000　　　❷ 0.15
　　❸ 700000　　　❹ 32000
　　❺ 5800　　　　❻ 0.017
5 ❶ 約 $1980cm^3$　　❷ 約 $1.98L$

てびき

1 上底が $6km$、下底が $10km$、高さが $4km$ の台形とみて計算します。
$(6+10) \times 4 \div 2 = 32$

2 底面の直径が $16cm$、高さが $5cm$ の円柱とみて計算します。
底面の半径は、$16 \div 2 = 8$
$8 \times 8 \times 3.14 \times 5 = 1004.8$

3 縦の長さは、$1.6m$ と $1.4m$ の平均で $1.5m$ とみます。横の長さは、$2.2m$ と $1.8m$ の平均で $2m$ とみます。
$1.5 \times 2 \times 1.1 = 3.3$

4 ❶ $100 \times 100 = 10000$ より、
$1ha = 10000m^2$ です。
$83 \times 10000 = 830000$
❷ $100 \times 100 \times 100 = 1000000$ より、
$1m^3 = 1000000cm^3$ です。
$150000 \div 1000000 = 0.15$
❸ $0.7 \times 1000000 = 700000$
❹ $1dL = 0.1L = 100cm^3$ です。
$320 \times 100 = 32000$
❺ $1L = 1000mL = 1000cm^3$ です。
$5.8 \times 1000 = 5800$
❻ $1kL = 1000L$、$1L = 1000cm^3$
より、$1kL = 1000000cm^3$ です。
$17000 \div 1000000 = 0.017$

5 ❶ 縦 $9cm$、横 $10cm$、高さ $22cm$ の直方体とみて計算します。
$9 \times 10 \times 22 = 1980$
❷ $1000cm^3 = 1000mL = 1L$ なので、
$1980cm^3 = 1980mL = 1.98L$ です。

● 見方・考え方を深めよう

学びのワーク

書き ❶ ❶ 9　❷ 18　❸ $9, 18$　❹ $\frac{1}{6}$、6

　答え ❶ $\frac{1}{9}$　❷ $\frac{1}{18}$　❸ $\frac{1}{6}$　❹ 6

❶ 式 $\frac{1}{50} + \frac{1}{75} = \frac{1}{30}$　$1 \div \frac{1}{30} = 30$　答え 30 分

書き ❷ ❶ 6　❷ 15　❸ $6, 6, \frac{1}{3}$　❹ $\frac{1}{3}$、5

　答え ❶ $\frac{1}{6}$　❷ $\frac{1}{15}$　❸ $\frac{1}{3}$　❹ 5

❷ 式 $1 - \frac{1}{15} \times 10 = \frac{1}{3}$

　$\frac{1}{3} \div \frac{1}{6} = 2$　　答え 2 分

てびき

❶ 1 時間 15 分 $= 75$ 分です。あて名書き全体の量を 1 とすると、姉 1 人が 1 分間で書く量は $\frac{1}{50}$、妹 1 人が 1 分間で書く量は $\frac{1}{75}$ になります。2 人でいっしょに書くと、1 分間に書ける量は、
$\frac{1}{50} + \frac{1}{75} = \frac{5}{150} = \frac{1}{30}$ となるので、
かかる時間は、$1 \div \frac{1}{30} = 1 \times 30 = 30$

❷ はじめに 10 分間歩いたあとの残りの道のりは、
$1 - \frac{1}{15} \times 10 = 1 - \frac{2}{3} = \frac{1}{3}$ だから、
走った時間は、$\frac{1}{3} \div \frac{1}{6} = \frac{1}{3} \times 6 = 2$

● わくわく SDGs

学びのワーク

書き ❶ いえない　　　　答え いえない。

❶ あ、う

てびき

❶ あ 例えば、宮崎県えびの高原と高知県魚梁瀬では、日数がいちばん少ないのは 2022 年ですが、他の 2 つの地域ではいちばん少ない年ではありません。ちらばりのようすは、地域によってちがいます。
い 三重県尾鷲では、2016 年は少ないほうからかぞえて 2 番目の年なので、多いとはいえません。
う ちらばりのようすが、地域によってちがうので、グラフから予想することはむずかしいです。

6年のまとめ

115ページ まとめのテスト❶

1

```
0        0.4              8/5
|--|--|--|--|--|--|--|--|--|--|--|--|
0   ↓    1        ↓    2
   0.4            8/5
```

2 ❶ 100倍…42000、$\frac{1}{100}$…4.2

❷ 830個

❸ $\frac{1}{10}$の位…234.6、上から2けた…230

❹ 最小公倍数…72、最大公約数…12

3 ❶ 4　　❷ 7　　❸ 100

4 ❶ <　　❷ =

5 ❶ 150×x+30=y　　❷ x×4=y

てびき

2 ❸ $\frac{1}{10}$の位…234.5̇6̇ → 234.6

上から2けた…234.5̇6̇ → 230

❹ 24の倍数は、24、48、72、96、…
36の倍数は、36、72、108、…
だから、24と36の最小公倍数は72
24の約数は、1、2、3、4、6、8、12、24
36の約数は、1、2、3、4、6、9、12、18、36
だから、24と36の最大公約数は12

3 ❸ 1.25は0.01の125個分で、
0.01=$\frac{1}{100}$ だから、1.25=$\frac{125}{100}$

4 ❶ 14÷3=4.66…

❷ $\frac{3}{8}$=3÷8=0.375

5 ❶ | ドーナツ1個の値段 |×| 個数 |+| 箱の値段 | =| 代金 |

❷ | 速さ |×| 時間 |=| 道のり |

116ページ まとめのテスト❷

1 ❶ 6.5　❷ 1.5　❸ 1.36　❹ 12.25
❺ 8.5　❻ $\frac{13}{15}$　❼ $\frac{11}{24}$　❽ $\frac{1}{4}$
❾ $\frac{1}{16}$　❿ 2.8　⓫ $\frac{2}{3}$　⓬ 1300

2 15余り11、24×15+11=371

3 26.22

4 ❶ 360兆　　❷ 8万

5 79万

6 30万

てびき

1 ❺ 3.4÷0.4=34÷4=8.5

❻ $\frac{1}{6}+\frac{7}{10}=\frac{5}{30}+\frac{21}{30}=\frac{26}{30}=\frac{13}{15}$

❼ $\frac{5}{6}-\frac{3}{8}=\frac{20}{24}-\frac{9}{24}=\frac{11}{24}$

❾ $\frac{3}{4}÷12=\frac{3}{4}×\frac{1}{12}=\frac{1}{16}$

❿ 4-0.2×(7-1)=4-0.2×6
=4-1.2=2.8

⓫ $\frac{5}{6}÷5÷0.25=\frac{5}{6}÷5÷\frac{1}{4}$
$=\frac{5}{6}×\frac{1}{5}×\frac{4}{1}=\frac{2}{3}$

⓬ 56×13+44×13=(56+44)×13
=100×13=1300

3 970÷37=26.21̇6̇…→26.22

4 ❶ 45億×8万=(45×8)×1億×1万
=360×1兆=360兆

❷ 360÷45=8だから、
360億÷45万=360万÷45=8万

5 一万の位までの概数にするので、
365947 → 370000、423893 → 420000
だから、370000+420000=790000

6 上から1けたの概数にすると、
3210 → 3000、96 → 100だから、
3000×100=300000より、
3210×96の積は30万に近い。

117 ページ まとめのテスト❸

1 あ…120°、い…90°

2 ❶ 24cm² ❷ 50.24cm²

3 三角形CDO

4 ❶ 辺AE、辺BF、辺CG、辺DH
❷ 辺AB、辺BC、辺CD、辺DA

5 ❶ 240cm³ ❷ 549.5cm³

6 ❶ 1000000 ❷ 1000

1 ❶ あは、180°−(30°+30°)=120°
いは、180°−(30°+30°+30°)=90°

2 ❶ 8×6÷2=24
❷ 4×4×3.14=50.24

5 ❶ (12×5÷2)×8=240
❷ (5×5×3.14)×7=549.5

6 ❶ 1km=1000m です。
1000×1000=1000000 だから、
1km²=1000000m²

118 ページ まとめのテスト❹

1 ❶ 20 ❷ 3.9

2 ❶ 4:5 ❷ 300ページ
❸ B店 ❹ 70km

3 ❶ y=2000÷x(x×y=2000)、△
❷ y=15−x、× ❸ y=7×x、○

4 ❶ 4分 ❷ 9分

1 ❶ 2L=2000mL
400÷2000=0.2 → 20%
❷ 13% → 0.13 30×0.13=3.9

2 ❶ 28:35=(28÷7):(35÷7)
=4:5
❷ 120÷$\frac{2}{5}$=120×$\frac{5}{2}$=300
❸ 1本あたりの値段をくらべます。
A店…840÷15=56
B店…550÷10=55
❹ 1時間45分=1$\frac{3}{4}$時間
40×1$\frac{3}{4}$=70

3 ❶ xの値が2倍、3倍、……になると、
yの値が$\frac{1}{2}$倍、$\frac{1}{3}$倍、……になっています。
❷ xの値が2倍、3倍、……になっても、
yの値は2倍、3倍、……にならず、また、$\frac{1}{2}$倍、
$\frac{1}{3}$倍、……にもなっていないので、比例でも
反比例でもありません。

❸ xの値が2倍、3倍、……になると、
yの値も2倍、3倍、……になっています。

4 ❷ グラフより、1分間に水の深さは6cm
ずつ増えるので、54÷6=9より、9分かか
ります。

119 ページ まとめのテスト❺

1 48とおり

2 ❶ 平均値…42.04kg、中央値…41kg、
最頻値…45kg

❷
6年1組の体重

体重(kg)	人数(人)
以上 未満 30 ~ 35	3
35 ~ 40	5
40 ~ 45	7
45 ~ 50	6
50 ~ 55	4
合計	25

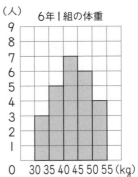

3 ❶ 折れ線グラフ ❷ 棒グラフ
❸ 円グラフ

1 下のような図をかいて考えます。
百の位に0をおくことはできないので、ま
ず、百の位が2の場合を考えると、下の図より、
12とおりあることがわかります。
同じように考えて、百の位が4、6、8の場合
もそれぞれかき出してみると、12とおりある
ので、全部で48とおりの整数ができます。

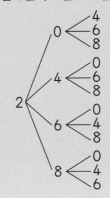

2 **①** 25人の体重の合計は1051kgなので、
平均値は、1051÷25=42.04
中央値は、値の小さいほうから13番目の値な
ので、41kgです。
最頻値は、いちばん多く出てくる値で、45kg
です。

3 **①** 折れ線グラフは変化を表すのに向いています。

② 棒グラフは量の大きさのちがいを表すのに
向いています。

③ 円グラフは割合を比べるのに向いています。

えん筆が1本増えると、代金の差は170円減
ります。代金の差を550円にするには、
1400−550=850より、あと850円減ら
す必要があります。
したがって、850÷170=5
20+5=25より、えん筆の本数は25本、
ボールペンの本数は15本です。

120ページ まとめのテスト❻

1 130円
2 20分後
3 大…360mL、小…180mL
4 31個
5 25本

てびき

1 代金が250円高くなって、900
円はらったので、なし5個の代金は
900−250=650(円)だから、なし1個の値
段は、650÷5=130で、130円です。

2 15分=$\frac{1}{4}$時間だから、はじめ、2つの列車の

間の道のりは、80×$\frac{1}{4}$=20より、20kmです。

急行列車がA駅を出発してから、1時間ごとに
2つの列車の間の道のりは、140−80=60
より、60kmずつ短くなります。

20÷60=$\frac{1}{3}$　$\frac{1}{3}$時間＝20分より、急行列車
が追いつくのは、A駅を出発してから20分後です。

3 全部を小さいコップと考えると、
2×2+6=10で、10個分になります。
1個分は、1800÷10=180(mL)
大きいコップ1個分は、180×2=360(mL)

4 1枚につき4個のピンでとめます。ただし、
となりあう紙とは共通のピンでとめるので、そ
の分をひいて計算します。共通のピンは、1枚
目の右側、2枚目の右側、……、9枚目の右側
の9個あります。10枚目の右側のピンは、共
通なピンではありません。
紙を10枚重ねたときのピンの数は、
4×10−9=31

5 どちらも20本ずつ買ったとすると、代金の
差は、120×20−50×20=1400(円)です。
えん筆の本数を1本ずつ増やして、代金の差が
どう変わるか表にかくと、次のようになります。

夏休みのテスト①

1 ❶ 50　❷ $\dfrac{1}{3}$

❸ $\dfrac{7}{3}\left(2\dfrac{1}{3}\right)$　❹ $\dfrac{15}{4}\left(3\dfrac{3}{4}\right)$

2 ❶ $\dfrac{1}{24}$　❷ $\dfrac{2}{3}$

❸ $\dfrac{15}{2}\left(7\dfrac{1}{2}\right)$　❹ $\dfrac{3}{4}$

3 ❶ $\dfrac{1}{9}$　❷ 7

4 〔式〕 $\dfrac{9}{8}\times1\dfrac{1}{3}=\dfrac{3}{2}$　　〔答え〕$\dfrac{3}{2}\left(1\dfrac{1}{2}\right)$cm²

5 ❶ $9\times x=y$　❷ $1.2-x=y$

❸ $120\div x=y$

6 ❶ 16とおり　❷ 24とおり　❸ 6とおり

てびき

1 ❹ $1\dfrac{4}{5}\times2\dfrac{1}{12}=\dfrac{9}{5}\times\dfrac{25}{12}$

$=\dfrac{\overset{3}{\cancel{9}}\times\overset{5}{\cancel{25}}}{\underset{1}{\cancel{5}}\times\underset{4}{\cancel{12}}}=\dfrac{15}{4}$

2 ❹ $1\dfrac{1}{14}\div1\dfrac{3}{7}=\dfrac{15}{14}\div\dfrac{10}{7}=\dfrac{15}{14}\times\dfrac{7}{10}$

$=\dfrac{\overset{3}{\cancel{15}}\times\overset{1}{\cancel{7}}}{\underset{2}{\cancel{14}}\times\underset{2}{\cancel{10}}}=\dfrac{3}{4}$

3 ❶ $\dfrac{8}{9}\times0.75\times\dfrac{1}{6}=\dfrac{8}{9}\times\dfrac{3}{4}\times\dfrac{1}{6}=\dfrac{1}{9}$

❷ $\left(\dfrac{3}{8}-\dfrac{1}{12}\right)\times24=\dfrac{3}{8}\times24-\dfrac{1}{12}\times24$

$=9-2=7$

5 ❶ 〔底辺〕×〔高さ〕=〔平行四辺形の面積〕

❷ 〔全体の量〕−〔飲んだ量〕=〔残りの量〕

6 ❷ 1番目がAさんの場合、右の図のように6とおりあります。同じように、1番目がBさん、Cさん、Dさんの場合もそれぞれ6とおりずつあります。

1番目 2番目 3番目 4番目

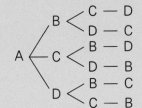

❸ 赤・黄、赤・緑、赤・青、黄・緑、黄・青、緑・青の6とおりあります。

夏休みのテスト②

1 ❶ $\dfrac{5}{3}\left(1\dfrac{2}{3}\right)$　❷ $\dfrac{4}{15}$

❸ 1　❹ 1

2 ❶ $\dfrac{3}{4}$　❷ $\dfrac{10}{3}\left(3\dfrac{1}{3}\right)$

❸ $\dfrac{20}{9}\left(2\dfrac{2}{9}\right)$　❹ 2

3 ❶ $\dfrac{13}{15}$　❷ 12

4 〔式〕 $\dfrac{5}{3}\div\dfrac{10}{9}=\dfrac{3}{2}$　　〔答え〕$\dfrac{3}{2}\left(1\dfrac{1}{2}\right)$m

5 ❶

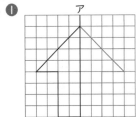
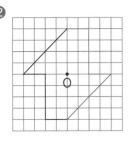

6

	❶ 線対称	❷ 軸の数	❸ 点対称
直角三角形	×	0	×
正三角形	○	3	×
平行四辺形	×	0	○
正方形	○	4	○
正五角形	○	5	×

てびき

1 ❹ $2\dfrac{1}{6}\times\dfrac{2}{3}\times\dfrac{9}{13}$

$=\dfrac{13}{6}\times\dfrac{2}{3}\times\dfrac{9}{13}=1$

2 ❹ $\dfrac{5}{9}\div\dfrac{1}{12}\div3\dfrac{1}{3}=\dfrac{5}{9}\div\dfrac{1}{12}\div\dfrac{10}{3}$

$=\dfrac{5}{9}\times\dfrac{12}{1}\times\dfrac{3}{10}=2$

3 ❶ $\dfrac{5}{6}\times1\dfrac{2}{5}-0.3=\dfrac{5}{6}\times\dfrac{7}{5}-\dfrac{3}{10}$

$=\dfrac{7}{6}-\dfrac{3}{10}=\dfrac{35}{30}-\dfrac{9}{30}=\dfrac{26}{30}=\dfrac{13}{15}$

❷ $\dfrac{6}{7}\times8+\dfrac{6}{7}\times6=\dfrac{6}{7}\times(8+6)=\dfrac{6}{7}\times14$

$=12$

6 ❶ 1本の直線を折り目にして折ったとき、折り目の両側がぴったり重なる図形が線対称な図形です。

❸ ある点を中心にして180°まわすと、もとの形にぴったり重なる図形が点対称な図形です。

1 ❶ 面積…150.72cm² 長さ…75.36cm

❷ 面積…30.96cm² 長さ…37.68cm

❸ 面積…36.48cm² 長さ…25.12cm

2 ❶ $y=84÷x$ ❷ 8

❸ 11.2cm ❹ 反比例している。

3 ❶ 240cm³ ❷ 300cm³

4 ❶ 46g

❷ 上から順に

1、2、3、6、3、

1、16

❸ 約38%

❹ 右の図

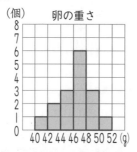

(個) 卵の重さ

40 42 44 46 48 50 52 (g)

てびき

1 ❶ 面積…8×8×3.14−4×4×3.14=150.72(cm²)

長さ…16×3.14+8×3.14=75.36(cm)

❷ 面積…12×12−6×6×3.14÷4×4=30.96(cm²)

長さ…12×3.14÷4×4=37.68(cm)

❸ 面積…8×8×3.14÷4−8×8÷2=18.24

18.24×2=36.48(cm²)

長さ…16×3.14÷4×2=25.12(cm)

2 ❶ 縦×横＝長方形の面積 より、

横＝長方形の面積÷縦 となります。

❷ $y=84÷10.5=8$

❸ 84÷7.5=11.2(cm)

3 ❶ 6×8÷2×10=240(cm³)

❷ (3+7)×5÷2×12=300(cm³)

4 ❶ 43+46+41+49+44+46+47+45+49+47+46+50+43+48+45+47=736 より、平均値は、

736÷16=46(g)

❸ 6÷16×100=37.5(%)で、上から2けたの概数で求めるので、約38%になります。

たしかめよう！

y が x に比例するとき、式は次のようになります。

$y=$ きまった数 $×x$

また、比例する2つの数量の関係を表すグラフは、直線になり、横軸と縦軸の交わった点を通ります。

---

1 ❶ 比例している。

❷ $y=1.5×x$

❸ 右の図

❹ 6分

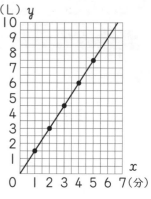

(L) y

0 1 2 3 4 5 6 7(分) x

2 ❶ ⑦ ❷ ㋐、3倍 ❸ ㋑、$\frac{1}{2}$

3 ❶ 27 ❷ 60

❸ 3 ❹ 2

4 315mL

てびき

1 ❶ x の値が2倍、3倍、…になると、それにともなって y の値も2倍、3倍、…になるので、y は x に比例しています。

❷ x の値の1.5倍が y の値になっています。

❹ $9=1.5×x$ だから、

$x=9÷1.5=6$

別のとき方 ❸のグラフから、9Lになる時間は6分と求めることができます。

2 ❷ ⑦と㋐の対応する辺の長さの比は1：3です。

❸ ⑦と㋑の対応する辺の長さの比は2：1です。

3 ❶ 72÷8=9 $x=3×9=27$

❷ 36÷3=12 $x=5×12=60$

❸ $\frac{2}{3}÷4=\frac{1}{6}$ $x=18×\frac{1}{6}=3$

❹ $1.2：\frac{4}{5}=\frac{6}{5}：\frac{4}{5}=6：4=3：2$

となるので、$x=2$

4 Aの水とうにはいるジュースの量は、ジュース全体の量を1とみると、$\frac{7}{16}$ にあたります。

$720×\frac{7}{16}=315$(mL)

学年末のテスト①

1 ① $\dfrac{21}{4}\left(5\dfrac{1}{4}\right)$ ② $\dfrac{5}{12}$ ③ $\dfrac{6}{5}\left(1\dfrac{1}{5}\right)$

④ $\dfrac{18}{5}\left(3\dfrac{3}{5}\right)$ ⑤ $\dfrac{1}{3}$ ⑥ $\dfrac{17}{9}\left(1\dfrac{8}{9}\right)$

2 ① 28 ② 24

3 ① 15.48 cm² ② 30.84 cm

4 ① $y=135\times x$ 〇 ② $y=200-x$ ×

③ $y=80\div x$ △

5 ① 5.1点 ② 6点 ③ 5.5点

てびき

1 ① $\dfrac{7}{12}\times 9=\dfrac{7\times\overset{3}{\cancel{9}}}{\underset{4}{\cancel{12}}}=\dfrac{21}{4}$

② $\dfrac{7}{18}\times\dfrac{15}{14}=\dfrac{7\times\overset{1}{\cancel{15}}{}^{5}}{\underset{6}{\cancel{18}}\times\underset{2}{\cancel{14}}}=\dfrac{5}{12}$

④ $1\dfrac{5}{7}\div\dfrac{10}{21}=\dfrac{12}{7}\times\dfrac{21}{10}=\dfrac{12\times\overset{6}{\cancel{21}}{}^{3}}{\underset{1}{\cancel{7}}\times\underset{5}{\cancel{10}}}=\dfrac{18}{5}$

⑤ $\dfrac{7}{10}\div\dfrac{11}{5}\div\dfrac{21}{22}=\dfrac{7}{10}\times\dfrac{5}{11}\times\dfrac{22}{21}=\dfrac{1}{3}$

⑥ $\dfrac{5}{3}\times\left(1.2-\dfrac{1}{15}\right)=\dfrac{5}{3}\times\left(\dfrac{6}{5}-\dfrac{1}{15}\right)$

$=\dfrac{5}{3}\times\dfrac{6}{5}-\dfrac{5}{3}\times\dfrac{1}{15}=2-\dfrac{1}{9}=\dfrac{17}{9}$

2 ① $42:24=7:4=x:16$ より求めます。

② $2:3.2=20:32=5:8=15:x$ より求めます。

3 ① $6\times12-6\times6\times3.14\div4\times2$

$=15.48\,(cm^2)$

② $12\times3.14\div4\times2+6\times2=30.84\,(cm)$

4 比例と反比例の式のちがいに注意しましょう。

y が x に比例するとき

➡ $y=$ きまった数 $\times x$

y が x に反比例するとき

➡ $y=$ きまった数 $\div x$

5 ③ 得点の大きさの順に並べると、5番目が5点、6番目が6点だから、$(5+6)\div2=5.5$（点）

学年末のテスト②

1 ① $\dfrac{4}{9}$ ② 4 ③ $\dfrac{27}{4}\left(6\dfrac{3}{4}\right)$

④ $\dfrac{2}{9}$ ⑤ $\dfrac{8}{21}$ ⑥ $\dfrac{7}{2}\left(3\dfrac{1}{2}\right)$

2 847.8 cm³

3 ① 260g ② 水…65g、食塩…10g

4 ① $y=5\times x$ 〇 ② $y=100\div x$ △

5 式 $(40+60)\times40\div2=2000$

答え 約 2000 m²

6 ① 16個 ② 10個 ③ 5個

てびき

1 ② $1\dfrac{7}{11}\times2\dfrac{4}{9}=\dfrac{18}{11}\times\dfrac{22}{9}$

$=\dfrac{\overset{2}{\cancel{18}}\times\overset{2}{\cancel{22}}}{\underset{1}{\cancel{11}}\times\underset{1}{\cancel{9}}}=4$

④ $\dfrac{7}{15}\div2\dfrac{1}{10}=\dfrac{7}{15}\div\dfrac{21}{10}=\dfrac{7}{15}\times\dfrac{10}{21}$

$=\dfrac{\overset{1}{\cancel{7}}\times\overset{2}{\cancel{10}}}{\underset{3}{\cancel{15}}\times\underset{3}{\cancel{21}}}=\dfrac{2}{9}$

⑤ $\dfrac{4}{9}\times\dfrac{3}{5}\div0.7=\dfrac{4}{9}\times\dfrac{3}{5}\div\dfrac{7}{10}=\dfrac{4}{9}\times\dfrac{3}{5}\times\dfrac{10}{7}$

$=\dfrac{8}{21}$

⑥ $1\dfrac{1}{6}\times\dfrac{7}{4}+1\dfrac{1}{6}\times\dfrac{5}{4}=1\dfrac{1}{6}\times\left(\dfrac{7}{4}+\dfrac{5}{4}\right)$

$=1\dfrac{1}{6}\times\dfrac{12}{4}=\dfrac{7}{6}\times3=\dfrac{7}{2}$

2 $(6\times6\times3.14-3\times3\times3.14)\times10$

$=847.8\,(cm^3)$

3 ① $40\times\dfrac{13}{2}=260\,(g)$

② 食塩水全体の量…$13+2=15$

水…$75\times\dfrac{13}{15}=65\,(g)$

食塩…$75\times\dfrac{2}{15}=10\,(g)$

6 十の位の数が0にならないことに注意します。

① 10、12、13、14、

20、21、23、24、

30、31、32、34、

40、41、42、43

の16個です。

② 一の位が偶数になる場合を考えます。

10、12、14、20、24、30、32、34、

40、42 の10個です。

③ 12、21、24、30、42 の5個です。

1 式 $\dfrac{5}{8} \times 6 = \dfrac{15}{4}$　　　　答え $\dfrac{15}{4}\left(3\dfrac{3}{4}\right)$kg

2 式 $1\dfrac{1}{2} \times 1\dfrac{7}{9} \div 2 = \dfrac{4}{3}$　　答え $\dfrac{4}{3}\left(1\dfrac{1}{3}\right)$cm²

3 式 $1680 \div \dfrac{8}{3} = 630$　　　答え 630 円

4 ❶ 式 $\dfrac{7}{9} \div \dfrac{2}{3} = \dfrac{7}{6}$　　　答え $\dfrac{7}{6}\left(1\dfrac{1}{6}\right)$倍

　　❷ 式 $\dfrac{8}{15} \div \dfrac{7}{9} = \dfrac{24}{35}$　　　答え $\dfrac{24}{35}$倍

5 式 $120 \times \dfrac{7}{3} = 280$　　　答え 280 mL

6 式 $28 + 17 = 45$

　　$45 \times \dfrac{5}{9} = 25$

　　$28 - 25 = 3$　　　　　　答え 3 個

7 式 $90 \times 26 = 2340$

　　$2340 - 1980 = 360$

　　$360 \div (90 - 60) = 12$　　答え 12 個

8 ❶ 24 とおり　　　❷ 4 とおり

てびき

2　$1\dfrac{1}{2} \times 1\dfrac{7}{9} \div 2 = \dfrac{3}{2} \times \dfrac{16}{9} \times \dfrac{1}{2}$

　　$= \dfrac{4}{3}$(cm²)

5　別のとき方　使う紅茶の量を x mL とすると、

　　　$\overset{\times 40}{\frown}$
　　$7 : 3 = x : 120$
　　　$\underset{\times 40}{\smile}$

　　$x = 7 \times 40 = 280$

6　まず、あめ玉が全部で何個あるかを求めます。次に、兄が弟にあげたあとの個数の割合が 5 : 4 であることから、あげたあとの兄の個数を求めます。

7　なしだけを 26 個買ったとすると、

　　$90 \times 26 = 2340$(円)

　　実際の代金との差は、

　　$2340 - 1980 = 360$(円)

　　また、なし 1 個をかき 1 個にかえるごとに、

　　$90 - 60 = 30$(円)

　　ずつ減ることから、かきの個数が求められます。

8　❶ 1 番目が A のときは、ABCD、ABDC、ACBD、ACDB、ADBC、ADCB の 6 とおりあります。B、C、D が 1 番目のときもそれぞれ 6 とおりずつあります。

　　❷ ACDB、ADCB、BCDA、BDCA の 4 とおりです。

---

1 式 $\dfrac{12}{5} \div 8 = \dfrac{3}{10}$　　　答え $\dfrac{3}{10}$ L

2 式 $1\dfrac{1}{3} \times 1\dfrac{1}{3} \times 1\dfrac{1}{3} = \dfrac{64}{27}$　答え $\dfrac{64}{27}\left(2\dfrac{10}{27}\right)$cm³

3 式 $\dfrac{9}{8} \div \dfrac{15}{16} = \dfrac{6}{5}$　　　答え $\dfrac{6}{5}\left(1\dfrac{1}{5}\right)$倍

4 ❶ 式 $15 \div \dfrac{5}{12} = 36$　　　答え 36 人

　　❷ 式 $36 \times \left(1 - \dfrac{2}{9}\right) = 28$　答え 28 人

5 式 $350 \times \dfrac{5}{14} = 125$　　答え 125 mL

6 式 $35 \div \left(1 - \dfrac{3}{4}\right) = 140$

　　$140 \div \left(1 - \dfrac{1}{3}\right) = 210$　答え 210 ページ

7 式 $\dfrac{1}{20} + \dfrac{1}{30} = \dfrac{1}{12}$

　　$1 \div \dfrac{1}{12} = 12$　　　答え 12 分

8 ❶ 6 個　　　❷ 10 個

てびき

2　| 立方体の体積 | ＝ | 1 辺 |×| 1 辺 |×| 1 辺 |

3　ある大きさが、もとにする大きさの何倍にあたるかを求めるには、わり算を使います。

4　❷ 別のとき方　メガネをかけている人は、

　　$36 \times \dfrac{2}{9} = 8$(人)

　　メガネをかけていない人は、$36 - 8 = 28$(人)

6　昨日の時点での残りのページ数は、

　　$35 \div \left(1 - \dfrac{3}{4}\right) = 140$(ページ)

　　ここから全部のページ数を求めます。

7　水そうの大きさを 1 とみると、A の管は 1 分で全体の $\dfrac{1}{20}$ だけ、B の管は 1 分で全体の $\dfrac{1}{30}$ だけ水を入れることができます。A、B の管を同時に使うと、$\dfrac{1}{20} + \dfrac{1}{30} = \dfrac{1}{12}$ より、1 分で全体の $\dfrac{1}{12}$ だけ水を入れることができます。

8　❶ 10 の倍数は、一の位の数が 0 になる数だから、2370、2730、3270、3720、7230、7320 の 6 個です。

　　❷ 偶数は、一の位の数が 0 か 2 になる数です。一の位が 2 の場合は、3072、3702、7032、7302 の 4 個です。一の位が 0 の場合は、❶ より 6 個だから、

　　$4 + 6 = 10$(個)